荣获中国石油和化学工业优秀图书奖　教材奖

化学工业出版社"十四五"普通高等教育规划教材

U0739134

建筑工程概论

第三版

季　雪　编著

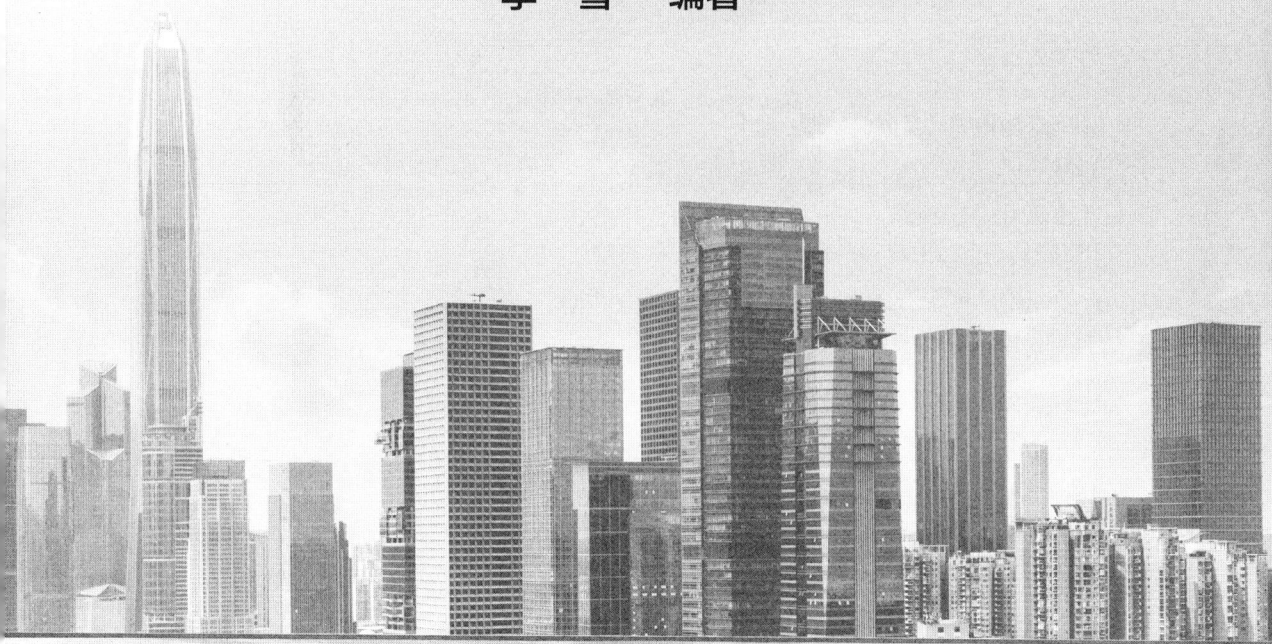

化学工业出版社

·北京·

内容简介

《建筑工程概论》（第三版）共分五大部分，主要内容有：中外建筑科学与建筑技术、建筑艺术发展概况，世界建筑体系与造园艺术概况；建筑结构与建筑构造基本知识；建筑设计与抗震设防知识，城市生态环境与建筑环境规划知识，绿色建筑基本知识，各类经典工程案例分析，建筑设计简介；常用建筑材料特性、用途及其生产工艺；建筑设备（给排水、采暖通风、电气、智能化建筑）知识，建筑施工组织设计及施工工艺与技术等。

本书由执教几十年的教研一线专业教师编著，适用范围较为广泛，多年来被高等院校硕、本、专不同学历层次教学所选用。本书可作为建筑类、管理类及经济类高等教育教材使用，适用于工程管理、项目管理、房地产经营管理、投资经济管理、工程监理、工程造价等专业；也可作为相关专业教学参考书及高等院校普及性素质教育用书；还可作为建筑企业、房地产企业、房屋中介服务企业等管理岗位人员以及职业教育培训教材或参考书。

图书在版编目（CIP）数据

建筑工程概论／季雪编著. —3 版. —北京：化学工业出版社，2024.5
ISBN 978-7-122-44795-1

Ⅰ.①建… Ⅱ.①季… Ⅲ.①建筑工程-教材 Ⅳ.①TU

中国国家版本馆 CIP 数据核字（2024）第 072709 号

责任编辑：满悦芝 文字编辑：罗　锦　师明远
责任校对：李　爽 装帧设计：张　辉

出版发行：化学工业出版社
　　　　　（北京市东城区青年湖南街 13 号　邮政编码 100011）
印　　装：河北鑫兆源印刷有限公司
787mm×1092mm　1/16　印张 16¼　字数 401 千字
2025 年 5 月北京第 3 版第 1 次印刷

购书咨询：010-64518888　　售后服务：010-64518899
网　　址：http://www.cip.com.cn
凡购买本书，如有缺损质量问题，本社销售中心负责调换。

定　　价：58.00 元　　　　　　　版权所有　违者必究

前　言

一直以来，管理类、经济类等高等院校一些专业的培养方案不断进行更新，教学计划与课程设置也不断完善和调整。工程管理、项目管理、房地产经营管理、投资经济管理等专业，缺乏适用的《建筑工程概论》教学用书，许多院校沿用较为陈旧并与其他课程内容重叠的教材。尤其是本门专业课程不仅普遍面向相关本科专业开设，还作为文化素质课程被大量跨专业学生选修，同时面向研究生及成人教育开设。因而教材更新及适用性问题更加突出，需要教学科研一线的经验丰富的专业教师编写并不断更新教材。

基于此，本书作者在多年教学科研积累及教材编写经验基础上，参阅大量国内外全新文献资料及同行专家的前沿成果，精心编写了本教材。本书的核心内容为：中外建筑科学与建筑技术、建筑艺术发展概况；建筑结构与建筑构造基本知识；建筑设计、建筑环境规划知识，建筑设计及经典工程案例分析；常用建筑材料特性、用途及其生产工艺；建筑设备（给排水、采暖通风、电气、智能化建筑）知识，建筑施工组织设计及施工工艺与技术等。

本书最大特色是基于国内外建筑领域全新文献资料，做了大量专业知识更新，框架与内容也依据新专业设置及专业发展进行了调整。其知识覆盖面广、信息量大、图文并茂，具有较强的前沿性、创新性、知识性及实用性。书中较为全面地介绍了建筑专业知识与建筑工程基本知识，选用了国内外专业发展全新信息资料。在写作过程中，作者力求内容新颖、概念准确、用词及符号规范、易于理解，书中涵盖内容与"建筑识图""建筑设计""房屋建筑学""工程造价管理"等专业课程衔接更为合理；并且注重理论知识与实际案例相结合，甄选了部分国内外经典案例及图示，在进行专业教育的同时能提高学生的学习兴趣，力求避免工科专业教学用书的枯燥、乏味特性。

《建筑工程概论》（第三版）在之前版本基础上，做了以下修改。其一，将书中选用的建筑规范、设计标准、技术规程等，全部更新为新版本。其二，依据新规范、新标准、新规程及国内外建筑领域发展新趋势，对全部专业知识进行了更新与完善。同时更新了生态城市、生态建筑、绿色建筑装饰装修理念及国内外经典工程范例。其三，随着近年数字化、AI、光电子信息、智能机械等现代科学技术的突飞猛进，建筑科学技术领域也快速发展，新版本对全部相关章节，依据当今现状做了更新。

本书适用范围较为广泛，一直以来面向不同层次并以不同教学方式作为高等院校的硕、本、专的教学用书，包括工程管理、项目管理、房地产经营管理、投资经济管理、工程监理、工程造价等专业。本书可作为高等院校相关专业的教学参考书及素质教育用书，也可以作为成人教育、建筑企业与房地产企业管理岗位人员以及在职人员的培训教材和参考书。

本书数据资料查阅、调研及其资料整理人员有：郭乐、刘梓怡、孙美娜、孙丽娜等。

在本书的写作与出版过程中，有幸获得境内外专家、学者与资深实业界朋友的专业信息资料及案例提供，并得到化学工业出版社的鼎力帮助。在此，谨向为本书写作出版付出辛勤劳动的各位专家、学者、实业界朋友、化学工业出版社与各位编辑表示衷心的感谢！

由于建筑科学技术发展迅速及本人教学科研等任务繁重，书中难免有疏漏和不当之处，敬请各位读者批评指正。

季　雪

2024 年 12 月

目 录

第一章　中外建筑科学与建筑技术发展概况　/1

第二章　建筑结构与构造　/63

第三章　建筑设计与规划　/121

第四章　常用建筑材料　/170

第五章　建筑设备与建筑施工　/219

第一章

中外建筑科学与建筑技术发展概况

建筑工程是土木工程分支学科之一，所涉及的学科领域日趋广泛。从相关学科领域看，主要涉及如下一些学科：建筑学、建筑经济学、建筑构造学、建筑设计学及其他建筑分支学科；在我国高等院校专业划分上，建筑工程主要分为建筑、结构、暖通、电气等专业。

第一节 基本概念与基本知识

一、基本概念

（一）土木工程

国务院学位委员会在学科简介中定义：土木工程是建造各类工程设施的科学技术的统称。它既指工程建设的对象，即建造在地上、地下、水中的各种工程设施，也指工程所应用的材料、设备和所进行的勘察、设计、施工、保养、维修等专业技术。

土木工程是工程分科之一，是一个古老的学科。随着工程建设和科学技术的发展，土木工程又逐渐划分出一些分支学科。如：建筑工程、桥梁工程、公路与城市道路工程、铁路工程、隧道工程、水利工程、港口工程、海洋工程、给排水工程、环境工程等。

（二）建筑工程

建筑工程通常是指房屋建设工程，是房屋建设中规划、勘察、设计、施工的总称，通过对各类房屋建筑及其附属设施的建造和与其配套的线路、管道、设备的安装活动，形成工程实体。"房屋建筑"指有顶盖、梁柱、墙壁、基础以及能够形成内部空间，满足人们生产、居住、学习、公共活动等需要的建筑，包括厂房、剧院、旅馆、商店、学校、医院和住宅等；"附属设施"指与房屋建筑配套的水塔、自行车棚、水池等。"线路、管道、设备的安装"指与房屋建筑及其附属设施相配套的电气、给排水、通信、电梯等线路、管道、设备的安装活动。

建筑工程属于建设工程的一部分，建筑工程相对建设工程来说范围相对较窄，专指各类房屋建筑及其附属设施和与其配套的线路、管道、设备的安装工程，因此也被称为房屋建筑工程。故此，桥梁、水利枢纽、铁路、港口工程以及不是与房屋建筑相配套的地下隧道等工程，均不属于建筑工程范畴。

（三）建筑学

建筑学是研究建筑物及其环境的学科，通过总结人类建筑活动的经验，以指导建筑设计创作，构造某种体形环境等。

建筑学的内容通常包括技术和艺术两个方面。

传统的建筑学的研究对象包括建筑物、建筑群以及室内家居的设计，风景园林和城市村镇的规划设计。随着建筑行业的发展，园林学和城市规划逐步从建筑学中分化出来，成为相对独立的学科。

中国古代把建造房屋以及从事其他土木工程活动统称为"营建""营造"。"建筑"一词是从日语引入汉语的。汉语"建筑"是一个多义词，它既表示营造活动，又表示这种活动的成果——建筑物，也是某个时期、某种风格建筑物及其所体现的技术和艺术的总称，如隋唐五代建筑、文艺复兴建筑、哥特式建筑等。

（四）建筑经济学

建筑经济学是以建筑业的经济活动为对象，研究建筑生产、分配、交换、消费的经济关系，以及建筑生产力与生产关系相互作用的运动规律的学科。

由于世界各国社会制度不同，建筑经济学的理论体系和研究重点也不同。在西方国家，侧重研究建筑市场及相适应的经营对策和方法。

在中国，建筑经济学研究的主要内容可以概括为：建筑经济学研究的对象和任务；建筑业在国民经济中的地位和作用；建筑产品的计划管理和市场调节；建筑产品的生产、分配、交换、消费活动的特点；建筑业组织结构和产业布局；建筑设计经济；建筑施工经济；建筑业劳动结构；建筑业分配体制；建筑业物资技术供应；建筑业资金运动；建筑产品价格；建筑企业经济核算和经济效益；建筑工业化、现代化的理论；国际建筑市场等。

（五）建筑构造学

建筑构造学是研究建筑物的构成、各组成部分的组合原理和构造方法的学科。其主要任务是根据建筑物的使用功能、技术经济和艺术造型要求提供合理的构造方案，作为建筑设计的依据。

在进行建筑设计时，不但要解决空间的划分和组合、外观造型等问题，还必须考虑建筑构造上的可行性。为此，就要研究建筑设计能否满足建筑物各组成部分的使用功能，在构造设计中综合考虑结构选型、材料的选用、施工的方法、构配件的制造工艺，以及技术经济、艺术处理等问题。

（六）建筑设计学

广义的建筑设计是指设计一个建筑物或建筑群所要做的全部工作。在建筑物建造之前，设计者按照建设任务，把施工过程和使用过程中所存在的或可能发生的问题，事先作好通盘的设想，拟定好解决这些问题的办法、方案，并用图纸和文件表达出来。

由于科学技术的发展，在建筑上利用各种科学技术的成果越来越广泛深入，设计工作常涉及建筑学、结构学以及给水、排水、供暖、空气调节、电气、煤气、消防、防火、自动化控制管理、建筑声学、建筑光学、建筑热工学、工程估算、园林绿化等方面的知识，需要各学科技术人员的密切协作。

但通常所说的建筑设计是狭义的，指"建筑学"范围内的工作。它所要解决的问题包括：建筑物内部各种使用功能和使用空间的合理安排，建筑物与周围环境、与各种外部条件的协调配合，内部和外表的艺术效果，各个细部的构造方式，建筑与结构、建筑与各种设备等相关技术的综合协调，以及如何以更少的材料、更少的劳动力、更少的投资、更少的时间来实现上述各种要求。其最终目的是使建筑物做到适用、经济、坚固、美观。近年，全世界发达国家都在发展生态城市及生态建筑。随着 2008 年 IBM 在《智慧地球：下一代领导人议程》提出智慧城市这一理念，及基于商业目的的"智慧城市在中国突破"战略，中国于 2012 年颁布《国家智慧城市试点暂行管理办法》，中国智慧城市建设也拉开序幕。

（七）其他建筑分支学科

其他建筑分支学科包括建筑物理学、建筑光学、建筑热工学、建筑声学、室内声学、室内设计学、园林学、城市规划、建筑风水学、工程力学、水力学、土力学、岩体力学、滨海水文学、道路工程学、交通工程学等。

二、建筑的类别

建筑是人类为满足日常生活和社会活动而建造的。建筑包括建筑物和构筑物，建筑物是为人们生产、生活或其他活动提供场所的建筑，如住宅、医院、学校、办公楼、厂房等；人们不在其中活动的建筑称为构筑物，如水塔、烟囱、堤坝、井架等。

建筑分类方法很多，可以从不同的角度进行分类，我国常见的分类方式有以下几种。

（一）按照建筑使用性质分类

1. 民用建筑

民用建筑按使用功能可分为居住建筑与公共建筑。其中，居住建筑可分为住宅建筑和宿舍建筑。居住建筑，如住宅、宿舍、公寓等；公共建筑，如学校、办公楼、医院、影剧院等。

2. 工业建筑

包含各种生产和生产辅助用房，如生产车间、更衣室、仓库、动力设施等。

3. 农业建筑

用于农业的用房，包括饲养牲畜、贮存农具和农产品的用房，以及农业机械用房等。

4. 军用建筑

国内对此类建筑没有专门明确的划分，但在现实生活中确实存在。如：用于军事用途建筑，包括军事基地建筑，军用地下防护建筑，军用仓库、油库，军用电子信号屏蔽建筑等。

（二）按建筑物层数或高度分类

在《民用建筑设计统一标准》（GB 50352—2019）、《建筑设计防火规范（2018 年版）》（GB 50016—2014）中，对民用建筑按地上层数或高度分类。

① 住宅建筑按层数分类：1～3 层为低层住宅；4～6 层为多层住宅；7～9 层为中高层住宅；10 层及 10 层以上为高层住宅。

② 按建筑高度分类：建筑高度不大于 27m 的住宅建筑、建筑高度不大于 24m 的公共建筑及建筑高度大于 24m 的单层公共建筑，为低层或多层民用建筑；建筑高度大于前者且高度不大于 100m 的，为高层民用建筑。

③ 在《高层建筑混凝土结构技术规程》（JGJ 3—2010）中，高层建筑界定为：层数≥10层，或房屋高度超过 28m 的住宅建筑和房屋高度大于 24m 的其他民用建筑。

④ 建筑高度大于 100m 的民用建筑（住宅或公共建筑）为超高层建筑。

⑤ 高耸建筑：指是高度较大、横断面相对较小的高耸结构建筑，以水平荷载为结构设计的主要依据。根据其结构形式可分为自立式塔式结构和拉线式桅式结构，所以高耸结构也称塔桅结构。

（三）按照承重结构材料分类

1. 木结构

主要承重构件所使用的材料为木材，多用于单层建筑或低层建筑。

2. 砖混结构

也称混合结构。以砖墙（柱）、钢筋混凝土楼板及屋面板作为主要承重构件，属于墙承重结构体系，在我国的居住建筑和一般公共建筑中大量采用。

3. 钢筋混凝土结构

以钢筋混凝土构件作为建筑的主要承重构件，多属于骨架承重结构体系。通常大型公共建筑、大跨度建筑、高层建筑及超高层建筑多采用这种结构形式。

4. 钢与混凝土组合结构

主要承重构件材料由型钢和混凝土组成，多用于超高层建筑。

5. 钢结构

建筑的主要承重构件全部采用钢材。这种结构类型多用于某些工业建筑和高层、大空间、大跨度的民用建筑中。如重型厂房、受动力作用的厂房、可移动或可拆卸的建筑、超高层建筑或高耸建筑等。

（四）按照建筑结构形式分类

1. 墙承重体系

由墙体承受建筑的全部荷载，并把荷载传递给基础的承重体系。这种承重体系适用于内部空间较小、建筑高度较小的建筑。

2. 骨架承重体系

由钢筋混凝土或型钢组成的梁柱体系承受建筑的全部荷载，墙体只起围护和分隔作用的承重体系。适用于跨度大、荷载大、高度大的建筑。

3. 内骨架承重体系

建筑内部由梁柱体系承重，四周用外墙承重。适用于局部设有较大空间的建筑。

4. 空间结构承重体系

由钢筋混凝土或型钢组成空间结构承受建筑的全部荷载，如网架结构、悬索结构、壳体结构等。适用于大空间建筑。

三、世界建筑体系及其特色

世界建筑因其文化背景的不同，曾经有过大约七个独立体系。其中一些建筑体系或早已中断，或流传不广，成就和影响相对有限，如古埃及、古代西亚、古代印度和古代美洲建筑等。只有中国建筑、欧洲建筑、伊斯兰建筑一直被业界认为是世界三大建筑体系，又以中国建筑和欧洲建筑延续时间最长、流域最广，成就也更为辉煌。

中国建筑、欧洲建筑和伊斯兰建筑，分别代表了三种建筑体系和特色。

（一）中国建筑

中国是世界四大文明古国之一，有着悠久的历史，劳动人民用自己的血汗和智慧创造了辉煌的中国建筑文明。中国的古建筑是世界上历史最悠久、体系最完整的建筑体系之一。从单体建筑、建筑组群和建筑艺术到建筑规划、园林布置等，形成了一个完美的、无可替代的建筑体系，在世界建筑史中处于领先地位。中国的木构架建筑远在原始社会末期就已经开始萌芽，中国建筑独一无二地体现了"天人合一"的建筑思想，如故宫是中国此类建筑的代表作品。故宫又称紫禁城，是明、清两代的皇宫。中国的汉族建筑分布范围最广、数量最多，以至突破国界，发展到整个东方文化区域内，成为东方建筑的代表。

中国古代建筑最卓著成绩体现在宫殿建筑、坛庙、寺观、佛塔、园林建筑和民居等方面。其建造特色在于：

1. 具有地域性与民族性

中国的幅员辽阔，自然环境千差万别，为了适应环境，各地区建筑因地制宜，基于本地区的地形、气候、建筑材料等条件建造；中国由 56 个民族构成，由于各民族聚居地区环境不同，宗教信仰、文化传统和生活习惯也不同，因此建筑的风格各异。

2. 木质结构承重

中国古建筑主要采用木质结构，由木柱、木梁搭建来承托层面屋顶，而内外墙不承重，只起着分割空间和遮风避雨的作用。

木构架的结构方式是由立柱、横梁、顺檩等主要构件建造而成，各个构件之间的节点以榫卯相吻合，构成富有弹性的框架。中国古代木构架有抬梁、穿斗、井干三种不同的结构方式。抬梁式是在立柱上架梁，梁上又抬梁，也称为"叠梁式"。宫殿、坛庙、寺院等大型建筑物中常采用这种结构方式，更为皇家建筑群所选，是我国木构架建筑的代表。穿斗式是用穿枋把一排排的柱子穿连起来成为排架，然后用枋、檩斗接而成，故称穿斗式，多用于民居和较小的建筑物。井干式是用木材交叉堆叠而成，因其所围成的空间似井而得名。井干式结构在中国有三千年以上的使用历史，这种结构比较原始简单，现在除少数森林地区外已很少使用。

木构架结构有很多优点，首先，承重与围护结构分工明确，屋顶重量由木构架来承担，外墙起遮挡阳光、隔热防寒的作用，内墙起分割室内空间的作用。由于墙壁不承重，这种结构赋予建筑物以极大的灵活性。其次，木构架结构有利于防震、抗震，此结构类似现代建筑的框架结构。由于木材自身的特性，而构架结构所用的斗拱和榫卯又都有若干伸缩余地，因此在一定限度内可减少地震对这种构架的危害。"墙倒屋不塌"形象地表达了这种结构的特点（图 1.1）。

3. 庭院式的组群布局

中国古建筑由于大多是木质结构，不适于纵向发展，便多借助群体布局，即以院落为单元，通过明确的轴线关系，来营造出宏伟壮丽的艺术效果。建筑的群体布局也反映出中国传统的文化观念，即封闭性和内向性，只有在高墙围护的深深庭院之中，才具有安全感和归属感。

中国古建筑首先以"间"为单位构成单体建筑，再以单体建筑组成庭院，进而以庭院为单元，组成各种形式的组群。就单体建筑而言，以长方形平面最为普遍，此外还有圆形、正

图 1.1　中国木构建筑——山西悬空寺

方形、十字形等几何形状平面。整体而言，重要建筑大都采用均衡对称的方式，以庭院为单元，沿着纵轴线与横轴线进行设计，借助于建筑群体的有机组合和烘托，使主体建筑显得格外宏伟壮丽。民居及风景园林则采用"因天时，就地利"的灵活布局方式。

4. 优美的大屋顶造型

大屋顶是极具中国建筑特色的标志，主要有庑殿、歇山、悬山、硬山、攒尖、卷棚等形式。庑殿顶和歇山顶等大屋顶稳重协调，屋顶中直线和曲线巧妙地组合，形成向上微翘的飞檐及弧形造型，增添了建筑物飞动轻快的美感。大屋顶更重要的功能是可以防止雨水急剧下流，还能通过斗拱挑起出檐更好地采光通风。

5. 色彩装饰的"雕梁画栋"

中国古代建筑非常重视彩绘和雕饰，彩绘和雕饰主要是在大门、门窗、天花、梁栋等处。

彩绘具有装饰、标志、保护、象征等多方面的作用。油漆颜料中含有铜，不仅可以防潮、防风化剥蚀，而且还可以防虫蚁。色彩的使用是有限制的，明清时期规定朱、黄为至尊至贵之色。彩画多出现于内外檐的梁枋、斗拱及室内天花、藻井和柱头上，构图与构件形状密切结合，绘制精巧，色彩丰富。明清的梁枋彩画最为瞩目。清代彩画可分为三类，即和玺彩画、旋子彩画和苏式彩画。

雕饰是中国古建筑艺术的重要组成部分，包括墙壁上的砖雕、台基石栏杆上的石雕、金银铜铁等建筑饰物。雕饰的题材内容十分丰富，有动植物花纹、人物形象、戏剧场面及历史传说故事等。如北京故宫保和殿台基上的一块陛石，雕刻着精美的龙凤花纹，重达200吨。在古建筑的室内外还有许多雕刻艺术品，包括寺庙内的佛像，陵墓前的石人、兽等。

6. 注重与周围自然环境的协调

建筑本身就是一个供人们居住、工作、娱乐、社交等活动的环境，因此不仅内部各组成部分要考虑配合与协调，而且要特别注意与周围自然环境的协调。中国古代的设计师们在进行设计时都十分注意建筑风水，即注意周围的环境，对周围的山川形势、地理特点、气候条件、林木植被等，都要认真调查研究。务使建筑布局、形式、色调等跟周围的环境相适应，从而构成为一个大的环境空间。

中国拥有五千多年的文化历史，其古代建筑风格不但别具一格，而且对当时的亚洲建筑风格具有很大的影响。

（二）欧洲建筑

欧洲建筑是一种地域文明的象征，是蕴含着前人智慧结晶的财富，也是将最高才能发挥到极致的种族文明的体现。欧洲建筑的特点是简洁、线条分明，讲究对称，运用色彩的明暗、鲜淡来产生视觉冲击。使人感到或雍容华贵，或典雅、富有浪漫主义色彩。欧洲建筑风格分为多种，有典雅的古典主义风格，纤长、高耸的中世纪风格，富丽的文艺复兴风格，浪漫的巴洛克、洛可可风格等。

比较有代表性的欧洲建筑有，哥特式建筑、巴洛克建筑、古典主义建筑、古典复兴建筑、古罗马建筑、古希腊建筑、浪漫主义建筑、罗曼建筑、洛可可建筑、文艺复兴建筑、现代主义建筑、后现代主义建筑、有机建筑及折中主义建筑等。

1. 古希腊建筑

古希腊是欧洲文化的摇篮。古希腊人杰出的建筑才能和大量的建筑活动，在建筑史上占有重要地位。古希腊建筑不以宏大雄伟取胜，而以端庄、典雅、匀称、秀美见长，其建筑设计的艺术原则影响深远。雅典卫城是古希腊建筑文化的典型代表，其中帕特农神庙是西方建筑史上的瑰宝。

古希腊建筑固定格式称之为"柱式"，主要有多利克柱式、爱奥尼柱式、科林斯柱式三种。

2. 古罗马建筑

古罗马国力强盛，版图跨欧亚非三洲。古罗马建筑继承了古希腊建筑的成就，但建筑的类型、数量和规模都大大超过希腊。罗马人发展了拱券和穹隆结构的技术，并开始使用天然混凝土材料，以取得高大宽广的室内空间。而从希腊引进的柱式往往成为建筑的装饰品。罗马建筑虽不如希腊建筑精美，但规模宏大、气势雄伟。大型建筑物风格雄浑凝重，构图和谐统一，形式多样。有些建筑物内部空间艺术处理的重要性超过了外部体形，最有意义的是创造出柱式同拱券的组合，如券柱式和连续券，既作结构，又作装饰。

拱券结构是一种建筑结构形式，简称拱或券，又称券洞、法圈、法券。它除了竖向荷重时具有良好的承重特性外，还起着装饰美化的作用。其外形为圆弧状，由于各种建筑类型的不同，拱券的形式略有变化。半圆形的拱券为古罗马建筑的重要特征，尖形拱券则为哥特式建筑的明显特征，而伊斯兰建筑的拱券则有尖形、马蹄形、弓形、三叶形、复叶形和钟乳形等多种。拱券结构可以获得宽阔的内部空间。

在当时罗马这样百万人口的大城市，其格局不像希腊雅典那样以神庙为城市中心，而是以许多世俗性的公共建筑，如集市广场、宫殿、浴场、角斗场、府邸、法院、凯旋门、桥梁等同神庙一起构成城市的壮丽面貌。罗马角斗场、罗马万神庙和古罗马浴场著名于世，古罗马三层叠起连续拱券的输水道被认为是工程技术史上的奇迹。古罗马建筑被称为世界建筑史上的里程碑。其代表有罗马角斗场、圣玛丽亚大教堂等。

3. 罗曼建筑

罗曼建筑原意为罗马建筑风格的建筑，是中世纪时期 $10\sim12$ 世纪欧洲基督教流行地区的一种建筑风格，因采用古罗马风格的券、拱等建筑式样而得名。罗曼建筑风格多见于修道院和教堂，承袭初期基督教建筑，采用古罗马建筑的一些传统做法如半圆拱、十字拱等，有时也用简化的古典柱式和细部装饰。经过长期的演变，逐渐用拱顶取代了初期基督教堂的木结构屋顶，对罗马的拱券技术不断进行试验和发展，采用扶壁以平衡沉重拱顶的横推力，后来又逐渐用骨架券代替厚拱顶，平面仍为拉丁十字。出于向圣像、圣物膜拜的需要，在东端增设若干小礼拜室，平面形式渐趋复杂。

罗曼建筑典型特征是：墙体巨大而厚实，墙面用连列小券，门宙洞口用同心多层小圆券，以减少沉重感。西面有一两座钟楼，有时拉丁十字交点和横厅上也有钟楼。中厅大小柱有韵律地交替布置。窗口窄小，在较大的内部空间造成阴暗神秘气氛。朴素的中厅与华丽的圣坛形成对比，中厅与侧廊较大的空间变化打破了古典建筑的均衡感。

罗曼建筑作为古典建筑到哥特式建筑的一种过渡形式，它的贡献不仅在于把沉重的结构与垂直上升的动势结合起来，在建筑史上，罗曼建筑第一次成功地把高塔组织到建筑的完整构图之中。

罗曼建筑的著名实例有意大利比萨主教堂建筑群（图1.2、图1.3），德国沃尔姆斯主教堂等。

图1.2　意大利比萨主教堂建筑群

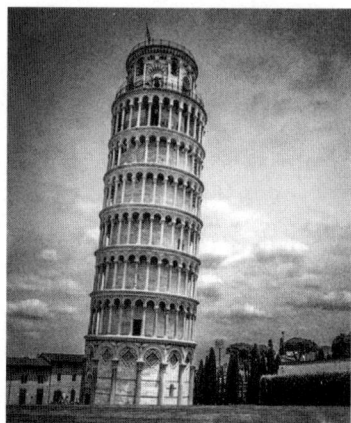

图1.3　意大利比萨斜塔

4. 哥特式建筑

哥特式建筑是11世纪下半叶起源于法国，13～15世纪流行于欧洲的一种建筑风格。主要见于天主教堂，也影响到世俗建筑。哥特式建筑以其高超的技术和艺术成就，在建筑史上占有重要地位。

哥特式建筑的典型特色是，石拱券、飞扶壁、尖拱门、穹隆顶及大面积的彩色玻璃窗。飞扶壁是为了平衡拱券对外墙的推力，而在外墙上附加的墙或其他结构。为了增加稳定性，常在飞扶壁柱墩上砌尖塔。由于采用了尖券、尖拱和飞扶壁，哥特式教堂的内部空间高旷、单纯、统一。装饰细部如华盖、壁龛等也都用尖券作主题，建筑风格与结构手法形成一个有机的整体。

哥特式建筑的代表作有意大利著名的米兰大教堂，欧洲中世纪最大的教堂之一（图1.4），以及法国的巴黎圣母院。

5. 文艺复兴建筑

继哥特式建筑之后出现，15世纪产生于意大利，后传播到欧洲其他地区，形成带有各自特点的各国文艺复兴建筑。

文艺复兴建筑明显的特征是扬弃中世纪时期的哥特式建筑风格，在宗教建筑和世俗建筑上重新采用古希腊时期的柱式构图要素。它在建筑轮廓上讲究整齐划一，强调比例

图 1.4　哥特式建筑——米兰大教堂

与条理性，构图中间突出、两旁对称，窗间有时设置壁龛和雕像。文艺复兴时期的建筑师和艺术家们认为这种古典建筑，特别是古典柱式构图体现着和谐与理性，并且与人体美有相通之处。

6. 巴洛克建筑

巴洛克建筑是 17～18 世纪在意大利文艺复兴建筑基础上发展起来的一种建筑和装饰风格。其特点是外形自由，追求动感，喜好使用富丽的装饰、雕刻和强烈的色彩，常用穿插的曲面和椭圆形空间来表现自由的思想和营造神秘的气氛。

巴洛克一词的原意是奇异古怪，古典主义者用它来称呼这种被认为是离经叛道的建筑风格。这种风格在反对僵化的古典形式、追求自由奔放的格调和表达世俗情趣等方面起了重要作用，对城市广场、园林艺术以至文学艺术等都发生影响，一度在欧洲广泛流行。

意大利文艺复兴晚期著名建筑师和建筑理论家维尼奥拉设计的罗马耶稣会教堂是由手法主义向巴洛克风格过渡的代表作，也有人称之为第一座巴洛克建筑。

巴洛克风格打破了对古罗马建筑理论家维特鲁威的盲目崇拜，也冲破了文艺复兴晚期古典主义者制定的种种清规戒律，反映了向往自由的世俗思想。另一方面，巴洛克风格的教堂富丽堂皇，而且能造成相当强烈的神秘气氛，也符合天主教会炫耀财富和追求神秘感的要求。因此，巴洛克建筑从罗马发端后，不久即传遍欧洲，以至远达美洲。有些巴洛克建筑过分追求华贵气魄，甚至到了烦琐堆砌的地步。

从 17 世纪 30 年代起，意大利教会财富日益增加，各个教区先后建造自己的巴洛克风格的教堂。由于规模小，不宜采用拉丁十字形平面，因此多改为圆形、椭圆形、梅花形、圆瓣十字形等单一空间的殿堂，在造型上大量使用曲面。

（三）伊斯兰建筑

伊斯兰建筑，西方称萨拉森建筑。主要包括 7～13 世纪阿拉伯国家的建筑，14 世纪以后奥斯曼帝国的建筑，16～18 世纪波斯萨非王朝的建筑，以及印度、中亚等国的一些建筑。阿拉伯人汲取希腊、罗马、印度古代的建筑经验，在继承两河流域和波斯建筑传统的基础上，形成独特的建筑风格。伊斯兰建筑包括清真寺、伊斯兰学府、哈里发宫殿、旅舍、府邸、巨大的陵墓以及各种公共设施、居民住宅等。伊斯兰建筑是世界建筑艺术和伊斯兰文化的组成部分，与欧洲建筑、中国建筑并称世界三大建筑体系。伊斯兰建筑以阿拉伯民族传统的建筑形式为基础，借鉴、吸收了两河流域、伊比利亚半岛以及世界各地、各民族的建筑艺术精华，以其独特的风格和多样的造型，创造了一大批具有历史意义和艺术价值的建筑物。如阿联酋谢赫扎伊德清真寺，又名阿布扎比大清真寺，堪称伊斯兰教建筑史上的一大杰作，目前是规模位列世界第三的清真寺（图 1.5）。

图 1.5　阿联酋谢赫扎伊德清真寺

伊斯兰建筑具有以下特色。

1. 变化丰富的外观

世界建筑中外观最富变化，设计手法最奇巧的当是伊斯兰建筑。欧洲古典式建筑虽端庄方正但缺少变化的妙趣；哥特式建筑虽峻峭雄健，但雅味不足；印度建筑只是表现了宗教的气息；然而，伊斯兰建筑则奇想纵横，庄重而富变化，雄健而不失雅致。因而伊斯兰建筑横贯东西、纵贯古今，在世界建筑中独放异彩。

2. 穹隆

伊斯兰建筑散布在世界各地，其造型的主要特征是采用大小穹顶覆盖主要空间。与欧洲的穹隆相比，风貌、情趣完全不同，伊斯兰建筑中的穹隆往往看似粗糙却韵味十足。早在波斯萨珊王朝时期，就流行在方形房间上砌筑穹顶，穹顶纵断面为椭圆形。7 世纪初伊斯兰教兴起后，继承这一传统并于 8 世纪起有了双圆心尖券、尖拱和尖穹顶，砌筑精确，形式简洁。到 14 世纪，又创造了四圆心券拱和穹顶，完全淘汰了叠涩法。四圆心穹顶外形轮廓平缓，曲线柔和，与浑厚的砖墙建筑以及方形体量取得和谐。

3. 开孔

所谓开孔即门和窗的形式，一般是尖拱、马蹄拱或是多叶拱。亦有正半圆拱、圆弧拱，仅在不重要的部分使用。

4. 纹样

伊斯兰的纹样堪称世界之冠。建筑及其他工艺中供欣赏用的纹样，题材、构图、描线、敷彩皆有匠心独运之处。动物纹样虽是继承了波斯的传统，可脱胎换骨产生了崭新的面目；植物纹样，主要承袭了东罗马的传统，历经千锤百炼终于集成了灿烂的伊斯兰式纹样。

四、世界造园艺术体系

（一）中国园林

中国园林的发展历史，从商、周经唐、宋至明、清，经历了萌发期、成熟期、发达期三个阶段。最早见于史籍记载的是公元前11世纪西周的灵囿（"囿"是中国古代供帝王贵族进行狩猎游乐的一种园林形式）。

在中国建筑门类中，园林建筑综合性最强、艺术性最高。中国园林的构成要素一般有山石、水系、建筑、花木和匾额、楹联、石刻等。

1. 中国园林在艺术处理与审美追求上的特色

① 以表现自然意趣为主旨，追求"虽由人作，宛自天开"的艺术效果（师法自然）。

所谓师法自然，在造园艺术上包含两层内容。一是总体布局、组合要合乎自然。山与水的关系以及假山中峰、涧、坡、洞各景象因素的组合，要符合自然界山水生成的客观规律。二是每个山水景象要素的形象组合要合乎自然规律。如假山峰峦是由许多小的石料拼叠合成，叠砌时要仿天然岩石的纹脉，尽量减少人工拼叠的痕迹。水池常作自然曲折、高下起伏状。花木布置应是疏密相间，形态天然。乔灌木也错杂相间，追求天然野趣。

② 布局讲究虚实相生，利用叠石、围墙、漏窗、借景等艺术手法，将有限的面积化为无限丰富的空间意象。

中国园林用种种办法来分隔空间，其中主要是用建筑来围蔽和分隔空间。分隔空间力求从视角上突破园林实体的有限空间的局限性，使之融于自然，表现自然。为此，必须处理好形与神、景与情、意与境、虚与实、动与静、因与借、真与假、有限与无限、有法与无法等种种关系。如此，则把园内空间与自然空间融合和扩展开来。比如漏窗的运用，使空间流通、视觉流畅，因而隔而不绝，在空间上起互相渗透的作用。在漏窗内看，玲珑剔透的花饰、丰富多彩的图案，有浓厚的民族风味和美学价值；透过漏窗，竹树迷离摇曳，亭台楼阁时隐时现，远空蓝天白云飞游，造成幽深宽广的空间境界和意趣。

③ 注重诗画意境的创造（诗情画意），激发游人的想象和联想（移步换景）。中国园林中，有山有水，有堂、廊、亭、榭、楼、台、阁、馆、斋、舫、墙等建筑。人工的山，石纹、石洞、石阶、石峰等都显示自然的美色。人工的水，岸边曲折自如，水中波纹层层递进，也都显示自然的风光。所有建筑，其形与神都与天空、地下自然环境吻合，同时又使园内各部分自然相接，以使园林体现自然、淡泊、恬静、含蓄的艺术特色，并获得移步换景、渐入佳境、小中见大等观赏效果。

④ 大量采用树木花卉表现自然。与西方系统园林不同，运用乔灌木、藤木、花卉及草皮和地被植物等材料，通过设计、选材、配置，发挥其不同功能，形成多样景观，是我国古典园林的重要表现手法。中国园林对树木花卉的处理与安设，讲究表现自然。松柏高耸入云，柳枝婀娜垂岸，桃花数里盛开，乃至于树枝弯曲自如，花朵迎面扑香，其形与神，其意与境都十分注重表现自然。

追求自然是中国园林体现"天人合一"的民族文化所在，是中国园林独立于世界之林的最大特色，也是其永具艺术生命力的根本原因。

2. 中国园林的主要种类

中国园林有不同分类方法，主要可分为：帝王宫苑或皇家园林、私家园林、寺观园林、山林名胜或城郊风景区（景观园林）、陵墓园林、坛庙园林、书院园林，表1.1所示为中国园林的特点及代表性建筑。

表 1.1 中国园林的特点及代表性建筑

类型	帝王宫苑	私家园林	寺观园林	山林名胜
特点	面积大，气派、宏伟，包罗万象，大多利用自然山水加以改造而成	规模较小，建筑比重大，假山、水景多，内外相互穿插渗透，景中套景，空间分隔曲折，注重情趣、意境	规模较大，附属在佛教寺庙或道教宫观内	规模很大，自然与人造景物巧妙结合
代表建筑	北京圆明园、颐和园、承德避暑山庄等	苏州拙政园、网师园等	北京万寿山、潭柘寺、碧云寺、报恩延寿寺等	杭州西湖、无锡鼋头渚、扬州瘦西湖、昆明西山滇池等

（1）皇家园林 皇家园林的代表有阿房宫和上林苑。秦始皇在陕西渭南建的信宫、阿房宫不仅按天象来布局，而且"弥山跨谷，辇道相属"，在终南山顶建阙，以樊川为宫内之水池，气势雄伟、壮观。

魏晋南北朝时期（220—589 年），皇家园林的发展处于转折时期，虽然在规模上不如秦汉山水宫苑，但内容上则有所继承与发展。隋唐时期（581—907 年），皇家园林趋于华丽精致。元明清时期（1271—1911 年），皇家园林的建设趋于成熟。这时的造园艺术在继承传统的基础上又实现了一次飞跃，这个时期出现的名园如颐和园、北海、避暑山庄、圆明园，无论是在选址、立意、借景、山水构架的设计、建筑布局与技术、假山工艺、植物布置乃至园路的铺设，都达到了前所未有的高度。

（2）私家园林 中国私家园林很可能与皇家园林起源于同一时代。从已知的历史文献中，可以了解到在汉代有梁孝王的兔园，大富豪袁广汉的私园。这类私家园林均是仿皇家园林而建，只是规模较小，内容朴实。

魏晋南北朝时，中国社会陷入动荡，社会生产力下降，人民对前途感到失望与不安，于是就寻求精神方面的解脱，道家与佛家的思想深入人心。此时士大夫、知识分子转而逃避现实，隐逸山林，这种时尚体现在当时的私家园林之中。其中的代表作有位于中国北方洛阳的西晋大官僚石崇的金谷园和中国南方会稽的东晋山水诗人谢灵运的山居。两者均是在自然山水基础上稍加经营而成的山水园。

文人造园更多地将诗情画意融入他们自己的小天地之中。这时期的代表作有诗人王维的辋川别业和作家司马光的独乐园。此时出现了许多优秀的私家园林，其共同特点在于选址得当，以假山水池为构架，穿凿亭台楼阁、树等。文人士大夫私家园林原也是受到皇家园林的启发，希望造山理水以配天地，寄托自己的政治抱负。但社会的动荡和政治的腐败，总令信奉礼教的中国知识分子失望，于是一部分士大夫受庄子思想影响，崇尚自然，形成与儒家形式化的"五行学说"及"天地观"相对立的、以"自然无为"为核心的天地观念。因此，园林中的山水不再局限于茫茫九派、东海三山；又因封建权力和礼制的打压，私家园林的规模与建筑样式受到诸多限制，恰与庄子"齐万物"的相对主义思想吻合。于是从南北朝时期起，私家园林就自觉地尚小巧而贵情趣。一些知识分子甚至借方士们编造的故事，将园林称作"壶中天"（又称"壶中天地"），要人们在小中见大。中国知识分子的"壶中天地"给这个民族留下了一整套的审美趣味和构园传统，留下了一大批极为宝贵的文化遗产。私家园林的审美趣味后来为皇家所吸纳，一些宗教寺庙，尤其汉传佛教寺庙的营建，也在很大程度上受到它的影响。

如江南私家园林，规模较小，一般只有几亩至十几亩，小者仅一亩半亩而已。造园家的主要构思是"小中见大"，即在有限的范围内运用含蓄、扬抑、曲折、暗示等手法来启动人的主观再创造，曲折有致，造成一种似乎深邃不尽的景境，扩大人们对于实际空间的感受；大多以水面为中心，四周散布建筑，构成一个个景点，几个景点围合而成景区；以修身养性，闲适自娱为园林主要功能；园主多是文人学士出身，能诗会画，善于品评，园林风格以清高风雅，淡素脱俗为最高追求，充溢着浓郁的书卷气（图1.6）。

图 1.6　中国私家园林——拙政园

（3）寺观园林　根据已有的考古材料证明，中国寺观的起源在5000年以前，当时是以神祠的形式出现的，这就是红山文化遗址中发现的女神庙。东汉时在洛阳以皇家花园改建成的白马寺成为中国第一佛寺。然而佛寺的建设兴旺于魏晋南北朝。因为当时的社会战火不断，民众生活痛苦不堪，生命无常，因此，佛教思想深入人心。另一方面，道教思想中的取法自然、延年益寿、飞身成仙等也赢得众多追随者。

在舍宅为寺的热潮中，北魏洛阳和南朝建康的佛寺成百上千，香火甚旺。此时，寺观园林有三种形式：一是把城市中寺观本身按园林布置；二是在城市寺观旁附设园林；三是在风光优美的自然山水中建寺。这样做的原因是，不论佛教中的天国还是道教追寻的仙境都对寺观的环境提出很高的要求。

唐宋时期，佛教、道教、儒教迅速发展，寺观的建筑布局形式趋于统一，即为伽蓝七堂式。此时的寺观不仅仅是举行宗教活动的场所，而且还是民众交往、娱乐的活动中心。此时的文人也把对山水的认识引入寺观氛围，这种世俗化、文人化的浪潮促使寺庙园林的建设产生了飞跃。唐代长安的广恩寺以牡丹、荷花最为有名，而苏州的玄妙观也发展成规模宏大的寺庙园林，据传宋代名画家赵伯驹之弟所绘《桃源图》描绘的就是玄妙观的情景。明清时期，寺观园林建设达到高潮。

（4）景观园林　老子提出要道法自然，庄子曾说："山林欤，皋壤欤，使我欣欣然而乐欤。"而作为儒学始祖的孔子则把这种热爱，升华到把山水比作人之品德的境界。佛教传入中国经汉化而后扎下根来，佛教中所叙由亭台楼阁、林木花草组成的花园成为天国的形象而为人们所向往。正是由于上述道、儒、佛对山水的不同认识，最终导致中国人把巨大的生活热情凝聚在山水之间，他们把对天堂的梦想转化为在山水之间建设人间仙境的现实行动。

实际上，人们是把自然山水环境当作一个巨型的花园来进行建设、经营的，从而架起了通向精神归宿的桥梁。我们发现，无论是在中国的崇山峻岭之间，还是在江河湖泊之滨，都有这样的巨型花园。这种天人合一的结果是许多巨型花园——风景名胜的出现。

人们把中国五大名山概括为"泰山雄，华山险，恒山幽，嵩山奥，衡山秀"，然而仅有这些奇特的自然景观，并不能满足人们对天国意境的追求，他们认为唯有融入亭、台、楼、阁，才能成为人可亲近的环境，才能成为人间的天堂乐园。

（二）欧洲园林

欧洲园林又称为西方园林，其园林文化传统渊源可追溯到古埃及和古希腊园林。当时的园林就是模仿经过人类耕种、改造后的自然，是几何式的自然，因而欧洲园林就是沿着几何式的道路开始发展的。其优秀代表是法国古典主义园林和英国风景式园林。欧洲园林以规则式和自然式园林构图为造园流派，分别追求人工美和自然美的情趣，水、常绿植物和柱廊都是重要的造园要素，艺术造诣精湛独到，是西方世界喜闻乐见的园林（图1.7）。

图1.7　欧洲园林

欧洲园林作为世界三大园林体系之一，其发展脉络为：古埃及—波斯—古希腊—古罗马—意法英园林。欧洲园林早期为规则式园林，最大特色就是中轴对称或规则式建筑布局，主要风格为大理石、花岗岩等石材的堆砌雕刻、花木的整形与排行作队。文艺复兴后，先后涌现出意大利台地园林、法国古典园林和英国风景式园林。近现代以来，又确立了人本主义造园宗旨，并与生态环境建设相协调，出现了城市园林、园林城市和自然保护区园林，率世界园林发展新潮流。

欧洲园林覆盖面很广。它以欧洲本土为中心，范围囊括欧洲、北美、南美、澳大利亚等四大洲，对南非、北非、西亚、东亚等地区的园林发展和当代园林亦产生了重要影响。

欧洲园林分为法国古典主义园林和英国风景式园林两大流派，它们都有自己明显的风格特征。规则式园林气势恢宏，视线开阔，严谨对称，构图均衡，花坛、雕像、喷泉等装饰丰富，体现庄重典雅，雍容华贵的气势；自然风景式园林取消了园林与自然之间的界线，将自然为主体引入到园林，排除人工痕迹，体现一种自然天成、返璞归真的艺术。

西方的造园起源于古西亚的波斯，即古波斯所称的"天国乐园"。它是人类对天国仙境的向往与企盼，而其发展则来源于人性中所固有的对美的追求与探索。欧洲的造园艺术有三个重要的时期：从16世纪中叶之后的100年，是意大利领导潮流；从17世纪中叶往后的100年，是法国领导潮流；从18世纪中叶起，领导潮流的则是英国。意大利的热情与理想，法国的奢华与浪漫，英国的优雅与自然都深深影响了整个欧洲的园林发展。而西方的园林艺术中最为世人所称道的是其气势宏伟、瑰丽多姿的皇家园林。

欧洲园林不同的发展阶段有不同特点，其发展主要阶段有：①意大利文艺复兴园林；②美国加州园林；③巴洛克园林；④英国园林。

经历了古埃及的几何式园林，阿拉伯人征服西班牙所带来的伊斯兰庭院文化，直到中世纪文化光辉泯灭殆尽，社会的动荡不安促使人们开始在宗教中寻求慰藉。因此中世纪的文明基础主要是基督教文明，园林产生了宗教寺院庭院和城堡庭院两种不同的类型。两种庭园开始都以实用性为主，随着时局趋于稳定和生产力不断发展，园林装饰性与娱乐性也日益增强。园林的实用性更多的是体现在皇家园林的建造中。

15世纪初叶，意大利文艺复兴运动兴起，文学和艺术飞跃进步，引起一批人爱好自然，追求田园趣味，文艺复兴园林盛行，欧洲园林逐步从几何型向巴洛克艺术曲线型转变。文艺复兴后期，欧洲园林甚至出现了追求主观、新奇、梦幻般的"手法主义"的表现。中世纪结束后，在罗马帝国的本土——意大利，仍然有许多古罗马遗迹存在，时刻唤起人们对帝国辉煌往昔的记忆，古典主义于是成为文艺复兴园林艺术的源泉。文艺复兴时期人们向往罗马人的生活方式，所以富豪权贵纷纷在风景秀丽的地区建立自己的别墅庄园。由于这些庄园一般都建在丘陵或山坡上，为便于活动，就采用了连续的台面布局。台地园的平面一般都是严整对称的，建筑常位于中轴线上，有时也位于庭院的横轴上，或分设在中轴的两侧。在园林和建筑关系的处理上，意大利台地园开欧洲体系园林宅邸向室外延伸的理论先河，它的中轴以山体为依托，贯穿数个台面，经历几个高差而形成跌水，完全摆脱了西亚式平淡的涓涓细流的模式，开始显现出欧洲体系特有的宏伟壮阔气势。而且庄园的轴线有些已不止一两条，而是几条轴线，或垂直相交，或平行并列，甚至还有呈放射状排列的，这些都是以前所没有的新手法。

17、18世纪，绘画与文学两种艺术热衷于自然的倾向影响了英国造园，加之中国园林文化的影响，英国出现了自然风景园。以起伏开阔的草地、自然曲折的湖岸、成片成丛自然生长的树木为要素构成了一种新的园林。18世纪中叶，作为改进，园林中建造一些点景物，如中国的亭、塔、桥、假山以及其他异国情调的小建筑或模仿古罗马的废墟等，人们将这种园林称之为感伤主义园林或英中式园林。欧洲大陆风景园是从模仿英中式园林开始的，虽然最初常常是很盲目的模仿，但结果却带来了园林的根本变革。风景园在欧洲大陆的发展是一个净化的过程，自然风景式比重越来越大，点景物越来越少，到1800年后，纯净的自然风景园终于出现。

至19世纪上半叶，园林设计常常是几何式与规则式园林的综合。造园风格停滞在自然式与几何式两者互相交融的设计风格上，甚至逐步沦为对历史样式的模仿与拼凑，直至工艺美术运动和新艺术运动导致新的园林风格诞生。受工艺美术运动影响，花园风格更加简洁、浪漫、高雅，用小尺度具有不同功能的空间构筑花园，并强调自然材料的运用。这种风格影响到后来欧洲大陆的花园设计，直到今天仍有一定的影响。新艺术运动的目的是希望通过装饰的手段来创造出一种新的设计，主要表现在追求自然曲线形和追求直线几何形两种形式。新艺术运动中的另一个特点是强调园林与建筑之间以艺术的形式相联系，认为园林与建筑之间在概念上要统一，理想的园林应该是尽量再现建筑内部的"室外房间"。新艺术运动虽然反叛了古典主义的传统，但其作品并不是严格意义上的"现代"，它是现代主义之前有益的探索和准备。可以说，这场世纪之交的艺术运动是一次承上启下的设计运动，它预示着旧时代的结束和新时代的到来。

19世纪末，更多的设计使用规则式园林来协调建筑与环境的关系。艺术和建筑业在向简洁的方向发展，园林受新思潮的影响，走向了净化的道路，逐步转向注重功能、以人为本的设计。

（三）阿拉伯园林

阿拉伯园林是融建筑、美术、园艺于一体的建筑与园林艺术，更是阿拉伯文化中的经典。阿拉伯园林不讲究中国园林的"曲折有致，前后呼应"或"园中有园，景外有景"，也不注重西方园林的纯粹写实，它在两者之外开辟了一条新路。

公元7世纪，阿拉伯人建立了阿拉伯帝国。阿拉伯人主要信奉伊斯兰教，他们的宗教思想深深地浸渍到园林艺术中，形成了具有理想色彩的"天园"艺术模式。因巴比伦、波斯气候干旱，阿拉伯人对"绿洲"和水有特殊感情。又受到古埃及的影响，阿拉伯人心中的乐园是"下临贯穿的河渠，果实常年不断，树荫岁月相继"。因而清澈的水流，累累的果实，繁茂的树木，构成了阿拉伯人"天园"的优雅环境。

阿拉伯园林继承古代波斯庭院的布局特点，多采用植物和水法，以位于十字形道路交叉点的水池为中心。园林建筑物大半通透开敞，幽静的气氛、精美细密的建筑图案和装饰色彩，成为伊斯兰园林的传统（图1.8）。

图1.8　阿拉伯园林（西班牙阿尔汉布拉宫庭院）

阿拉伯园林的渊源与西亚园林体系密不可分。西亚园林体系主要是指巴比伦、埃及、古波斯的园林，它们采取方直的规划、齐整的栽植和规则的水渠，园林风貌较为严整，后来这一手法被阿拉伯人所继承，成为阿拉伯园林的主要传统。

西亚造园历史，据有关专家考证，可推溯到公元前。伊拉克幼发拉底河岸，远在公元前3500年就有花园。传说中的巴比伦空中花园，又称悬园，始建于公元前7世纪，是历史上第一名园，被列为世界七大奇迹之一。

作为西方文化最早策源地的埃及，早在公元前3700年就有金字塔墓园。那时，尼罗河谷的园艺已很发达，原本有实用意义的树木园、葡萄园、蔬菜园，到公元前16世纪演变成埃及重臣们享乐的私家花园。比较有钱的人家，住宅内也均有私家花园，有些私家花园，有山有水，设计颇为精美。穷人家虽无花园，但也在住宅附近用花木点缀。

古波斯的造园活动，是由猎兽的囿逐渐演进为游乐园的。波斯是世界上名花异草发育最早的地方，以后再传播到世界各地。公元前5世纪，波斯就有了把自然与人相隔离的园林——天堂园，四面有墙，园内种植花木。在西亚这块干旱地区，水一向是庭院的生命。因此，在所有阿拉伯地区，对水的爱惜、敬仰，到了神化的地步，它也被应用到造园中。公元8世纪，西亚被征服后的阿拉伯帝国时代，他们继承波斯造园艺术，并使波斯庭院艺术又有新的发展，在平面布置上把园林建成"田"字，用纵横轴线分作四区，十字林荫路交叉处设置中心水池，把水当作园林的灵魂，使水在园林中尽量发挥作用。具体用法是点点滴滴，蓄聚盆池，再穿地道或明沟，延伸到每条植物根系。这种造园水法后来传到意大利，更演变到鬼斧神工的地步，每处庭院都有水法的充分运用，成为欧洲园林必不可少的点缀。

在世界三大园林体系中，中国园林历史最悠久，内涵最丰富。它不仅深刻影响东南亚、日本等地的造园艺术，对欧洲园林艺术也产生过深远影响，被誉为"世界园林之母"。

■■■ 第二节　欧美近现代建筑发展概况 ■■■

近、现代建筑是建筑发展过程中的一个新阶段。18世纪下半叶至今，在建筑规模上、数量上、类型上、技术上、速度上，都发生了任何历史时期不能比拟的空前变化。

社会的发展、科学技术的进步，促进了近、现代建筑的革命，越来越多的摩天大楼，数百米的大跨度建筑，各种新颖的建筑材料、新技术、新开发的建筑功能以及形形色色的建筑外观，不断地改变着人们对建筑的认识和印象。

近、现代建筑史的发展过程基本上与社会历史的发展过程一致。但是，由于建筑自身的发展特点，近、现代建筑史大体上可以分为四个阶段：

第一个阶段是18世纪下半叶至19世纪下半叶。这个时期的特点是工业革命后大城市恶性膨胀，传统建筑显现了新的矛盾，于是出现了新旧建筑思潮的斗争，新的建筑技术与功能不断地促进建筑形式的变化。

第二个阶段是19世纪下半叶到20世纪初。这是欧美对新建筑的探求时期，也是向现代建筑过渡的时期，虽然欧美各国的探新活动是不成熟的，但毕竟为现代建筑的发展摸索了道路。

第三个阶段是在第一次和第二次世界大战之间。这是资本主义国家现代建筑的形成与发展时期，在建筑上已经有了系统的理论，在技术上也已经有了成熟的经验与手法，现代建筑的思潮已逐渐在世界范围内得到传播。

第四个阶段是在第二次世界大战之后。这个时期的特点是建筑与科学紧密结合，建筑技术的进展日新月异，然而西方建筑思潮却极为混乱。在城市现代化的发展过程中，城市规划与环境科学问题日益突出。

上述前两个阶段属于近代建筑史范畴，后两个阶段属于现代建筑史范畴。

一、十八—十九世纪欧美建筑

（一）工业革命对城市与建筑的影响

工业革命的冲击，给城市与建筑带来了一系列新的问题，首当其冲的是大工业城市。由于生产集中而引起人口恶性膨胀，由于土地的私有制和房屋建筑的无政府状态，造成了城市的混乱。

其次是住宅问题严重，虽然统治阶级在不断地大量建造房屋，但是其目的是政治上的和为了牟利。因此，广大城市居民面临着严重的房荒。

第三是由于科学技术的进步，新的社会生活的需要，新建筑类型的出现等，对建筑形式提出了新要求，产生了新的矛盾。

因此，在这个时期，建筑创作方面产生了两种不同的倾向，一种是反映当时社会上层阶级观点的复古思潮；另一种则是探求建筑中的新技术与新形式。

（二）建筑创作中的复古思潮

1. 古典复兴建筑

古典复兴是资本主义初期最先出现在文化上的一种思潮，在建筑史上是指18世纪60年代到19世纪末在欧美盛行的古典建筑形式。古典复兴建筑采用严谨的古希腊、古罗马形式的建筑，又称新古典主义建筑。

古典复兴思潮主要受到当时启蒙运动的影响，启蒙思想家共同的核心观点就是"人性论"，即"自由""平等""博爱"。由于对民主、共和的向往，唤起了人们对古希腊、古罗马的礼赞。在建筑方面，古罗马的广场、凯旋门和记功柱等纪念性建筑成为效仿的榜样。当时的考古学取得了很多的成绩，古希腊、古罗马建筑艺术珍品大量出土，为古典复兴建筑的实现提供了良好的条件和社会基础。

古典复兴思潮认为，巴洛克等建筑束缚了建筑的创造性，不适合新时代的艺术观，因此要求使用简洁明快的处理手段来代替那些陈旧的东西。他们在探求新建筑形式的过程中，古希腊、古罗马的古典建筑遗产成为当时的创作源泉。

早在路易十三和路易十四专制王权极盛时期，法国就开始推崇古典主义建筑风格，建造了很多古典主义风格的建筑。法国古典主义建筑的代表作是规模巨大、造型雄伟的宫廷建筑和纪念性的广场建筑群。随着古典主义建筑风格的流行，巴黎在1671年设立了建筑学院，学生多出身于贵族家庭，他们看不起工匠和工匠的技术，形成了崇尚古典形式的学院派。学院派建筑和教育体系一直延续到19世纪。学院派有关建筑师的职业技巧和建筑构图艺术等观念，统治西欧的建筑事业达200多年。法国古典主义建筑的代表作品有巴黎卢浮宫的东立面、凡尔赛宫和巴黎伤兵院新教堂等。凡尔赛宫不仅创立了宫殿的新形制，而且在规划设计和造园艺术上都被当时欧洲各国所效仿。

古典复兴建筑造型严谨，普遍应用古典柱式，内部装饰丰富多彩。采用古典复兴建筑风格的主要是国会、法院、银行、交易所、博物馆、剧院等公共建筑和一些纪念性建筑。这种建筑风格对一般的住宅、教堂、学校等影响不大。

法国在18世纪末、19世纪初是欧洲资产阶级革命的中心，也是古典复兴建筑活动的中心。法国大革命前已在巴黎兴建万神庙这样的古典建筑，拿破仑时代在巴黎兴建了许多纪念性建筑，其中雄师凯旋门、马德兰教堂等都是古罗马建筑式样的翻版。

英国以复兴古希腊建筑形式为主，典型实例为爱丁堡中学、伦敦的不列颠博物馆等，德国柏林的勃兰登堡门，申克尔设计的柏林宫廷剧院和阿尔特斯博物馆均为复兴古希腊建筑形式。

美国独立以前，建筑造型多采用欧洲式样，称为"殖民时期风格"。独立以后，美国资产阶级在摆脱殖民统治的同时，力图摆脱建筑上的"殖民时期风格"，借助于古希腊、古罗马的古典建筑来表现民主、自由、光荣和独立，因而古典复兴建筑在美国盛极一时。华盛顿的美国国会大厦（图 1.9）就是一个典型例子，它仿照巴黎万神庙，极力表现雄伟，强调纪念性。古希腊建筑形式在美国的纪念性建筑和公共建筑中也比较流行，华盛顿的林肯纪念堂即为一例。

图 1.9　美国国会大厦

2. 浪漫主义建筑

浪漫主义建筑是 18 世纪下半叶到 19 世纪下半叶，欧美一些国家在文学艺术中的浪漫主义思潮影响下流行的一种建筑风格。浪漫主义在艺术上强调个性，提倡自然主义，主张用中世纪的艺术风格与学院派的古典主义艺术相抗衡。这种思潮在建筑上表现为追求超尘脱俗的趣味和异国情调。

18 世纪 60 年代至 19 世纪 30 年代，是浪漫主义建筑发展的第一阶段，又称先浪漫主义，出现了中世纪城堡式的府邸，甚至东方式的建筑小品。19 世纪 30～70 年代是浪漫主义建筑的第二阶段，它已发展成为一种建筑创作潮流。由于追求中世纪的哥特式建筑风格，又称为哥特复兴建筑。英国是浪漫主义的发源地，最著名的建筑作品是英国议会大厦、伦敦的圣吉尔斯教堂和曼彻斯特市政厅等。

浪漫主义建筑主要限于教堂、大学、市政厅等中世纪就有的建筑类型。它在各个国家的发展不尽相同。大体说来，在英国、德国流行较早较广，如德国新天鹅堡（图 1.10）。而在法国、意大利则不太流行。美国步欧洲建筑的后尘，浪漫主义建筑一度流行，尤其是在大学和教堂等建筑中。耶鲁大学的老校舍就带有欧洲中世纪城堡式的哥特建筑风格，它的法学院和校图书馆则是典型的哥特复兴建筑。

3. 折中主义建筑

折中主义建筑是 19 世纪上半叶至 20 世纪初在欧美一些国家流行的一种建筑风格。折中主义建筑师任意模仿历史上各种建筑风格，或自由组合各种建筑形式，他们不讲求固定的法式，只讲求比例均衡，注重纯形式美。

随着社会的发展，需要有丰富多样的建筑来满足各种不同的需求。在 19 世纪，交通的便利，考古学的进展，出版事业的发达，加上摄影技术的发明，都有助于人们认识和掌握以往各个时代和各个地区的建筑遗产，于是出现了古希腊、古罗马、拜占庭、中世纪、文艺复兴和东方情调的建筑在许多城市中纷然杂陈的局面。

折中主义建筑在 19 世纪中叶以法国最为典型，巴黎高等艺术学院是当时传播折中主义艺术和建筑的中心。在 19 世纪末和 20 世纪初期，则以美国最为突出。总的来说，折中主义

图 1.10 德国新天鹅堡

建筑思潮依然是保守的，没有运用当时不断出现的新建筑材料和新建筑技术，去创造与之相适应的新建筑形式。

折中主义建筑的代表作有：

① 巴黎歌剧院，这是法兰西第二帝国的重要纪念物，剧院立面仿意大利晚期巴洛克建筑风格，并掺进了烦琐的雕饰，它对欧洲各国建筑有很大影响；

② 罗马的伊曼纽尔二世纪念建筑，是为纪念意大利重新统一而建造的，它采用了罗马的科林斯柱廊和希腊古典晚期的祭坛形制；

③ 巴黎的圣心教堂，它高耸的穹顶和厚实的墙身呈现拜占庭建筑的风格，兼取罗曼建筑的表现手法；

④ 芝加哥的哥伦比亚博览会，整座建筑是模仿意大利文艺复兴时期威尼斯建筑的风格。

（三）建筑的新材料、新技术与新类型

由于工业大生产的发展，促使建筑科学有了很大的进步，新型建筑材料、新的建筑结构、新设备、新技术及施工方法的出现，为近代建筑的发展开辟了广阔的前景。

新技术的应用，突破了建筑高度与跨度的局限，建筑在平面与空间的设计上有了更大的自由度，并因此导致建筑形式的变化。其中尤以钢铁、混凝土和玻璃在建筑上的广泛应用最为突出。

1. 初期的生铁结构

以金属作为建筑材料，早在古代建筑中就已开始，而大量的应用，特别是以钢铁作为建筑结构的主要材料则始于近代。随着铸铁业的兴起，1775—1779 年第一座生铁桥在英国塞文河上建造起来，1793—1796 年在伦敦又出现了更新式的单跨拱桥——桑德兰桥，全长达236 英尺（72 米）。在房屋建筑上，铁最初应用于屋顶，如 1786 年巴黎法兰西剧院建造的铁结构屋顶，以及 1801 年英国曼彻斯特建造的萨尔福特棉纺厂的七层生产车间，这里铁结构首次采用了工字形的断面。另外，为了采光的需要，铁和玻璃两种建筑材料配合应用，在19 世纪建筑中取得了巨大成就。

2. 钢铁框架结构

框架结构最初在美国得到发展，其主要特点是以生铁框架代替承重墙，外墙不再担负承重的使命，从而使外墙立面得到了解放。

1858—1868 年建造的巴黎圣日内维夫图书馆，是初期生铁框架形式的代表。此外还有英国利兹货币交易所、伦敦老火车站、米兰埃曼尔美术馆、利物浦议院、伦敦老天鹅院、耶鲁大学法尔南厅等。

美国 1850—1880 年间"生铁时代"建造的大量商店、仓库和政府大厦，多应用生铁构件门面或框架，如圣路易斯市的河岸上就聚集有 500 座以上这种生铁结构的建筑，在立面上以生铁梁柱纤细的比例代替了古典建筑沉重稳定的印象，但还未完全摆脱古典形式的羁绊。

在新结构技术的条件下，建筑在层数和高度上都出现了巨大的突破，第一座依照现代钢框架结构原理建造起来的高层建筑，是芝加哥家庭保险公司大厦，共十层，它的外形仍然保持着古典的比例。

3. 新材料、新技术在标志性建筑中的使用

（1）伦敦水晶宫　水晶宫位于伦敦海德公园内，是英国工业革命时期的代表性建筑。建筑面积约 7.4 万平方米，宽 408 英尺（约 124.4 米），长 1851 英尺（约 564 米），共 5 跨，高三层，由英国园艺师杰·帕克斯顿按照当时建造植物园温室和铁路站棚的方式设计，大部分为铁结构，外墙和屋面均为玻璃，整个建筑通体透明，宽敞明亮，故被誉为"水晶宫"。

水晶宫共用去铁柱 3300 根，铁梁 2300 根，玻璃 9.3 万平方米，从 1850 年 8 月到 1851 年 5 月，总共施工不到九个月时间。1852—1854 年，水晶宫被移至肯特郡的塞登哈姆，重新组装时，将中央通廊部分原来的阶梯形改为筒形拱顶，与原来纵向拱顶一起组成了交叉拱顶的外形。1936 年，整个建筑毁于火灾。

水晶宫虽然功能简单，但在建筑史上具有划时代的意义：

第一，它所负担的功能是全新的——要求巨大的内部空间，最少的阻隔；

第二，它要求快速建造，工期不到一年；

第三，建筑造价大为节省；

第四，在新材料和新技术的运用上达到了一个新高度；

第五，实现了形式与结构、形式与功能的统一；

第六，摒弃了古典主义的装饰风格，向人们预示了一种新的建筑美学质量，其特点就是轻、光、透、薄，开辟了建筑形式的新纪元。

（2）巴黎埃菲尔铁塔　位于法国巴黎市中心塞纳河左岸的战神校场上，是 1884 年法国政府为庆祝 1789 年法国资产阶级大革命一百周年，举办世界博览会而建立起来的永久性纪念物。

铁塔占地 12.5 公顷，高 320.7 米，重约 7000 吨，由 18038 个优质钢铁部件和 250 万个铆钉铆接而成。底部有 4 个腿向外撑开，在地面上形成边长为 100 米的正方形，塔腿分别由石砌墩座支承，地下有混凝土基础。在塔身距地面 57 米、115 米和 276 米处分别设有平台，距地 300 米处的第 4 座平台为一气象站。自底部至塔顶的步梯共 1711 级踏步，另有 4 部升降机（以蒸汽为动力，后改为可容 50～100 人的宽大电梯）通向各层平台。1959 年顶部增设广播天线，塔增高到 320 米。埃菲尔铁塔于 1887 年 11 月 26 日动工，1889 年 3 月 31 日竣工，历时 21 个月。

1889 年以前，人类所造的建筑物的高度从来没有达到 200 米，埃菲尔铁塔把人工建造物的高度一举推进到 300 米，是近代建筑工程史上的一项重大成就。

二、十九—二十世纪新建筑

（一）欧洲探求新建筑运动

19—20世纪转折前后，西欧大部分地区先后发生产业革命，出现工业化的经济技术基础，随之渐次出现社会文化方面的大变动。

进入20世纪，一种新的属于20世纪特有的现代文明渐渐成形，建筑文化全面变革的内部和外部条件陆续成熟，在西欧发达地区，不只是建筑的经济和技术因素要求变革，社会对建筑的新精神和审美要求，也推动建筑师在创作中进行创新试验。

这一时期在西欧的一些大城市，如伦敦、布鲁塞尔、阿姆斯特丹、巴黎、维也纳、柏林以及米兰、巴塞罗那等地，建筑师中涌现了各种各样在理论和实践中进行创新探索的个人或群体。他们的努力和影响超越了城市和国界，相互启发和促进，由此便形成了20世纪初西欧地区彼此呼应的创新潮流。

从19世纪末到第一次世界大战爆发前，新派建筑师向原有的传统建筑观念发起冲击，为后一阶段的建筑变革打下了广泛的基础。这一时期是19世纪建筑到20世纪建筑的蜕变转换时期。这些建筑师的思想和业绩，对后来的反映20世纪特点而与历史上一切建筑相区别的建筑有积极的作用，这一时期被后人称作"新建筑运动"。

1. 探求新建筑的先驱者

欧洲探求新建筑运动，最早可以追溯到19世纪20年代。

德国著名建筑师辛克尔原来热衷于希腊复兴式建筑，后来由于资本主义大工业急剧发展，辛克尔开始寻求新建筑萌芽，他多次出国考察，先后到过英国、法国、意大利，做了许多新的摸索及设计。

德国建筑师散帕尔，原来致力于古典建筑的设计，后来受到折中主义建筑思潮的影响。他也曾经去过法国、希腊、意大利、瑞士、奥地利等国。后到伦敦，受到时代的影响，思想比较激进，试图使建筑符合时代精神。

法国杰出的建筑师拉布鲁斯特，敢于大胆地使用新建筑材料和建筑结构，净化建筑造型，为后来创造新建筑起到了示范作用。

欧洲真正在创新运动中有较大影响的，是工艺美术运动、新艺术运动、维也纳学派与分离派、德意志制造联盟等。

2. 工艺美术运动

19世纪末，在英国著名的社会活动家拉斯金及其传人威廉·莫里斯的"美术家与工匠结合才能设计制造出有美学质量的为群众享用的工艺品"的主张影响下，英国出现了许多类似的工艺品生产机构。1888年英国一批艺术家与技师组成了"英国工艺美术展览协会"，定期举办国际性展览会，并出版了《艺术工作室》杂志。拉斯金与莫里斯的工艺美术思想广泛传播并影响欧美各国，这就是英国工艺美术运动。

但是，由于工业革命初期人们对工业化的认识不足，加上当时英国盛行浪漫主义的文化思潮，英国工艺美术的代表人物始终站在工业生产的对立面，进入20世纪，英国工艺美术转向形式主义的美术装潢，追求表面效果，结果使英国的设计革命未能顺利发展，反而落后于其他工业革命稍迟的国家。而欧美一些国家从英国工艺美术运动得到启示，又从其缺失之处得到教训，因而设计思想的发展演变快于英国。

工艺美术运动的代表性建筑有：威廉·莫里斯设计的莫里斯红屋和美国甘布尔兄弟设计

的甘布尔住宅。

3. 新艺术运动

受英国工艺美术运动的启示，19世纪最后10年和20世纪前10年，欧洲大陆出现了名为"新艺术派"的实用美术方面的新潮流。新艺术运动最初中心在比利时首都布鲁塞尔，随后向法国、奥地利、德国、荷兰以及意大利等地区扩展。

新艺术派的思想主要表现在，用新的装饰纹样取代旧的程式化的图案，受英国工艺美术运动的影响，主要从植物形象中提取造型素材。在家具、灯具、广告画、壁纸和室内装饰中，大量采用自由连续弯绕的曲线和曲面。形成自己特有的富于动感的造型风格。

新艺术派在建筑方面的表现，是在朴素地运用新材料新结构的同时，处处浸透着艺术的考虑。建筑内外的金属构件有许多曲线，或繁或简，冷硬的金属材料看起来柔化了，结构显出韵律感。新艺术派建筑是努力使工业艺术与艺术在房屋建筑上融合起来的一次尝试。

新艺术派代表建筑有西班牙最负盛名的建筑师安东尼奥·高迪设计的米拉公寓、巴特罗公寓，以及比利时新艺术派的杰出建筑师维克多·霍尔塔设计的布鲁塞尔让松街6号住宅、索尔威旅馆等。

4. 维也纳分离派

维也纳分离派是新艺术运动在奥地利的产物。由奥地利建筑师瓦格纳的学生奥别列兹、霍夫曼与画家克里木特等一批30岁左右的艺术家，组成名为"分离派"的团体，意思是要与传统的和正统的艺术分手。

这个流派的主要观点是：新建筑要来自生活，表现当代生活，没有用的东西不可能美，主张坦率地运用工业提供的建筑材料，推崇整洁的墙面、水平线条和平屋顶。认为从时代的功能与结构形象中产生的净化风格具有强大的表现力。

这种观念和作品影响了一批年轻的建筑师，他们的作品不但各自具有鲜明的独创性和很强的感染力，甚至初具19世纪20年代"方盒子"建筑的雏形。

维也纳分离派的主要作品有：维也纳邮政储蓄银行、维也纳玛约利卡住宅、维也纳分离派展览馆、维也纳美国酒吧间、维也纳米歇尔广场等。

（二）美国高层建筑的发展与芝加哥学派

19世纪前，芝加哥是美国中西部的一个小镇，1837年仅有4000人。由于美国的西部开拓，这个位于东部和西部交通要道的小镇在19世纪后期急速发展起来，到1890年人口已增至100万。经济的兴旺发达、人口的快速膨胀刺激了建筑业的发展。1871年10月8日发生在芝加哥市中心的一场大火灾，毁掉全市1/3的建筑，更加剧了其新建房屋的需求。在当时的这种形势下，芝加哥出现了一个主要从事高层商业建筑的建筑师和建筑工程师的群体，后来被称作"芝加哥学派"。

这个建筑师与工程师群体使用铁的全框架结构，使楼房层数超过10层甚至更高。由于争速度、重时效、尽量扩大利润是当时压倒一切的宗旨，传统的学院派建筑观念被暂时搁置和淡化了。这使得楼房的立面大为净化和简化。为了增加室内的光线和通风，出现了宽度大于高度的横向窗子，被称为"芝加哥窗"。高层、铁框架、横向大窗、简单的立面成为芝加哥学派的建筑特点。

芝加哥学派的建筑师和工程师们积极采用新材料、新结构、新技术，认真解决新高层商业建筑的功能需要，创造了具有新风格新样式的新建筑。但是，由于当时大多数美国人认为它们缺少历史传统，也就是缺少文化，没有深度，没有分量，不登大雅之堂，只是在特殊地点和时间为解燃眉之急的权宜之计。因此这个学派只存于芝加哥一地，十余年间便烟消云散了。

芝加哥学派中最著名的建筑师是路易·沙利文。芝加哥学派的昙花一现和沙利文的潦倒而卒表明，直到19世纪末和20世纪初，传统的建筑观念和潮流在美国仍然相当强大，不易改变。

（三）钢筋混凝土的应用

混凝土材料的使用已有悠久的历史。古罗马人很早就懂得把石头、砂子和一种在维苏威火山地区发现的粉尘物与水混合制成混凝土，这种历史上最古老的混凝土使古罗马人建造了像万神庙穹顶这样的建筑奇迹。当然，因为它在强度上的局限性和加工的复杂性没有能得以普及。另外，这种无定形的材料也因为与古罗马建筑的审美理想不相称，所以后来多被用在像公共温泉浴室这样的世俗建筑中，其他建筑大量采用的建材仍然是石材。

在文艺复兴时期，古罗马作家、建筑师维特鲁威的《建筑十书》中曾提到这种材料的用法。《建筑十书》撰于公元前32—22年间，分十卷，是现存最古老、最有影响的建筑学专著。现代意义上的混凝土直到19世纪才出现，它是由骨料（砂、石）和水泥、水混合而成。

1824年，英国人发明了波特兰水泥，大大增强了这种材料的强度，1845年以来混凝土已可以投入工业化生产。1848年法国人又发明了钢筋混凝土，增强了混凝土材料的抗拉性能，开辟了混凝土材料更广泛的应用领域。1894年建成了世界上第一座钢筋混凝土教堂。混凝土材料虽然在2000多年以前开始使用，但钢筋混凝土材料的应用才100多年，到20世纪20年代，柯布西耶倡导"粗野"主义，房屋外墙抹灰也显得多余，暴露墙体结构，拆了模板不抹灰的混凝土建筑开始抛头露面，被称为素混凝土或清水混凝土建筑。它是混凝土建筑中最引人注目的，在20世纪50年代以来曾风靡一时。混凝土这种古老的建筑材料与现代建筑形影相伴，在二战后住房危机及战后重建中，混凝土更是扮演了"救世主"的角色。

然而在20世纪60～80年代，混凝土建筑陷入了危机。部分学者认为混凝土是一种非人性的材料，它的灰色甚至令人联想到死亡。1973年石油危机后，人们对混凝土材料建成的环境更加不满，并从环境与生态角度，提倡以木构建筑、覆土建筑、生土建筑等来代替混凝土建筑。

当时，科学家发现混凝土是一种有放射性的材料，专家认为混凝土对环境有害，医生认为混凝土是一种致癌物质等。1980年柏林会议中心部分屋顶倒塌，更使得人们对混凝土的厌恶达到了顶峰。

建筑物的品质很少与选择某种材料有关，而是要看人怎样运用这种材料。在19世纪晚期，早期现代派建筑师的宗旨是"符合材料的建造"。他们确信，建筑与其使用功能以及适当的结构和材料紧密相关，并注重发挥材料的自然特性。一天换一种材料进行建造的建筑师，就像一天用一种建筑语言来进行建筑创作的人一样，不太可能是一个成功的建筑师。

（四）德意志制造联盟

19世纪下半叶至20世纪初，欧洲各国都兴起了形形色色的设计改革运动，努力探索在新的历史条件下设计发展的新方向。但是，工业设计真正在理论和实践上的突破，来自1907年成立的"德意志制造联盟"。该联盟是一个积极推进工业设计的舆论集团，由一群热心设计教育与宣传的艺术家、建筑师、设计师、企业家和政治家组成。制造联盟的成立宣言表明了这个组织的宗旨：提倡艺术、工业、手工艺结合；主张通过教育、宣传，努力把各个不同项目的设计综合在一起，完善艺术、工业设计和手工艺；强调走非官方的路线，避免政治对设计的干扰；大力宣传和主张功能主义和承认现代工业；反对任何装饰；主张标准化的批量化。联盟表明了对于工业的肯定和支持态度。制造联盟每年在德国不同的城市举行会议，并在全国各地成立了地方组织。

在联盟的设计师中，最著名的是贝伦斯。1907年贝伦斯受聘担任德国通用电气公司（AEG）的艺术顾问，开始了他作为工业设计师的职业生涯。由于AEG是一个实行集中管理的大公司，使贝伦斯能对整个公司的设计发挥巨大作用。他全面负责公司的建筑设计、视觉传达设计以及产品设计，从而使这家庞杂的大公司树立起了一个统一完整的鲜明企业形象，并开创了现代公司识别计划的先河。贝伦斯还是一位杰出的设计教育家，他的学生包括格罗皮乌斯、米斯和柯布西耶三人，他们后来都成了20世纪最伟大的现代建筑师和设计师。1909年贝伦斯设计了AEG的透平机制造车间与机械车间，被称为第一座真正的现代建筑。

三、现代建筑流派及代表人物

（一）建筑技术的发展

第一次世界大战后，建筑科学技术有了很大的发展，19世纪以来出现的新材料新技术得到了完善并推广应用。如：高层钢结构技术的改进和推广、钢筋混凝土结构的应用与普及、大跨度建筑中壳体结构的出现等。

许多新的建筑材料被研发使用，如：玻璃、铝材、胶合板及一些吸声材料等。建筑施工技术也相应提高，纽约帝国大厦就是那个时期的代表作。

纽约帝国大厦，又译作帝国州大厦，被称为高楼史上的一个里程碑，是摩天楼的代表之一，20世纪30~70年代间世界上最高的建筑。

帝国大厦坐落在纽约市曼哈顿原繁华的第五号大街上，长130米，宽60米，大厦下部5层占满整个地段。从第6层开始收退，平面减为长70米，宽50米。第30层以上再收缩，到第85层面积缩小为40米×24米。在第85层之上，建有一个直径10米、高61米的圆塔。塔本身相当于17层，因此帝国大厦有102层。原本没有这个圆塔，后为了让当时往来欧洲与美国之间的飞艇停泊，于大楼顶上加了这个用来停泊飞艇的塔。原来设想飞艇到了纽约上空，便停驻在帝国大厦的尖顶上，乘客经过这个塔和大楼，下到地面。可是，德国的齐柏林号洲际飞艇爆炸失事，这种交通工具停用。因此，帝国大厦的塔顶从未停泊过飞艇。但这个小塔给大厦增加了高度，使帝国大厦最高点距地面为380米。至此，地球上的建筑物的高度第一次超过巴黎埃菲尔铁塔。

从技术上看，帝国大厦是一座很了不起的建筑。它的总体积为96.4万立方米，有效使用面积为16万平方米。建筑物的总重量达30.3万吨。房屋结构用钢材5.8万吨。由于这个巨大的重量，大厦建成以后，楼房本身被压缩了15~18厘米。

大厦内装有67部电梯，其中10部直通第80层。如果徒步爬楼，从第1层到第102层，要走 1860 级踏步。大厦内有当时最完备的设施。楼内的自来水管长达 9.6 万余米,当初安装的电话线长 56.3 万余米。大楼的暖气管道极长,供暖时管道自身因热膨胀伸长 35 厘米。

人们曾经担心那个空前大的楼房自重会引起地层变动,但这种情况没有发生,因为从基底挖出的泥石比大楼还重。人们又担心大厦在大风时摆动过大。到 1966 年为止的记录,帝国大厦顶端最大的摆动为 7.6 厘米。人在楼内是安全的,没有什么感觉。

1945 年,即第二次世界大战结束的那一年,一架 B-25 型重型轰炸机,在大雾中撞到帝国大厦的第 78 层与第 79 层。飞机毁掉了,撞死楼内 11 人,伤 27 人,大楼的一道边梁和部分楼板受到破坏,有一部行驶中的电梯被震落下去。但是,此次撞击对大楼没有造成什么大的影响。专家认为大楼即使再增高一倍,它的现有结构也支持得住。

(二)战后建筑流派

1. 格罗皮乌斯与包豪斯学派

沃尔特·格罗皮乌斯,德国著名建筑设计大师。他令 20 世纪的建筑设计挣脱了 19 世纪各种主义和流派的束缚,开始遵从科学的进步与民众的要求,并实现了大规模的工业化生产。

第一次世界大战结束后,在德国中部的小城魏玛,这位名叫沃尔特·格罗皮乌斯的设计师与所有沮丧的德国人不同,他以极大的热情致信政府,畅谈战后德国重建最需要的是建筑设计人才。他说,欧洲工业革命的完成使工业化生产必将进入未来的建筑领域,而目前欧洲建筑的古典主义理念和风格会阻碍建筑产业的现代化。所以,虽然现在国家百废待兴,但成立一所致力于现代建筑设计的学校是当务之急。

1925 年,格罗皮乌斯在德国魏玛设立的包豪斯设计学院迁往德绍,4 月 1 日在德国德绍正式开学。包豪斯是德语 bauhaus 的音译,由德语 hausbau(房屋建筑)一词倒置而成。

以包豪斯为基地,20 世纪 20 年代形成了现代建筑中的一个重要派别——现代主义建筑学派,也称包豪斯学派。包豪斯学派是主张适应现代大工业生产和生活需要,以讲求建筑功能、技术和经济效益为特征的学派。

此前的欧洲,建筑结构与造型复杂而华丽,尖塔、廊柱、窗洞、拱顶,无论是哥特式的式样还是维多利亚的风格,强调艺术感染力的理念使其深刻体现着宗教神话对世俗生活的影响,这样的建筑是无法适应工业化大批量生产的。格罗皮乌斯针对此提出了他崭新的设计要求:既是艺术的又是科学的,既是设计的又是实用的,同时还能够在工厂的流水线上大批量生产制造。

与传统学校不同,在格罗皮乌斯的学校里,学生们不但要学习设计、造型、材料,还要学习绘图、构图、制作。于是,包豪斯设计学院拥有着一系列的生产车间:木工车间、砖石车间、钢材车间、陶瓷车间等,学校里没有"老师"和"学生"的称谓,师生彼此称之为"师傅"和"徒弟"。

格罗皮乌斯引导学生如何认识周围的一切,颜色、形状、大小、纹理、质量;他教导学生如何既能符合实用的标准,又能独特地表达设计者的思想;他还告诉学生如何在一定的形状和轮廓里使一座房屋或一件器具的功用得到最大的发挥。格罗皮乌斯的教学,为包豪斯设计学院带来了以几何线条为基本造型的全新设计风格。

包豪斯设计学院设计的工厂不再有任何装饰,厂房为四方形,平平的房顶、楼身除支柱外全部用金属板搭构,外镶大块的玻璃,简洁而敞亮,完全适于生产的需要。包豪斯设计学院设计的椅子没有任何装潢雕饰，四方的座椅靠背仅由几条曲线状的木条或钢条支撑，它在生产流水线上一天就能产出上百把。包豪斯设计学院设计的台灯，金属的半圆灯罩下一根灯杆直立在薄薄的圆形灯座上……至此，小到水壶大到楼房，格罗皮乌斯让他的学生学会了用最简单的方形、长方形、正方形、圆形赢得设计样式和风格的现代感。

1932 年，包豪斯设计学院举办了首届展览会，设计展品从汽车到台灯，从烟灰缸到办公楼。展览会最热情的观众是遍布欧洲的各大厂商，实业家们已经预感到，这种仅以材料本身的质感为装饰、强调直截了当的使用功能设计，将给他们带来巨大的利益。因为一旦这样的设计被实施生产，成本降低了而成效却会百倍地提高。格罗皮乌斯的包豪斯设计学院从此名扬欧洲，它被那些以极大的热情关注着 20 世纪现代建筑设计理念的人称之为"包豪斯"。

包豪斯的开拓与创新引起了保守势力的敌视，1925 年，它迁往德国东部的德绍。1932 年，纳粹党强行关闭了包豪斯。当时的校长带领学生们流亡至柏林，学校勉强维持至 1933 年，直到有一天校舍被纳粹军队占领。从此，格罗皮乌斯的包豪斯消失了。

虽然包豪斯在世界上仅存在了 15 年，但是它简洁实用的设计理念已经产生了广泛而深远的影响。因为这种理念来源于对科学进步与民众需要的尊重，并能充分体现 20 世纪人类日新月异的生活面貌。

1931 年落成的纽约帝国大厦仅用四方的金属框架结构便支撑起一座 102 层的摩天大楼，它的出现既得益于建筑设计观念挣脱了古典装饰的羁绊，又得益于新的建筑材料被科学地运用。1958 年，纽约西格拉姆大厦落成，它是包豪斯那位带领学生流亡的校长米斯设计的，米斯发扬了包豪斯的精神，让简单的四方形成为立体后拔地而起，直向云端。从此，现代城市出现了高楼林立的景象，这种景象接着又成了一座城市国际化的标志。

2. 柯布西耶和他的"新建筑五点"

勒·柯布西耶，瑞士画家、建筑师、城市规划家和作家，20 世纪最著名的建筑大师。他丰富多变的作品和充满激情的建筑哲学，深刻地影响了 20 世纪的城市面貌和当代人的生活方式。从早年的白色系列别墅建筑、马赛公寓到朗香教堂，从巴黎改建规划到昌加尔新城，从《走向新建筑》到《模度》，他不断变化的建筑与城市思想，始终将他的追随者远远地抛在身后。

柯布西耶出生于瑞士西北靠近法国边界的小镇，父母从事钟表制造，少年时曾在故乡的钟表技术学校学习，对美术感兴趣。1907 年先后到布达佩斯和巴黎学习建筑，在巴黎到以运用钢筋混凝土著名的建筑师奥古斯特·瑞处学习，后来又到德国贝伦斯事务所工作，彼得·贝伦斯事务所以尝试用新的建筑处理手法设计新颖的工业建筑而闻名。在那里他遇到了同时在那工作的格罗皮乌斯和密斯·凡德罗，他们之间互相影响，一起开创了现代建筑的思潮。他又到希腊和土耳其周游，参观探访古代建筑和民间建筑。

柯布西耶于 1917 年定居巴黎，同时从事绘画和雕刻，与新派立体主义的画家和诗人合编杂志《新精神》，按自己外祖父的姓取笔名为勒·柯布西耶。他把其中发表的一些关于建筑的文章整理汇集出版单行本书《走向新建筑》，激烈否定 19 世纪以来的因循守旧的建筑观点、复古主义的建筑风格，歌颂现代工业的成就及以工业的方法大规模地建造房屋；认为建筑的首要任务是促进降低造价，减少房屋的组成构件；对建筑设计强调"原始的形体是美的形体"，赞美简单的几何形体。

1926 年，柯布西耶就自己的住宅设计，提出著名的"新建筑五点"，即：底层架空、屋顶花园、自由平面、横向长窗、自由立面。

柯布西耶主要作品有：巴黎郊区萨伏伊别墅，巴黎瑞士学生宿舍，马赛公寓大楼，朗香圣母院教堂，印度昌迪加尔法院等。

按照"新建筑五点"要求设计的住宅，都具有由于采用框架结构，墙体不再承重的建筑特点。勒·柯布西耶充分发挥这些特点，在 20 年代设计了一些同传统的建筑完全异趣的住宅建筑，萨伏伊别墅是一个著名的代表作品。柯布西耶的建筑设计充分发挥了框架结构的特点，由于墙体不再承重，可以设计大的横向长窗。他的有些设计当时不被人们接受，许多设计被否决，但这些结构和设计形式在以后被其他建筑师推广应用，如逐层退后的公寓，悬索结构的展览馆等。他在建筑设计的许多方面都是一位先行者，对现代建筑设计产生了非常广泛的影响。

第二次世界大战期间，柯布西耶避居乡间，后来又到印度和非洲工作。战后他的建筑设计风格明显起了变化，从注重功能转向注重形式；从重视现代工业技术转向重视民间建筑经验；从追求平整光洁转向追求粗糙苍老的，有时是原始的趣味。因此他在战后的新建筑流派中仍然处于领先地位。他的设计理念直到去世，都对世界各国的建筑师有很大的启发作用。他的设计经常引起很大的争议，如朗香圣母院教堂的怪异外观，令守旧派异常愤怒，但被革新派奉为经典（图 1.11）。他为日内瓦国际联盟总部设计的方案引起评审团长时间的争论，最后由政治家裁决否定。他的马赛公寓，被法国风景保护协会提出控告，但后来又成为当地的名胜。他为阿尔及尔市做的规划和建筑设计被市政当局否决，但后来其中的逐层后退设计方法却被许多非洲和中东的沿海国家采纳。

图 1.11 朗香圣母院教堂

勒·柯布西耶还对城市规划提出许多设想，他一反当时反对大城市的思潮，主张全新的城市规划。认为在现代技术条件下，完全可以既保持人口的高密度，又形成安静卫生的城市环境，首先提出高层建筑和立体交叉的设想，是极有远见卓识的。他在 20～30 年代始终站在建筑发展潮流的前列，对建筑设计和城市规划的现代化起了推动作用。

3. 玻璃幕墙之父——密斯·凡德罗

密斯·凡德罗是 20 世纪中期世界上最著名的四位现代建筑大师之一。密斯坚持"少就是多"的建筑设计哲学，在处理手法上主张流动空间的新概念。他的设计作品中各个细部精简到不可精简的绝对境界，不少作品结构几乎完全暴露，但是它们高贵、雅致，已使结构本身升华为建筑艺术。

玻璃幕墙的缔造者——密斯·凡德罗出生于德国，德意志民族典型的理性严谨使他很容易从 20 世纪初众多的建筑大师中凸显出来。正如其大多数的玻璃与钢结构作品一样，透过表象，我们可以很轻易地看到这位现代建筑大师留给 20 世纪的伟大财富。

崇高建筑论：如果我们承认建筑的最高形态是人类精神活动的到达，那么他就更加接近纯艺术，因为纯艺术是表现那种不可视的事物，即通过造型——具象或者抽象——给人一种暗示，建筑中这种暗示——而不是说教——所呈现的神秘性，正是它和伟大的艺术品所具有的同一特征。

20 世纪只有很少的建筑家达到这种最高的境界——崇高，现代建筑的先驱密斯·凡德罗就是极少数中的一位。密斯是一位神秘主义建筑家，他的建筑遗产被许多谜所包围，他设计的代表作品柏林新国家美术馆，被称为"钢与玻璃的雕塑"（图 1.12）；范斯沃斯住宅被称为架空的四面透明的玻璃盒子；巴塞罗那展览馆则是密斯·凡德罗流动空间概念代表作之一。

图 1.12　柏林新国家美术馆

二次世界大战后的 50 年代，讲究技术精美的倾向在西方建筑界占有主导地位。而人们又把密斯追求纯净、透明和施工精确的钢铁玻璃盒子作为这种倾向的代表。西格拉姆大厦正是这种倾向的典范作品。

纽约西格拉姆大厦建于 1954—1958 年，大厦共 40 层，高 158 米，设计人为著名建筑师密斯·凡德罗和菲利普·约翰逊。大厦主体为竖立的长方体，除底层外，大楼的幕墙墙面直上直下，整齐单一，没有变化。窗框用铜材制成，墙面上还凸出一条工字形断面的铜条，增加墙面的凹凸感和垂直向上的气势。整个建筑的细部处理都经过慎重的推敲，简洁细致，突出材质和工艺的审美品质。西格拉姆大厦实现了密斯本人在 20 年代初的摩天楼构想，被认为是现代建筑的经典作品之一。

4. 赖特及其有机建筑论

赖特是美国的一位著名建筑师，在世界上享有盛誉。他设计的许多建筑受到普遍的赞扬，是现代建筑中极具价值的瑰宝。赖特对现代建筑有很大的影响，但他的建筑思想和欧洲新建运动的代表人物有明显的差别，他走的是一条独特的道路。

赖特于 1869 年出生在美国威斯康星州，原来在大学中学习土木工程，后来转而从事建筑设计。赖特从 19 世纪 80 年代后期就开始在芝加哥从事建筑活动，曾经在当时芝加哥学派建筑师沙利文等人的建筑事务所工作过。赖特开始工作的时候，正是美国工业蓬勃发展，城市人口急速增加的时期。19 世纪末的芝加哥也是现代摩天楼诞生之处。但是赖特对现代大城市持批判态度，对于建筑工业化不感兴趣，他很少设计大城市里的摩天楼。赖特一生中设计的最多的建筑类型是别墅和小住宅。

从 19 世纪末到 20 世纪最初的十年中，他在美国中西部的威斯康星州、伊利诺伊州和密歇根州等地设计了许多小住宅和别墅。这些住宅大都属于中产阶级，坐落在郊外，用地宽阔、环境优美。材料是传统的砖、木和石头，有出檐很大的坡屋顶。在这类建筑设计中，赖特逐渐形成了一些特色的建筑处理手法。

赖特这个时期设计的住宅既有美国民间建筑的传统，又突破了其封闭性。它适合于美国中西部草原地带的气候和地广人稀的特点，赖特这一时期设计的住宅建筑被称为"草原住宅"，虽然他们并不一定建造在大草原上。

在建筑艺术范围内，赖特有其独特之处，他比别人更早地解决了盒子式的建筑。他的建筑空间灵活多样，既有内外空间的交融流通，同时又具备安静隐蔽的特色。他既运用新材料和新结构，又始终重视和发挥传统建筑材料的优点，并善于把两者结合起来。同自然环境的紧密配合则是他建筑作品的最大特色。赖特的建筑使人觉着亲切而有深度，不像勒·柯布西耶那样严峻而乖张。

在赖特的手中，小住宅和别墅这些历史悠久的建筑类型变得愈加丰富多彩，他把这些建筑类型提升到一个新水平。赖特是 20 世纪建筑界的一个浪漫主义者和田园诗人，他的成就是建筑史上的一笔珍贵财富。

赖特的主要作品有：东京帝国饭店、流水别墅（图 1.13）、约翰逊蜡烛公司总部、西塔里埃森、古根海姆美术馆、普赖斯大厦、唯一教堂（图 1.14）、佛罗里达南方学院安妮菲教堂等。

图 1.13　流水别墅

图 1.14　唯一教堂

第三节　中国建筑发展概况及特色

一、中国建筑风格与特色

中国传统建筑以其独特的技术和风格在世界建筑文化中独树一帜，具有卓越的成就和独特的风格，体现了中国前人的智慧与才能。中国传统建筑包括陵园、宗教建筑、园林、住宅等，在世界建筑史上占有重要地位。

（一）著名的特色建筑

1. 陕西临潼秦始皇陵

位于今陕西临潼区东的骊山。平面为具南北长轴之矩形，有内垣、外垣二重，四隅建角楼。但陵墓本身主轴线为东西向，且主要入口在东侧。外垣南北宽 2165 米、东西长 940 米。内垣南北宽 1355 米、东西长 580 米。陵墓封土在内垣南部中央，为每边长约 350 米的方形，残高 76 米。封土东北，有贵族陪葬墓二十余座。外垣东门大道北侧，已发现巨大的陶俑坑三处，内置众多的兵马俑及战车。构造精美、外观华丽之铜马车及战车，则位于封土之西侧。此陵墓形制宏巨，规模空前，创造了中国古代帝王陵寝的新形式，影响及汉乃至后代之唐、宋。

2. 中国长城

始建于 2000 多年前的春秋战国时期，秦朝统一中国之后联成万里长城。长城在汉、明两代又曾大规模修筑，其工程之浩繁，堪称世界奇迹。

长城位于中国北部，东起山海关，西至嘉峪关，全长约 12600 里（1 里＝500 米），称作"万里长城"。

春秋战国时期，诸侯各国为了防御别国入侵，修筑烽火台，用城墙连接起来，形成最早的长城。以后历代君王大都加固增修。长城的修建持续了两千多年，根据历史记载，从公元前 7 世纪楚国筑"方城"开始，至明代（1368—1644 年）共有 20 多个诸侯国和封建王朝修筑过长城，其中秦、汉、明三个朝代长城的长度都超过了 5000 公里。如果把各个时代修筑的长城加起来，总长度超过了 50000 公里；如果把修建长城的砖石土方筑一道 1 米厚、5 米高的大墙，这道墙可以环绕地球一周有余。

长城的主体工程是绵延万里的高大城墙，大都建在山岭最高处，沿着山脊把蜿蜒无尽的山势勾画出清晰的轮廓，塑造出奔腾飞跃、气势磅礴的巨龙，从而成为中华民族的象征。在万里城墙上，分布着百座雄关、隘口，成千上万座敌台、烽火台，打破了城墙的单调感。

各地的长城景观中，北京八达岭长城建筑得特别坚固，保存也最完好，是观赏长城的最好地方。此外还有金山岭长城、慕田峪长城、司马台长城、古北口长城等。天津黄崖关长城、河北山海关、甘肃嘉峪关也都是著名的长城游览胜地。

中国万里长城是世界上修建时间最长，工程量最大的冷兵器战争时代的国家军事性防御工程，凝聚着我们祖先的血汗和智慧，是中华民族的象征和骄傲。

3. 河北赵县安济桥（赵州桥）

李春建造，是世界上最早出现的空腹拱桥，长 37 米，高 7.23 米，高跨比 1/5。结构特色为敞肩券-大跨度-石拱：

  ① 四个敞肩券，减少 1/5 自重；

  ② 桥洞增加水流量，用以排洪、减少水压；

  ③ 铁件加固，连接 28 道拱；

  ④ 加契子；

  ⑤ 28 道并列券，券上加伏石，平面上两边大中间小；

  ⑥ 造型平缓舒展，轻盈流畅。

4. 瓮城

瓮城（又称月城、曲池）是古代城池中依附于城门、高度和主城相同、两侧与城墙连为一体的附属建筑，设有箭楼、门闸、雉堞等防御设施，属于中国古代城市城墙的一部分，是中国古代城市主要防御设施之一。瓮城是在城门外口加筑小城，高与大城相同，其形或圆或方，多数呈半圆形，少数呈方形或矩形。圆者似瓮，故称瓮城（图1.15）；方者亦称方城。

瓮城设在侧面，可增强防御能力。当敌人攻入瓮城时，如将主城门与瓮城门关闭，守军即可对敌形成"瓮中捉鳖"之势。我国许多古城墙都设有此类防御性建筑，如北京、西安、平遥等。

图 1.15　瓮城示意图

除上述几例外，中国还有许多世界上独一无二的建筑，如悬空寺、皇宫、特色民居、园林等。此外，中国建筑一些木结构的技术处理、建筑群的处理、建筑装饰与色彩的处理以及古建筑的抗震处理等，都极具特色和智慧。

（二）中国古建筑的抗震智慧

与西方砖石结构建造的"刚性"建筑不同，中国传统的木结构建筑在抵抗地震冲击力时，体现的是"以柔克刚"特性。"柔性"的木构框架结构，通过种种巧妙的措施，如整体浮筏式基础、斗栱、榫卯等，以最小的代价，将强大的自然破坏力消弭至最低程度。

中华民族自文明伊始就睿智地选择了木材等有机材料作为结构主材，而且发展形成了世界上历史最悠久、持续时间最长、技术成熟度最高的结构体系——柔性的框架体系。我国木结构技术的发展，若仅从浙江余姚市河姆渡遗址算起，迄今至少已有近7000年的历史。作为对比，西方数千年来一直采用承重墙体系，直到工业革命以来、近现代科学技术发展之后，才意识到框架结构的优越性，遂开始大规模地普及。但这种框架体系仍然是"以刚克刚"。而中国的传统木结构，具有框架结构的种种优越性，可以达到"墙倒屋不塌"的境界，同时其柔性的连接，又使得结构具有相当的弹性和一定程度的自我恢复能力。

我国古代很少建造平面复杂的建筑，主要采用长宽比小于2∶1的矩形，规则的平面形态和结构布局有利于抗震。传统建筑往往是中间的一间（当心间）最大，两侧的次间、梢间等依次缩小面宽，这样的设计非常有利于抵抗地震的扭矩。

我国古建筑一般由台基、梁架、屋顶构成，高等级的建筑在屋顶和梁柱之间还有一个斗栱层。台基类似于"整体浮筏式基础"，如同船承载建筑以抵抗地震形成的荷载，能够有效地避免建筑基础被剪切破坏，减少地震波对上部建筑的冲击。梁架一般采用抬梁式构造，在构架的垂直方向上，形成下大上小的结构形状，实践证明这种构造方式具有较好的抗震性能。优雅的大屋顶是中国古代传统建筑最突出的形象特征之一，它对提高建筑的抗震能力也非常有效。大屋顶（尤其是庑殿顶、歇山顶等）需要复杂结构和大量构件，因此增加了屋顶乃至整个构架的整体性。庞大的屋顶以其自重压在柱网上，也提高了构架的稳定性。

斗栱是中国古代建筑抗震的重要构件，在地震时它像"减震器"一样起着变形消能的作用。历史上，很多带斗栱的建筑都能抵御强烈地震，如山西大同的华严寺，在没有斗栱的低等级附属建筑被破坏殆尽的情况下，带斗栱的主要殿堂仍能幸存，充分说明了斗栱对抗震的贡献。斗栱不但能起到"减震器"的作用，被各种水平构件连接起来的斗栱群能形成一个整体，分别把地震力传递给有抗震能力的柱子，以此提高整个结构的安全性。

除了这些较显著的手法外，中国古代传统建筑中还使用了大量的其他技术措施，如榫卯的使用。榫卯是极为精巧的发明，我们的祖先早在7000年前就开始使用，这种不用钉子的构件连接方式，使得中国传统的木结构成为超越了当代建筑排架、框架或者刚架的特殊柔性结构体。木结构不但可以承受较大的荷载，而且允许产生一定的变形，在地震荷载下通过变形吸收一定的地震能量，减小结构的地震响应。又如柱子的生起、侧脚等技法降低了建筑的重心，并使整体结构重心向内倾斜，增强了结构的稳定性；柱顶、柱脚分别与阑额、地栿以及其他的结构构件连接，使柱架层形成一个闭合的构架系统。用现代建筑技法解释，木结构形成上、下圈梁，有效地制止了柱头、柱脚的移动，增强了建筑构架的整体性；梁架系统通过阑额、由额、柱头枋、蜀柱、攀间、搭牵、梁、檩、椽等诸多构件强化了联系，显著增强了结构的整体性；柱子与柱础的结合方式能显著地减少柱底与柱础顶面之间的摩擦，进而有效地产生隔震作用；在高大的楼阁中，如独乐寺观音阁、应县木塔等，都在暗层中设有斜撑，大大强化了构架对水平冲击波反复作用的抵抗能力；在外檐柱间设置较厚的墙体，起到现代建筑中"剪力墙"的作用。诸如此类，举不胜举，大到建筑群体的布局处理，小到构件断面的尺寸设计，处处都展示出古代工匠们在抗震设计方面的智慧、知识和匠心。

我国许多古代建筑都成功地经受过大地震的考验，如天津蓟县（现为蓟州区）独乐寺观音阁，经历了28次地震不倒。其中清康熙十八年（1679年）三河、平谷发生8级以上强震，"蓟县城官廨民舍无一幸存，观音阁独不圮"。1976年唐山大地震，蓟县城内房屋倒塌不少，观音阁及山门的木柱略有摇摆，观音像胸部的铁条被拉断，但整个大木构架安然无恙。

独乐寺观音阁之所以在多次强震中屹立不倒，主要是斗栱起了作用，观音阁的斗栱设计十分巧妙，在没有一颗钉子固定的情况下，通过七层木块的相互交织，达到了相互连接固定的作用，这样在地震出现时能及时减缓外部的压力，具有很强的抗震性能。

山西应县木塔位于山西省应县城西北佛宫寺内，原名为佛宫寺释迦塔，俗称天柱。因其全部为木结构，通称为应县木塔。木塔建于辽代清宁二年（1056 年），距今已有近千年的历史。木塔历经了岁月沧桑，狂风暴雨，日晒雨淋及多次大地震。据县志载，辽、金以来木塔曾先后经历过 7 次大地震，木塔至今仍安然屹立。

应县木塔为楼阁式塔，塔总高 67.31 米，是中国现存的唯一纯木构大塔。它不仅是中国现存木构建筑之最高，也是世界现存的古代木构建筑之最高者。应县木塔与意大利比萨斜塔、法国巴黎埃菲尔铁塔并称世界三大塔。

应县木塔层数为"明五暗四"，刚柔结合。虽然处于大同盆地地震带，建成近千年来，经历过多次大地震的考验仍然完好无损。据史料记载，在木塔建成 200 多年之时，当地曾发生过 6.5 级破坏性地震，余震连续 7 天，木塔附近的房屋全部倒塌，只有木塔岿然不动。20 世纪初军阀混战的时候，木塔曾被多发炮弹击中，除打断了两根柱子外，别无损伤。应县木塔之所以有如此强的抗震能力，其奥妙也在于独特的木结构设计。木塔除了石头基础外，全部用松木和榆木建造，而且构架中所有的关节点都是榫卯结合，具有一定的柔性；木塔从外表看是五层六檐，但每层都设有一暗层，"明五暗四"实际是九层。明层通过柱、斗拱、梁枋的连接形成一个柔性层，各暗层则在内柱之间和内外角柱之间加设多种斜撑梁，加强了塔的结构刚度。如此一刚一柔，能有效抵御地震和炮弹的破坏力（图 1.16）。

图 1.16　应县木塔

此外还有恒山悬空寺等木结构建筑，千百年来均经历过多次地震仍然傲立。当代建筑设计以抵御 9 度地震为目标，而我国传统的木结构建筑基本上能达到这个要求，其代价远远小于西方的"刚"。2008 年 5 月 12 日汶川大地震中，许多文物建筑的墙体均不同程度地受损，但主体结构仍未倒塌，此即为木构古建筑柔性框架结构抗震能力的体现。

二、宫殿、坛庙、陵墓

（一）宫殿

宫殿是帝王朝会和居住的地方，规模宏大，形象壮丽，格局严谨，给人强烈的精神感染，凸现王权的尊严。中国传统文化注重巩固人间秩序，与西方和伊斯兰建筑以宗教建筑为主不同，中国建筑成就最高、规模最大的就是宫殿。

我国的古代宫殿历史悠久，目前夏商周时期的宫殿遗址犹在，如河南偃师二里头宫殿遗址（夏）、湖北黄陂盘龙城遗址的宫殿基址和偃师（尸乡沟）商城的宫殿遗址（商）。至元明清时期，宫殿建造技术已经日臻成熟，如元代皇城，包含大内、兴圣宫和隆福宫三组宫殿，还包括御苑和太液池。元代的宫殿往往为前后殿宇中间连以穿廊的工字殿形式，并保持游牧生活习俗和藏传佛教建筑、西亚建筑的影响，产生许多新异的手法：大量使用多种色彩的琉璃，使用高级的木料紫檀、楠木；喜欢金红色装饰；墙壁挂毡毯毛皮和丝质帷幕；出现叠顶殿、畏吾儿殿、棕毛殿等新形式；使用石料建造浴室和贮藏所。元代的特色影响了其后的宫廷建筑和装饰。历史上较有成就的宫殿有以下几种。

1. 唐大明宫

唐大明宫遗址在西安市的东北部，为唐代长安城最大的一处皇宫，是公元634年唐太宗李世民为其父李渊营建的消暑"夏宫"，次年改称"大明宫"。其后，公元663年高宗李治又进行了大规模营造，并从太极宫迁到含元殿朝寝，大明宫就成了唐朝的政治中心。

唐大明宫宫城平面呈不规则长方形。全宫自南端丹凤门起，北达宫内太液池蓬莱山，为长达数里的中轴线，轴线上排列全宫的主要建筑：含元殿、宣政殿、紫宸殿，轴线两侧采取大体对称的布局。全宫分为宫、省两部分。省基本在宣政殿以南，其北为禁中，为帝王的生活区，其布局以太液池为中心而环列，依地形而灵活自在。宫城之北为禁苑区。大明宫的主殿含元殿可代表当时高度发展的营造技术，它和麟德殿的开间尺寸较小，但是用较小的料而构成宏伟的宫殿，其技术已经相当娴熟。

2. 北京故宫

北京城区是在元大都的基础上改造的，宫殿的形制遵循明南京宫殿制度。宫殿平面呈不规则方形，皇城是高大的砖垣，四向辟门：东——东安门、北——地安门、西——西安门、南——天安门。皇城内还包含宫苑（北海、中海、南海）、太庙、社稷及皇家所建寺观等建筑。北京故宫从大明（清）门至奉天（太和）殿，先后通过五座门、六个闭合空间（庭、院、广场），总长约有1700米；其间有三处高潮：天安门、午门、太和殿。进入大明门，是狭长逼仄的千步廊空间。冗长的狭长空间之后，出现一处横向展开的广场，迎面矗立高大的天安门城楼，对比效果很强烈。汉白玉金水河桥和华表、石狮等，鲜明地衬托出暗红的门楼基座，形成第一个强烈感人的高潮。进入天安门，与端门之间形成一个较小的空间，顿为收敛，然后过端门，呈现一个纵深而封闭的空间，尽端是宏伟的午门，有肃杀压抑的气氛，构成第二个高潮。午门和太和门之间又变为横向广庭，舒展而开阔，经太和门进入太和殿前广场，顿觉宏伟庄严，正前方是巍峨崇高、凌驾一切的太和殿，形成第三个高潮。

故宫建筑特点：①强调中轴线和对称布局；②强调院的运用与空间变化，以建筑围绕成院（一个闭合空间）作为单元，若干院组成建筑群，各个院的空间尺度加以变化对比来产生不同气氛：这是中国古代建筑布局的又一特色；③通过建筑形体尺度的对比以突出主体；④富丽的色彩和装饰；⑤防水技术设施。

（二）坛庙

坛：天坛、地坛、日月坛、社稷坛、神农坛；庙：祭祖先、先贤、山川、神灵之处。

1. 北京天坛

天坛地处北京市，在原北京外城的东南部，位于故宫正南偏东的城南，正阳门外东侧，是明朝、清朝两代皇帝用以"祭天"和"祈谷"的地方，始建于明初永乐十八年（1420

年），清乾隆年间改建后成为今天这一辉煌壮观的建筑群。

天坛集明、清建筑技艺之大成，是中国古建珍品，是世界上最大的祭天建筑群，总面积为 273 万平方米。整个面积比故宫（紫禁城）还大些，有两重垣墙，形成内外坛，主要建筑祈年殿、皇穹宇、圜丘坛建造在南北纵轴上。坛墙南方北圆，象征天圆地方。圜丘坛在南，祈谷坛在北，二坛同在一条南北轴线上，中间有墙相隔。圜丘坛内主要建筑有圜丘坛、皇穹宇等，祈谷坛内主要建筑有祈年殿、皇乾殿、祈年门等。

祈年殿建于明永乐十八年（1420 年），初名"大祀殿"，是一个矩形大殿。祈年殿高38.2 米，直径 24.2 米，里面分别寓意四季、十二月、十二时辰以及周天星宿，是古代明堂式建筑仅存的一列。圜丘建于明嘉靖九年。每年冬至在台上举行"祀天大典"，故称祭天台。回音壁是天库的圆形围墙。因墙体坚硬光滑，所以是声波的良好反射体，又因圆周曲率精确，声波可沿墙内面连续反射，向前传播。

2. 曲阜孔庙

孔庙位于曲阜城的中央。据史料记载，在孔子辞世的第二年（公元前 478 年）鲁哀公将孔子旧居改建为祭祀孔子的庙宇。经历代重建扩修，明代形成了现有规模。前后九进院落，占地面积 14 万平方米，庙内共有殿阁亭堂门坊 100 余座。孔庙内有孔子讲学的杏坛、手植桧，存有历代碑刻 1000 余块。

（三）陵墓

陵墓是中国帝王的坟墓，古代建筑的一个重要类型。陵墓是建筑、雕刻、绘画、自然环境融于一体的综合性艺术。其布局可概括为三种形式：

① 陵山为主体的布局方式。以秦始皇陵为代表，其封土为覆斗状，周围建城垣，背衬骊山，轮廓简洁，气象巍峨，创造出纪念性氛围。

② 神道贯穿全局的轴线布局方式。这种布局重点强调正面神道。如唐代高宗乾陵，以山峰为陵山主体，前面布置阙门、石像生、碑刻、华表等组成神道。神道前再建阙楼。借神道上起伏、开合的空间变化，衬托陵墓建筑的宏伟气势。

③ 建筑群组的布局方式。明清的陵墓都是选择群山环绕的封闭性环境作为陵区，将各帝陵协调地布置在同一区域。在神道上增设牌坊、大红门、碑亭等，建筑与环境紧密结合，创造出庄严肃穆的环境。

中国古人崇信人在阴间仍然过着类似阳间的生活，对待死者应该"事死如事生"，因而陵墓的地上、地下建筑和随葬生活用品均仿照世间。文献记载，秦汉时代陵区内设殿堂收藏已故帝王的衣冠、用具，置宫人献食，犹如生时状况。秦始皇陵地下寝宫内"上具天文，下具地理""以水银为百川江河大海"，并用金银珍宝雕刻鸟兽树木，完全是人间世界的写照。

1. 明陵

明朝皇家陵寝至明太祖孝陵而形成明清陵墓的定制。孝陵位于江苏省南京市紫金山独龙阜玩珠峰下，紫金山巍峨峻秀，从六朝以来就流传有"钟阜龙盘，石城虎踞"的诗句，所以有"虎踞龙盘"之说。玩珠峰下泉壑幽深，紫气蒸腾，云气山色，朝夕多变。孝陵规模宏大，建筑突出了献殿，以示推崇皇权，企图达到巩固封建统治的目的。

明十三陵位于北京市昌平区北十公里天寿山南麓，是明朝最大的陵墓群，十三陵有长陵、献陵、景陵、裕陵、茂陵等十三座陵墓。陵区范围约四十公里，东、西、北三面群山耸立，重峦叠嶂，如拱似屏。南面为蟒山、虎峪山相峙扼守，大宫门坐落在两山之间，为陵区的门户。整个陵区得天独厚，雄伟壮观。从明成祖朱棣选为陵址开始，一直到明朝灭亡，历经二百余年，陵园经过不断修建，成为一座规模宏大、建筑完美的陵墓建筑群。

2. 清陵

清东陵是清陵的代表，位于河北省唐山市遵化市西北 30 公里处，西距北京市区 125 公里，占地约 80 平方公里。是中国现存规模最宏大、体系最完整、布局最得体的帝王陵墓建筑群。其形制大体仿照明朝，陵区主要集中在东陵和西陵，清朝陵墓的程式化是一大特点，各座陵寝的序列组织都很严格。1961 年，清东陵被国务院列为全国第一批重点文物保护单位。2000 年 11 月 30 日，在澳大利亚凯恩斯召开的第 24 届世界遗产委员会的大会上，清东陵获得全票通过，列入《世界遗产名录》。

三、宗教建筑

我国古代的宗教主要有佛教、道教和伊斯兰教。佛教大约在东汉初期即已正式传到中国，当时寺院布局是以佛塔为中心的方形庭院平面。阿育王塔是江南佛教建筑的肇始，汉代佛教文化遗物有摩崖石刻、石刻画像或铸于铜镜背面绣作织物图案的佛教形象。我国著名石窟（云冈、龙门、天龙山、敦煌等）始于两晋、南北朝时期。北魏的永宁寺塔采用了"前塔后殿"的布局方式，但依旧突出了佛塔这一主题。此外，还出现了以殿堂为中心的"舍宅为寺"的寺院。

隋唐时期佛教的特点是，主体部分采用对称式布置，即沿中轴线排列；殿堂已渐成为全寺中心，佛塔侧退居到后面或一侧；多重院落的设置。

至明清时期，佛教特点为规整化，依中轴线对称布置建筑；塔已很少。

佛教分为几部分：汉传佛教，山西五台山（文殊菩萨道场）、四川峨眉山（普贤菩萨道场）、安徽九华山（地藏菩萨道场）、浙江普陀山（观音菩萨道场）；藏传佛教，分布在西藏、甘肃、青海及内蒙古一带，以拉萨、日喀则为中心；南传小乘佛教，仅限于云南的西双版纳等地，平面和建筑风格与汉传佛教大相径庭。

道家思想源于老子的《道德经》，由远古的巫祝发展到战国、秦、汉的方士，东汉时才正式成为宗教。它的建筑特点有：建筑以殿堂、楼阁为主；依中轴线做对称式布局；不建塔、经幢和钟楼、鼓楼等。

伊斯兰教在唐代由西亚传入我国，其礼拜寺的建筑特点是：礼拜寺常建有邦克楼和光塔，以及供膜拜者净身的浴室；不置偶像，仅设朝向圣地参拜的神龛；建筑常用砖或石料砌成拱券或穹隆装饰纹样，采用古兰经文或植物与几何图案等。早期的礼拜堂保持了较多的外来影响（唐代广州怀圣寺、元代重建的泉州清净寺），建造较晚的礼拜堂则完全采用中国传统的木构架形式（西安明化觉巷清真寺、北京牛街清真寺）。

（一）寺庙祠观

1. 佛教寺庙

（1）山西五台山佛光寺　唐代是中国建筑的发展高峰，也是佛教建筑大兴盛时代，由于木结构建筑不易保存，留存至今的唐代木结构建筑，也是中国最早的木结构殿堂目前只有两座，都在山西五台山。

佛光寺大殿是其中一座，建于大中十一年（857 年）。佛光寺是一座中型寺院，坐东向西，大殿在寺的最后即最东的高地上，高出前部地面十二三米。大殿为中型殿堂，面阔七间，通长 34 米；进深四间，17.66 米；采用金厢斗底槽的平面柱网形式；殿内有一圈内柱，柱身都是圆形直柱，仅上端略有卷杀，檐柱有侧脚及升起，阑额上无普拍枋；柱头铺作与补间铺作区别明显；脊下不施侏儒柱而仅用叉手，是现存木建筑中的孤例。斗拱高度约为柱高的 1/2，后部设"扇面墙"，三面包围着佛坛，坛上有唐代雕塑。屋顶为单檐庑殿，屋坡舒缓大度，檐下有雄大而疏朗的斗拱，简洁明朗，体现出一种雍容庄重，气度不凡，健康爽朗的格调，展示了大唐建筑的艺术风采。佛光寺大殿是我国现存最大的唐代木建筑。

（2）西藏布达拉宫　布达拉宫在西藏拉萨西北的玛布日山上，是著名的宫堡式建筑群，藏族古建筑艺术的精华。布达拉宫始建于公元 7 世纪，是藏王松赞干布为远嫁西藏的唐朝文成公主而建。在拉萨海拔 3700 多米的红山上建造了 999 间房屋的宫宇——布达拉宫。宫堡依山而建，现占地 41 万平方米，建筑面积 13 万平方米，宫体主楼 13 层，高 115 米，全部为石木结构，5 座宫顶覆盖镏金铜瓦，金光灿烂，气势雄伟，是藏族古建筑艺术的精华，被誉为高原圣殿。

布达拉宫依山垒砌，群楼重叠，殿宇嵯峨，气势雄伟，有横空出世、气贯苍穹之势，坚实敦厚的花岗石墙体，松茸平展的白玛草墙领，金碧辉煌的金顶，具有强烈装饰效果的巨大鎏金宝瓶、幢和经幡，交相辉映，红、白、黄三种色彩的鲜明对比，分部合筑、层层套接的建筑形体，都体现了藏族古建筑迷人的特色。布达拉宫是藏式建筑的杰出代表，也是中华民族古建筑的精华之作。

宫殿的设计和建造根据高原地区阳光照射的规律，墙基宽而坚固，墙基下面有四通八达的地道和通风口。屋内有柱、斗拱、雀替、梁、椽木等，组成撑架。铺地和盖屋顶用的是叫"阿尔嘎"的硬土，各大厅和寝室的顶部都有天窗，便于采光，调节空气。宫内的柱梁上有各种雕刻，墙壁上的彩色壁画面积有 2500 多平方米。

此外，还有河北正定隆兴寺；河北蓟县独乐寺；山西大同善化寺；河北承德外八庙；内蒙古呼和浩特市席力图召；云南傣族佛寺等。

2. 道教祠观

（1）山西太原晋祠　最突出的是圣母殿，正面朝东，面阔七间，进深六间（实际是殿身面阔五间，进深四间加副阶周匝），重檐九脊殿顶。平面中减去殿身的前檐柱，使前廊深达两间，内柱除前金柱外全部不用，这种处理方式在我国古建中尚属少见。前檐副阶柱身施蟠龙，柱有明显的侧脚和升起。

（2）山西芮城永乐宫　是一组保存较为完整的元代道教建筑。据有关文献记载，永乐宫于 1247 年动工，至 1358 年纯阳殿壁画竣工，施工期前后长达 110 多年，几乎与元朝相始终。明清时曾进行过小规模维修和壁画补绘。永乐宫的主要建筑沿南北中轴线依次分布，有宫门、龙虎殿、三清殿、纯阳殿、重阳殿等，占地 8.6 万多平方米，其中宫门是清代建筑，其余都是元代所建。永乐宫是现存最早的道教宫观，也是目前保存最完整的一组元代建筑。永乐宫以其保存下来的举世罕见的元代壁画闻名于世，在永乐宫几个主要大殿内都有精美的壁画，面积达 960 平方米，题材丰富，笔法高超，是中国绘画美术史上的杰作。

3. 伊斯兰教礼拜寺

（1）福建泉州清净寺　清净寺又名艾苏哈卜大寺，位于市区涂门街。始建于 1009 年（北宋大中祥符二年，回历 400 年）。建筑采用西亚形式，是中国现存最古老、具有阿拉伯伊斯兰建筑风格的清真寺，为第一批国家重点文物保护单位。

（2）陕西西安化觉巷清真寺　位于中国陕西省西安市鼓楼西北隅的化觉巷内，是一座历史悠久、规模宏大的中国殿式古建筑群，是伊斯兰文化和中国文化相融合的结晶。清真寺的独特建筑风格，使它在西安高楼林立的现代建筑和古城芸芸的飞檐古殿中显得格外突出，别有一番风情。

（二）悬空寺

悬空寺又名玄空寺。在中国众多寺庙中，悬空寺称得上是奇妙的建筑。它集美学、力学、宗教内涵于一身，是人文景观之荟萃，更被誉为世界一绝。其中较为著名的有：山西浑源县恒山悬空寺、山西广灵县悬空寺、云南昆明西山悬空寺、浙江建德悬空寺、河北井陉县苍岩山福庆寺等几大悬空寺。其中山西恒山悬空寺、河北苍岩山悬空寺（福庆寺）、云南西山悬空寺，被称为中国三大悬空寺。

（1）山西恒山悬空寺　浑源县城5公里处，建于北魏晚期，是国内现存唯一的佛、道、儒三教合一的独特寺庙。它修建在悬崖峭壁间，迄今已有1400多年的历史。悬空寺面对恒山、背倚翠屏、上载危岩、下临深谷、楼阁悬空、结构巧奇。

（2）河北苍岩山悬空寺　河北苍岩山悬空寺（福庆寺）位于井陉县苍岩山下，享有"五岳奇秀揽一山，太行群峰唯苍岩"的盛名，距今已有1300多年的历史。福庆寺内，洞底怪石嶙峋，山腰峰回路转，崖顶古柏悬空，桥楼飞架断崖上，古刹隐居峭壁间，建筑依山就势，迂回曲折，自然风景与人文景观巧妙结合，构成了著名的"苍岩山十六景"。飞架于崖间的桥楼殿，充分体现了古代高超的建筑艺术与审美观，是一座艺术价值很高的建筑物。福庆寺被誉为中国悬空寺之首。

（3）云南西山悬空寺　又名三清阁，建于元代，后经明、清两代扩建，形成目前的规模，被称"滇中第一胜境"。三清阁是一组九层、十二殿、一石坊的建筑群，位于昆明市西南郊15公里处西山罗汉崖，在陡峭山崖上，分布着灵官殿、老君殿等九层十一阁的十几座木构建筑。

（三）塔幢

佛塔原是佛教徒膜拜的对象，后来根据用途不同，又有了经塔、墓塔等。随着佛教在东方的传播，印度、中国等邻近区域的建筑体系相互交流融合，逐步形成了楼阁式塔、密檐式塔、亭阁式塔、覆钵式塔、金刚宝座式塔、宝箧印式塔、五轮塔、多宝塔、无缝式塔等多种形态、结构各异的塔系。

1. 楼阁式塔

楼阁式塔是仿我国传统的多层木架构建筑而来，塔的平面在唐以前都是方形，五代起八角渐多，六角形为数较少。早期木塔和仿木的砖石塔由一层塔壁改用两层塔壁。如山西应县佛宫寺释迦塔（是国内现存唯一木塔）、江苏苏州虎丘云岩寺塔、江苏苏州报恩寺塔、福建泉州开元寺双石塔、南京报恩寺琉璃塔。

2. 密檐塔

密檐塔底层较高，上施密檐，五至十五层，建筑材料一般用砖石。例如河南登封嵩岳塔（我国现存最古的密檐式砖塔）、陕西西安荐福寺小雁塔、山西灵丘县觉山寺塔。

3. 单层塔

单层塔大多用作墓塔，最早一例为北齐。塔的平面有方、圆、六角、八角多种。实例有河南安阳宝山寺北齐双石塔、山东济南神通寺四门塔、河南登封会善寺净藏禅师塔。

4. 喇嘛塔

喇嘛塔又称覆钵式塔，是藏传佛教的塔，主要流传于南亚的印度、尼泊尔，以及中国的西藏、青海、甘肃、内蒙古等地区，其造型与印度的"窣堵坡"（佛教塔的形式之一）基本相同。内地的喇嘛塔始见于元代，多作为寺的主塔或塔门、僧人的墓塔。中国现存最大的喇嘛塔是建于元代的北京妙应寺（白塔寺）白塔，还有北海公园的永安寺白塔。

5. 金刚宝座塔

金刚宝座塔的形式起源于印度，造型象征着礼拜金刚界五方佛。金刚宝座塔是在高台上建筑一大四小五座塔，仅见于明、清两代。中国现存的金刚宝座塔仅十余座，较有名的是四大金刚宝座塔：北京的真觉寺金刚宝座塔（五塔寺塔、大正觉寺塔）、北京碧云寺金刚宝座塔、北京西黄寺清净化城塔、呼和浩特的慈灯寺塔。宝座上的塔有密檐式、楼阁式、覆钵式等多种，有的金刚宝座塔还建在佛教建筑顶上。

（四）石窟

中国的石窟来源于印度的石窟寺。西起新疆、东至山东、南抵浙江、北到辽宁。中国石窟大半集中在黄河中游及我国西北一带，鼎盛时期是北魏至唐，到宋以后逐渐衰落，在浮雕、塑像、彩画方面给我们留下了丰富的资料。

较为著名的石窟有：山西大同云冈石窟、河南洛阳龙门石窟、甘肃敦煌石窟、山西太原天龙山石窟，以及天水麦积山、永靖炳灵寺、巩义石窟寺、磁县南北响堂山石窟等。

四、中国传统民居

中国传统民居是世界建筑艺术宝库中的珍贵遗产。中国几千年的文明史积累了丰富的建筑设计经验，广泛地表现在各地民居建筑中。

与多样的气候和地理特征相适应，我国的传统民居可谓丰富多彩：南有干栏式民居，北有四合院，西有窑洞民居，东有水乡古镇。传统民居集中展现了我国古代精妙的建筑技艺，从建筑的选址到一砖一瓦的房屋结构，无不体现出前人的生活智慧和聪明才智。

（一）中国传统民居类型

中国在先秦（公元前 221 年以前）时代，"帝居"或"民舍"都称为"宫室"。从秦汉（公元前后 200 年）起，"宫室"才专指帝王居所，而"第宅"专指贵族的住宅。汉代规定列侯公卿食禄万户以上、门当大道的住宅称"第"，食禄不满万户、出入里门的称"舍"。近代则将宫殿、官署以外的居住建筑统称为民居。

中国各地区、各民族现存的民间住宅类型，有不同的分类方法，归纳起来有六类。

1. 木构架庭院式住宅

木构架庭院式住宅是中国传统住宅的最主要形式。其数量多、分布广，为汉族、满族、白族等大部分人及其他少数民族中的一部分人使用。这种住宅以木构架房屋为主，在南北向的主轴线上建正厅或正房，正房前面左右对峙建东西厢房。由这种一正两厢组成院子，即是通常所说的"四合院""三合院"。长辈住正房，晚辈住厢房，妇女住内院，来客和男仆住外院，这种分配符合中国封建社会家庭生活中要区别尊卑、长幼、内外的礼法要求。这种形式的住宅遍布全国城镇乡村，但因各地区的自然条件和生活方式的不同而各具特点。其中四合院以北京为代表，形成了独具特色的建筑风格。

2. "四水归堂"式住宅

中国南部江南地区的住宅名称很多，平面布局同北方的"四合院"大体一致。只是院子较小，称为天井，仅作排水和采光之用。"四水归堂"为当地俗称，意为各屋面内侧坡的雨水都流入天井。这种住宅第一进院正房常为大厅，院子略开阔，厅多敞口，与天井内外连通。后面几进院的房子多为楼房，天井更深、更小些。屋顶铺小青瓦，室内多以石板铺地，以适合江南温湿的气候。江南水乡住宅往往临水而建，前门通巷，后门临水，每家自有码头，供洗濯、汲水和上下船之用。

3. "一颗印"式住宅

云南省（中国西南部）的"一颗印"式住宅可以作这类住宅的代表，在湖南（中国南部）等省称为"印子房"。这类住宅布局原则与上述"四合院"大致相同，只是房屋转角处互相连接，组成一颗印章状。"一颗印"式住宅建筑为木构架，土坯墙，多绘有彩画。

4. 土楼住宅

土楼是中国福建西部客家人聚族而居的、围成环形的楼房。一般为 3～4 层，最高为 6 层，包含庭院，可住 50 多户人家。庭院中有厅堂、仓库、畜舍、水井等公用房屋。这种住宅防卫性很强，是客家人为保护自己的生存创造的独特的建筑形式，至今仍在使用。

5. 窑洞式住宅

窑洞式住宅主要分布在中国中西部的河南、山西、陕西、甘肃、青海等黄土层较厚的地区。当地居民利用黄土壁立不倒的特性，在天然土壁内开凿横洞，水平挖掘出拱形窑洞。并常将数洞相连，在洞内加砌砖石。窑洞节省建筑材料，施工技术简单，防火、防噪声、冬暖夏凉、节省土地、经济适用，将自然图景和生活图景有机结合，是因地制宜的完美建筑形式。窑洞按照形式划分，有崖窑（靠山窑）、地窑（平地窑）和箍窑三种；按照材料不同又分为砖窑、石窑或土坯窑。

① 崖窑：即沿直立土崖横向挖掘的土洞，每洞宽约 3～4 米，深 5～9 米，直壁高度约 2 米余至 3 米余，窑顶掘成半圆或长圆的筒拱。并列各窑可由窑间隧洞相通，也可窑上加窑，上下窑之间内部可掘出阶道相连。

② 地窑：是在平地掘出方形或矩形地坑，形成地院，再在地坑各壁横向掘窑，多用在缺少天然崖壁的地段。人在平地，只能看见地院树梢，不见房屋。

③ 箍窑：不是真正的窑洞，是以砖或土坯在平地仿窑洞形状箍砌的洞形房屋。箍窑可为单层，也可建成楼。若上层也是箍窑即称"窑上窑"；若上层是木结构房屋则称"窑上房"。

6. 干栏式住宅

干栏式住宅主要分布在中国西南部的云南、贵州、广东、广西等地区，为滇南傣、佤、苗、景颇、哈尼、布朗等少数民族的主要住宅形式。干栏式住宅是用竹、木等构成的楼居，是单栋独立的楼。滇南气候炎热潮湿多雨，竹楼下部架空，以利通风隔潮，多用来饲养牲畜或存放东西，作碾米场、贮藏室及杂屋；上层住人，上层前部有宽廊和晒台，后部为堂和卧室；屋顶为歇山式，坡度陡，出檐深远，可遮阳挡雨。这种建筑隔潮，并能防止虫、蛇、野兽侵扰。

吊脚楼是一种典型的干栏式建筑。建于斜度较大的山坡上。建造时，顺坡面开挖成两级台阶式屋基，上层立较矮的柱子，下层立较高的柱子。这样房子建成后，就可使前半间的楼板与后半间的地面呈同一水平。而自上而下直接立在下层屋基处的柱子，则构成托举支撑前半间房屋的吊脚柱，"吊脚楼"即因此而得名。

（二）中国传统民居代表

我国历史悠久，疆域辽阔，自然环境多种多样，社会经济环境亦不尽相同。在漫长的历史发展过程中，逐步形成了各地不同的民居建筑形式，这种传统的民居建筑深深地打上了地理环境的烙印，生动地反映了人与自然的关系。

1. 徽州明清住宅

徽州民居在徽州文化中占有相当重要的地位，一提起徽州文化，人们就很自然地联想到高高的码头墙，青色的蝴蝶瓦，幽静典雅。

徽州古民居的最显著特点，就是分布广泛。包括婺源、绩溪在内的徽州地界里的数千以上的大小村庄里，几乎每个村庄都有古民居。明代民居数以千计，而清代民居则数以万计。徽州古民居的数量之多，建筑风格之美，任何一个地区都无法相比。它将民居建筑推到了极致，在中国有史以来的民居建筑中，徽州民居是一座高峰。

徽州民居建筑，无论是古民居还是近代的仿古式民居，都有一种强烈的、优美的韵律感。走进徽州，就走进了一座巨大的园林。这里的每一个村落都依山傍水，十里苍翠入眼，四周山色连天。但在村落里却大都极少有树，即便有，也是一些供观赏的灌木或花草，古木大树往往在村外较远的路口或山脚，并不影响村中的视线。从远处看，一堵堵翘角的白墙被灰色的小瓦勾勒出一幢幢民居的轮廓，像一幅幅酣畅淋漓的水墨画，又像一幅幅高调处理的艺术照片。人在山中走，如在画中行，随时随地都能领略迷人的画意诗情（图 1.17）。

图 1.17　徽州明代住宅

徽州古民居建造特色体现在两个方面：

① 村落选址。村落选址注重符合天时、地利、人和皆备的条件，以达到"天人合一"的境界。徽州古村落多建在山之阳，依山傍水或引水入村，山光水色融为一片。住宅多面临街巷。整个村落给人幽静、典雅、古朴的感觉。

② 平面布局及空间处理。民居布局和结构紧凑、自由、屋宇相连，平面沿轴向对称布置。民居多为楼房，且以四水归堂的天井为单元，组成全户活动中心。天井少则 2～3 个，多则 10 余个，最多的达 36 个。一般民居为三开间，较大住宅亦有五开间。随时间的推移和人口的增长，单元还可增添，符合徽州人几代同堂的习俗。建筑形象突出的特征是：白墙、青瓦、马头山墙、砖雕门楼、门罩、木构架、木门窗。内部穿斗式木构架围以高墙，正面多用水平型高墙封闭起来，两侧山墙做阶梯形的马头墙，高低起伏，错落有致，黑白辉映，增

加了空间的层次和韵律美。马头墙不仅有造型之美，更重要的是它有防火，阻断火灾蔓延的实用功能。方正的外形，为徽州民居的独特风格。民居前后或侧旁，设有庭园，置石桌石凳，掘水井鱼池，植果木花卉，甚至叠山造泉，将人和自然融为一体。大门上几乎都建门罩或门楼，砖雕精致，成为徽州民居的一个重要特征。

皖南黟县的西递、宏村，2000年被列入"世界遗产名录"。宏村现保存完好的明清古民居有140余幢。村内鳞次栉比的层楼叠院与旖旎的湖光山色交相辉映，动静相宜，处处是景，步步入画。拥有绝妙田园风光的宏村被誉为"中国画里乡村"。西递现存明清古民居124幢、祠堂3幢。代表徽派民居建筑风格的"三绝"（民居、祠堂、牌坊）和"三雕"（木雕、石雕、砖雕），在此得到完好的保留。

2. 北京四合院

青砖灰瓦、玉阶丹楹的北京四合院天下闻名。它作为北京民居主要建筑形式，自元代正式立都、大规模规划建设都城时就已出现。明清以来不断完善，最终形成如今的格局，成为中国民居建筑史上的范例。

北京四合院带有强烈的封建宗法制度意味和较为合理的空间安排，其布局内外有别，尊卑有序，讲究对称，对外隔绝，自有天地，最适合独户。北京四合院虽规模各异，相差悬殊，但无论大小，都是由基本单元组成的。由四面房屋围合起一个庭院，为四合院的基本单元，称为一进四合院，两个院落即为两进，三个院落即为三进，依此类推。

四合院的基本特点是按南北轴线对称布置房屋和院落，坐北朝南，大门一般开在东南角，门内建有影壁，外人看不到院内的活动。正房位于中轴线上，侧面为耳房及左右厢房。正房是长辈的起居室，厢房则供晚辈起居用。北京地区属暖温带、半湿润大陆性季风气候，冬寒少雪，春旱多风沙。因此，住宅设计注重保温防寒避风沙，外围砌砖墙，整个院落被房屋与墙垣包围，硬山式屋顶，墙壁和屋顶都比较厚实（图1.18）。

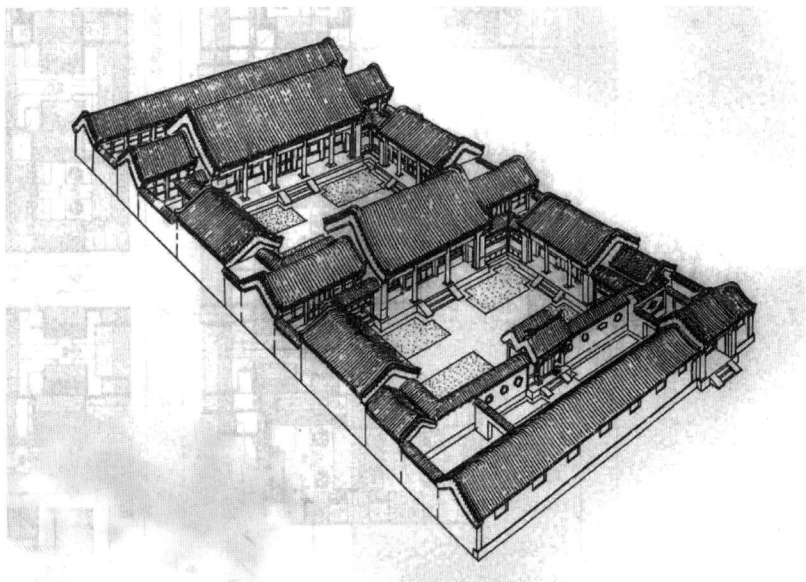

图1.18　北京四合院（四进院，北京四合院建筑要素图，88J14—4）

北京四合院之所以有名，是因为它虽为居住建筑，却蕴含着深刻的文化内涵，是中华传统文化的载体。四合院的装修、雕饰、彩绘处处体现着民俗民风和传统文化，表现一定历史条件下人们对幸福、美好、富裕、吉祥的追求。如以蝙蝠、寿字组成的图案，寓意"福寿双全"，以花瓶内安插月季花的图案寓意"四季平安"。而嵌于门管、门头上的吉辞祥语，附在檐柱上的抱柱楹联，以及悬挂在室内的书画佳作，更是集贤哲之古训，采古今之名句，或颂山川之美，或铭处世之学，或咏鸿鹄之志，风雅备至，充满浓郁的文化气息，登斯庭院，有如步入一座中国传统文化的殿堂。

3. 苏州住宅

苏州古民居在中国民居发展史上占有重要的地位，是东方古民居发展的一个缩影，也是世界古民居发展的主要渊源之一。它的建构内涵覆盖了自然科学和社会科学领域的众多方面，由于苏州古民居必须以实体的存在体现价值，以群体的形式构成研究体系，故结构完整、保存完好的苏州古民居，是研究和了解中国历史、传统文化以及对世界文化影响作用的重要实物资料，是苏州作为历史文化名城的主要元素之一。

苏州古民居是苏州古建筑中数量最多的建筑形式，也是构成苏州古城的重要组成部分。素有"东方威尼斯"之称的苏州水网密布，地势平坦，苏州古民居缘水而筑、与水相依，门、台阶、过道均设在水旁，民居自然被融于水、路、桥之中。苏州古民居置园造林、引山入水，轻巧简洁、古朴典雅，粉墙黛瓦、色彩淡雅，无不体现出清、淡、雅、素的艺术特色。其青砖蓝瓦、玲珑剔透的建筑风格，形成了江南地区纤巧、细腻、温情的水乡民居文化。由于气候湿热，为便于通风隔热、防潮防雨，院落中多设天井，墙壁和屋顶较薄，有的有较宽的门廊或宽敞的厅阁。

苏州古民居每一座深宅大院又由数个、数十个院落组合而成，重门叠户、深不可测。富含文化底蕴的砖雕门楼、厅堂楼阁，精雕细琢的砖木雕刻、木饰挂落，处处辉映着吴文化的奇光异彩。

4. 闽南土楼住宅

福建土楼被誉为"中国南方山中的传奇"，以其浓郁的神秘色彩吸引了许多中外学者及游客，它的神奇及隐秘令人惊叹。

闽西南地区的客家人土楼是一种特殊农村住宅。酷似庞大的碉堡，其外墙用土、石灰、沙、糯米等夯实，厚1米，可达5层高；由外向内，屋顶层层下叠，共三环，主体建筑居中心；房间总数可达300余间，十几家甚至几十家人共居一楼。

是一种供聚族而居且具有防御性能的民居建筑。它源于古代中原生土夯筑建筑技术，宋元时期即已出现，明清时期趋于鼎盛，延续至今。一般单体建筑规模宏大，形态各异，依山傍水，错落有致，建筑风格独特，工程技术高超，文化内涵丰富。结构上以厚实的夯土墙承重，内部为木构架，以穿斗式结构为主。土楼不仅防御功能突出，福建地处东南沿海地震带，气候暖热多雨，坚固的土楼既能防震防潮又可保暖隔热，可谓一举数得。福建土楼多姿多彩、形式各异，从外观造型上分主要有：方楼、圆楼、五凤楼（府第式）和宫殿式楼等，其中以圆楼最具特色和引人注目。楼内生产、生活、防卫设施齐全，是中国传统民居建筑的独特类型，为建筑学、人类学等学科的研究提供了宝贵的实物资料（图1.19）。

福建土楼遍布全省大部分地区，最集中的地区是龙岩市永定区和漳州市南靖县的西部，此外在闽南的平和、漳浦、云霄、华安、诏安等地亦可见到。这些隐藏在山区中不起眼的一幢幢用生土夯筑的巨型民居建筑，引起世界的惊叹。一位联合国教科文组织的顾问赞叹它是"世界上独一无二的神话般的山村建筑模式！"人们盛赞它是"中国古建筑的奇葩""东方文明的一颗明珠"。

图 1.19　福建土楼

部分福建土楼的典型代表已被列为全国重点文物保护单位，如华安的二宜楼，永定的承启楼、振成楼、奎聚楼、福裕楼，南靖的和贵楼与田螺坑土楼群，平和的绳武楼等。

5. 四川山地住宅

巴蜀地处中国西南，文化历史悠久，人口密度大，但地势险峻，所谓"蜀道之难，难于上青天"，因而巴蜀地区的民居总是与高高低低的地势联系在一起（图 1.20）。四川山地住宅在布局上，主要房屋仍有中轴线，次要房屋和院落的形状大小就不拘一格了。为适应山地特点，住宅的朝向和形式往往都取决于地形，大体来说有以下几种。

图 1.20　四川山地住宅

①"台"：用于坡度比较陡的地方，像开凿梯田一样，把坡面一层层地削平，逐层升高，形成一个个宽广的平台。由此，房屋便按等高线方向布置，层层叠叠，气势非凡。

②"挑"：用于地形偏窄的地方，于楼层筑出挑楼或挑廊，以扩大室内空间。

③"拖"：用于山坡比较平坦的地方，将房屋按垂直于等高线的方向顺坡分级建造。这种做法一般用于民居的厢房，屋顶呈阶梯状，生动轻快。

④"坡"：房屋也按垂直于等高线的方向顺坡建造，坡度比"拖"更平缓，仅将室内地面分出若干不同的高度，屋面保持整体的连续性。

⑤ "梭"：这是将房屋的屋顶向后拉长，形成前高后低的披屋，多用于厢房。当厢房平行于等高线时，梭厢地面低于厢房地面，可以梭下很远。

⑥ "吊"：由于在坡地上建屋，进深很难加大，所以用悬挑的办法使楼上的房间进深扩大。楼层挑出，既扩大了居室面积，又给楼下的出入口起到了雨篷的作用，造型也更为生动。部分民居由于地势陡峭，吊脚楼的撑柱做得很长，有的竟超过两层；还有的顺着陡坡层层造房屋，一级一级往外出挑。这种建筑在重庆附近的长江和嘉陵江沿岸很多，独具特色。

6. 云南"一颗印"住宅

云南滇中高原地区，四季如春，无严寒，多风，故住房墙厚重。最常见的形式是毗连式三间四耳，即正房三间，耳房东西各两间，有些还在正房对面，即进门处建有倒座。倒座多数为平房，少数为楼房，但空间极矮。正房较高，耳房矮一些。中间为天井，多打有水井，铺石板，作为洗菜洗衣休闲的场所。为安全起见，传统的房屋四周外墙上是不开窗户的，都从天井采光。住宅地盘与外观均形状方整，当地称"一颗印"。

"一颗印"民居建筑的特点：

① 正房、耳房毗连，正房多为三开间，两边的耳房，有左右各一间的，称"三间两耳"；有左右各两间的，称"三间四耳"。

② 正房、耳房均高两层，占地很小，很适合当地人口稠密、用地紧张的情况。正房底层明间为堂屋、餐室，楼层明间为粮仓，上下层次间作居室；耳房底层作厨房、柴草房或畜廊，楼层作居室。正房与两侧耳房连接处各设一单跑楼梯，无平台，直接由楼梯依次登耳房、正房楼层，布置十分紧凑。

③ 大门居中，门内设倒座或门廊，倒座深八尺。"三间四耳倒八尺"是"一颗印"的最典型的格局。

④ 天井狭小，正房、耳房面向天井均挑出腰檐，正房腰檐称"大厦"，耳房腰檐和门廊腰檐称"小厦"。大小厦连通，便于雨天穿行。房屋高，天井小，加上大小厦深挑，可挡住太阳大高度角的强光直射，十分适合低纬度高海拔的高原型气候特点。

⑤ 正房较高，用双坡屋顶，耳房与倒座均为内长外短的双坡顶。长坡向内，短坡向外，可提升外墙高度，有利于防风、防火、防盗，外观上馨墙高耸，宛如城堡。

⑥ 建筑为穿斗式构架，外包土墙或土坯墙。正房、耳房、门廊的屋檐和大小厦在标高上相互错开，互不交接，避免在屋面做斜沟，减少了漏雨的薄弱环节。

⑦ 整座"一颗印"，独门独户，高墙小窗，空间紧凑，体量不大，小巧灵便，无固定朝向，可随山坡走向形成无规则的散点布置。

"一颗印"住宅无论是在山区、平坝、城镇、村寨都宜修建，可单幢，也可联幢，可豪华，也能简朴，千百年来是滇池地区最普遍、最温馨的平民住宅。随着城市的改扩建，"一颗印"式的昆明古民居建筑，已经越来越少。

7. 陕南民居

陕南地区有山坳、河沿和平坝，居民根据地势、原料等条件，建有多种民居。传统的住房有石头房、竹木房、吊脚楼、三合院及四合院等。

石头房：多建于山区，镇巴、安康、西乡山区很普遍。顾名思义，石头房以石为基本材料。通常是后墙靠山崖，三边以石头砌墙，屋顶木架上铺以油页石板。石头房经风耐雨，造价低廉。

竹木房：四壁用圆木垒成，并留有门窗。屋顶用毛竹搭在木梁上，再以竹篾条结成以蓼叶覆盖。有的人家在横梁上架木，上铺密竹，抹上灰泥，成为顶楼，上置火塘，用以炙烤和存放粮食。竹木房多建于抹边及山坳，南郑、宁强和城固等山区常见。

吊脚楼：多建于沿江集镇。吊脚楼以木桩或石为支撑，上架以楼板，四壁或用木板，或用竹排涂灰泥。屋顶铺瓦或茅草。吊脚楼窗子多向江，所以也叫望江楼。吊脚楼是远古巢居的发展。

三合院及四合院：多见于平坝城镇。三合院有正房 3 间，中间为堂屋，东西为厢房 2～3 间。正房前方屋檐外伸，可用来吃饭、歇脚。厢房开间比正房小，两端有围墙相连，墙中间朝南开门。四合院由正房、厢房和过门房组成，中间有一天井，比三合院更讲究。三合院和四合院居室以土坯、砖石、木料为基本材料，大门多向南，忌朝西。随着经济的发展，农村砖房和城市楼房日益多起来。

8. 云南傣族竹楼

傣族是云南地区的一个古老民族，主要聚居在云南西双版纳傣族自治州和德宏傣族景颇族自治州。那里地势平缓，澜沧江、瑞丽江分别贯穿其间，雨量充沛，竹木茂密。

傣族村寨多分布在广阔的原野上或清澈的溪流旁，便于生产生活和洗浴。由于傣族主要信仰原始宗教和小乘佛教，因而村寨的路口或高地上多为造型别致的佛寺和笋塔。

村寨里的每一户都用竹篱围成单独的院落，院内种植热带果木。房屋多用竹子建造，所以称为"竹楼"。傣族人住竹楼已有 1400 多年的历史。竹楼是傣族人民因地制宜创造的一种特殊形式的民居。竹楼以竹子为主要建筑材料。西双版纳是有名的竹乡，大龙竹、金竹、凤尾竹、毛竹多达数十种，都是筑楼的天然材料。

传统竹楼，全部用竹子和茅草筑成。竹楼为干栏式建筑（图 1.21），以粗竹或木头为柱桩，分上下两层。下层四周无遮栏，专用于饲养牲畜家禽，堆放柴火和杂物。上层由竖柱支撑，与地面距离约 5 米，铺设竹板，极富弹性。楼室四周围有竹篱，有的竹篱编成各种花纹并涂上桐油。房顶呈四斜面形，用草排覆盖而成。一道竹篱将上层分成两半，内间是家人就寝的卧室，卧室是严禁外人入内的。外间较宽敞，设堂屋和火塘，既是接待客人的场所，又是生火煮饭取暖的伙房。楼室门外有一走廊，一侧搭着登楼木梯，一侧搭着露天阳台，摆放装水的坛罐器皿。

图 1.21　干栏式住宅

竹楼多采用歇山屋顶，脊短坡陡，出檐深远，四周并建偏厦，构成重檐，防止烈日照射，使整栋房屋的室内空间都笼罩在浓密的阴影中，以降低室温。灵活多变的建筑体型、轮廓丰富的歇山屋顶、遮蔽烈日的偏厦、通透的架空层和前廊，在取得良好的通风遮阳效果的同时，形成强烈的虚实、明暗、轻重对比，建筑风格轻盈、通透、纤巧。

9. 藏族碉房

藏族主要分布在西藏、青海、甘肃及四川西部一带，为了适应青藏高原上的气候和环境，传统藏族民居大多采用石构住宅。碉房是中国西南部的青藏高原的住宅形式，它在当地并无专名，外地人因其用土或石砌筑，形似碉堡，故称碉房（图1.22）。

图 1.22 碉房

碉房一般为3～4层。底层养牲口和堆放饲料、杂物；二层布置卧室、厨房等；三层设有经堂。由于藏族信仰藏传佛教，诵经拜佛的经堂占有重要位置，神位上方不能住人或堆放杂物，所以都设在房屋的顶层。为了扩大室内空间，二层常挑出墙外，轻巧的挑楼与厚重的石砌墙体形成鲜明的对比，建筑外形因此富于变化。过游牧生活的蒙、藏等民族的住房还有"毡帐"，这是一种便于装卸运输的可移动的帐篷。

藏族民居的墙体下厚上薄，外形下大上小，建筑平面都较为简洁，一般多方形平面，也有曲尺形的平面。因青藏高原山势起伏，建筑占地过大将会增加施工上的困难，故一般建筑平面上的面积较小，而向空间发展。西藏那曲民居外形是方形略带曲尺形，中间设一小天井，内部精细隽永，外部风格雄健，高原的日光格外强烈，民居处于一片银色中，显得格外晶莹耀眼。

藏族民居在处理住宅的外形上是很成功的。因为简单的方形或曲尺形平面，很难避免立面的单调，而木质的出挑却以轻巧与灵活和大面积厚宽沉重的石墙形成对比，既给人以沉重的感觉又使外形变化趋向于丰富。这种做法不仅着眼于功能问题而且兼顾了艺术效果，自成格调。

藏族民居色彩朴素协调，基本采用材料的本色：泥土的土黄色，石块的米黄、青色、暗红色，木料部分则涂上暗红，与明亮色调的墙面屋顶形成对比。粗石垒造的墙面上有成排的上大下小的梯形窗洞，窗洞上带有彩色的出檐。在高原上蓝天白云、雪山冰川的映衬下，座座碉房造型严整而色彩富丽，风格粗犷而凝重。

10. 维吾尔族住宅——新疆阿以旺

维吾尔族住宅的布局一般有庭院和住宅两部分。住宅由客室、餐室、后室和储物、淋浴用的小间组成。常利用屋顶平台作休息处或堆放杂物，屋顶平台周围设木栏杆。客室和餐室的布置较为讲究。内墙面上设有壁龛、壁炉。墙顶的带状石膏花或木雕花，与绘有彩绘的顶棚连为一体。墙上挂有壁毯，地面铺有色调富丽的地毯。院中多种植物树木、葡萄或放置花卉盆景。廊内设置地毯、茶具，使庭院布置更加精巧、舒适。

新疆维吾尔族的住宅房屋连成一片，庭院在四周。带天窗的前室称"阿以旺"，又称"夏室"，有起居、会客等多种用途。后室称"冬室"，是卧室，通常不开窗。住宅的平面布局灵活，室内设多处壁龛，墙面大量使用石膏雕饰。

阿以旺式民居由阿以旺厅而得名，"阿以旺"是维吾尔语，意为"明亮的处所"，它是新疆维吾尔族民居享有盛名的建筑形式，具有十分鲜明的民族特点和地方特色，已有2000多年历史。

阿以旺厅是该类民居中面积最大、层高最高、装饰最好、最明亮的厅室，室内中部设2～8根柱子，柱子上部突出屋面，设高侧窗采光，柱子四周设2.5～5米宽、45厘米高的炕台，上铺地毯，为日常生活、待客就餐、纳凉休息、夏日夜宿、儿童游戏、老人养病及妇女纺纱、养蚕、织毯、农忙选种等农务的辅助空间。每当佳节喜庆，则是能歌善舞的维吾尔族人民欢聚弹唱、载歌起舞的欢乐空间。阿以旺式民居的其他房间都围绕着阿以旺厅布置。

从建筑的角度看，"阿以旺"完全是室内部分，是民居内共有的起居室；但从功能分析，它却是室外活动场地，是待客、聚会、歌舞活动的场所。阿以旺比其他户外活动场所如外廊、天井更加适应风沙、寒冷、酷暑等气候。这是一种根植于当地地理、文化环境中的本土建筑。新疆特有的气候特征，是维吾尔族人民创造出阿以旺民居最深刻的源泉。

维吾尔族民居室内整洁美观，壁面全用织物装饰，如壁毡、门帘、窗帘等，地面铺地毯；采暖不用火塘直接烤火，以免烟灰污染，而用壁炉、火墙、火坑，保持室内清洁。维吾尔族民居多采用石膏花纹作装饰，尤其是尖拱门状的壁龛，此外壁炉的炉身、炉罩和檐口、内壁上缘也都用石膏刻花装饰。

第四节　现代科学技术对建筑的影响

一、现代建筑科技发展趋势

随着建筑业和现代科学技术的高速发展，世界各国都在致力于改善居住条件，研究与开发新型建筑材料，开发建筑节能技术和新能源等。人们越来越重视环境科学与建筑的关系，更多地对太阳能加以利用，计算机辅助设计也较为成熟。未来建筑行业的发展趋势将主要受到技术进步、可持续性、自适应性和数字化的推动。

现代建筑主要发展趋势大致体现在如下几个方面。

（一）技术研发与成果转化

技术进步和技术转移可以促进研究开发成果的实际应用，以较少的投入，提高整个行业的水平。因此，日、美等国非常重视将技术从官方转向民间，从大学、研究所转向企业，从大企业转向中小企业。技术成果最终要在企业转化为生产力，主要采取委托开发、推荐开发、技术转让、企业内部研究与开发的衔接等方式将科技成果转化为生产力。

日、美等发达国家住宅产业研究开发经费比例大大高于我国，但与本国其他产业相比，还是非常低。这也造成住宅产业的科技水平远落后于其他产业，而且不同规模企业之间差别很大。近年国外住宅产业也提出要增加研究与开发的投入，科技投入的主体，是一些大型的建筑企业或住宅产业集团。很多著名建筑学家和业内人士认为，绿色环保、智能化、健康型等类型建筑将形成较大发展趋势。

（二）节能环保的绿色建筑

《绿色建筑评价标准》（GB/T 50378—2019）中，对绿色建筑做出了如下界定：在建筑的"全寿命期内，节约资源、保护环境、减少污染，为人们提供健康、适用、高效的使用空间，最大限度地实现人与自然和谐共生的高质量建筑"。从概念上来讲，绿色建筑主要包含了三点，一是节能，这个节能是广义上的，包含了节能、节地、节水、节材四个方面，主要是强调减少各种资源的浪费；二是保护环境，强调的是减少环境污染，减少二氧化碳排放；三是满足人们使用上的要求，为人们提供"健康""适用"和"高效"的使用空间。

面对能源危机、生态危机和温室效应，走可持续发展道路已经成为全球共同面临的紧迫任务。作为能耗占全部能耗将近 1/3 的建筑业，很早就将可持续发展列入核心发展目标。绿色建筑正是在这种环境下应运而生。绿色建筑源于建筑对环境问题的响应，最早始于 20 世纪 60 年代的太阳能建筑，其后在一些发达国家发展较快。可以说，绿色建筑顺应时代发展的潮流和社会民生的需求，是建筑节能的进一步拓展和优化。绿色建筑日益体现出愈来愈旺盛的生命力，具有非常广阔的发展前景。

地球上的资源是有限的，而人类的消耗太大，人类不得不面对资源更加匮乏的境地。怎样节约资源，为后代留下足够的生存空间，建筑师们有两点考虑：一是要节约建筑材料；二是造出来的房子自身消耗的能源要少。从绿色环保建筑的趋势看，一般认为，无毒、无害、无污染的建材和饰材将是市场消费的热点，其中室内装饰材料要求更高，绿色观念更强。具体要求是：绿色墙材，如草墙纸，丝绸墙布等；绿色地材，如环保地毯、保健地板等；绿色板材，如环保型石膏板，在冷热水中浸泡 48 小时不变形、不污染；绿色照明，通过科学设计，形成新型照明环境；绿色家具，要求自然简单，保持原有木质花纹色彩，避免油漆污染。

目前，世界各国已经兴起绿色建筑的热潮。我国也已非常重视生态、环保建筑的开发与建设。如上海中心大厦，除高度备受瞩目外，其自身还应用了涉及照明、采暖、制冷、发电以及可再生能源领域等多项节能环保技术。大厦的节能设计包括外部的造型呈旋转式（降低风荷载）、漏斗状的螺旋顶端（收集雨水供大楼使用）、带有特制彩釉全玻璃幕墙（遮光）的中央绿色照明控制系统、270 台风力发电机等，这些节能技术每年为大厦减少数以万吨计的碳排量。

未来建筑将更注重可持续性，采用环保的材料、智能的能源管理系统，实现能源、水资源的高效利用，降低建筑的生态足迹等。

（三）智能化建筑

建筑智能化，从技术的角度看，发展到当前已广泛应用的楼宇自动化控制，是一种保证现代化的建筑内全部设备整体正常运转的技术。智能化建筑首先解决的是安全问题和设备管理问题。安全问题主要包括保安和防火。通过电脑控制中心的可视电话和指纹识别系统，对来访者的身份加以辨别和确认，杜绝恶意来访者进入建筑或社区。实时的火灾预警系统不仅对发生的火情发出警报，而且在第一时间内通知消防部门，同时启动自动控制设备进行相应的处理。设备管理包括两个方面：一是住户对设备的要求；二是物业管理者对设备的要求。

随着人工智能技术的进展，未来建筑将更加智能化和自动化。例如，建筑物中将会嵌入传感器、智能控制系统等，不仅能自动化调节温度、光线、湿度等环境参数，还能监测和预测建筑运行过程中的故障和维修需求。

居住建筑智能化对建材饰材的要求是巧妙，实用，合理，富有艺术性、装饰性。厨房设施要求系列化、立体化，充分利用空间，增加物品储藏量，更巧妙地减少油烟、噪声；传统"躺着"的洗浴设备要求"站立"起来，厨房笨重的水池要精巧化，占地过多的浴缸将被保温、节水、占地面积小的浴房代替；衣柜、书架和桌椅讲究立体化、储量大，充分利用空间。

居住建筑智能化要求从居住建筑可能发生的危险源入手去构造安全环境，要将安全防范的技术及管理问题纳入设计标准，最大限度地提高居家安全度。国内不少地区已开始采用现代高科技，如多媒体安全防范及综合减灾物业管理系统，与社区及建筑物安全设计相结合，确保建筑物安全系统的自动化、智能化水平。

未来建筑将更加数字化，通过大量数据、云计算和人工智能等技术来帮助设计、管理和维护建筑物。数字化的建筑将更加可视化，实现高效的设计、协作和决策。

（四）健康型建筑和特型建筑

现有的建筑虽然不会对居住者的健康有副作用，但确实存在令人不舒服的因素，如建筑原材料的放射性问题。有的材料，包括建筑用土、混凝土和石材的含氡量比较高，会对人体产生一定的影响。解决这些问题一是要从建筑材料方面入手，尽量减少可能有害物质的含量；二是要加强建筑物的通风。法国有的建筑师在建筑模型完成后要进行"吹风"实验，以观察建筑物的通风性能，完善建筑群的整体规划。英国住房协会为用户提供，有流线型顶棚、多层玻璃窗，装有太阳能供水和循环用水系统，具有采光充分、内部空间灵活以节省建材的 21 世纪特型居住建筑。

住房是人类生存的基本物质条件，人居环境是生态环境的重要组成部分，居住质量是人类文明进步的重要标志，人居环境的恶化，不仅是发展中国家，也是发达国家共同面临的社会发展问题。为了人类的繁衍和发展，改善人类的居住环境，我们应加大对建筑和科技的设计研究与开发实践。

综上所述，未来建筑将更加智慧化、可持续、自适应、数字化以及高效，以更好地满足消费者的需求，并取得更快的发展速度。

二、高层建筑

（一）高层建筑的概念

指超过一定高度和层数的多层建筑。世界各国对高层建筑的起点高度或层数规定不一，且多无绝对、严格的标准。一些国家高层建筑标准也会随时间及技术标准进行修订。中国在《高层建筑混凝土结构技术规程》（JGJ 3—2010）里规定：10层及10层以上或高度大于28米的住宅建筑和房屋高度大于24米的其他高层民用建筑，称为高层建筑结构。当建筑高度超过100米时，称为超高层建筑。

根据《中华人民共和国工程建设标准强制性条文》（2013年版）相关规定，我国的房屋7层及以上住宅，或住房入口楼面距室外设计地面的高度超过16米的住宅，必须设置电梯。对10层以上房屋专有提出特殊防火要求的防火规范，故此在《民用建筑设计统一标准》（GB 50352—2019）、《建筑设计防火规范（2018年版）》（GB 50016—2014）中，将建筑高度大于27米的住宅建筑和建筑高度大于24米的非单层公共建筑，且高度不大于100米的划归为高层民用建筑。

联合国于1972年召开国际高层建筑会议，在会议中将9层至40层（高度100米以内）的建筑定位为高层建筑，将40层以上或高度超过100米的建筑定位为超高层建筑。

日本的《建筑基准法》规定，8层及以上或高度超过31米（约10层）即为高层建筑物，超过60米（约20层）即为超高层建筑物。日本还将公寓划分为低阶层、中阶层、上阶层三个部分，以10层公寓为例，一般1～3层为低层，4～6层为中层，6层以上为高层。

美国将24.6米或7层以上建筑物视为高层建筑；英国则把高度≥24.3米的建筑视为高层建筑；法国规定：居住建筑高度50米以上，其他建筑高度为28米以上的建筑为高层建筑。

第二次世界大战以后，出现了世界范围的高层建筑繁荣时期。高层建筑可节约城市用地，缩短公用设施和市政管网的开发周期，从而减少市政投资，加快城市建设。

（二）高层建筑的发展

人类古代就开始建造高层建筑，埃及于公元前280年建造的亚历山大港灯塔，高100多米，为石结构（现留残址）。中国建于523年的河南登封市嵩岳寺塔，高40米，为砖结构。建于1056年的山西应县佛宫寺释迦塔，高67米多，为木结构，两座塔均保持至今。

高层建筑是近代经济发展和科学技术进步的产物，至今有100余年历史。现代高层建筑首先从美国兴起，1883年，在芝加哥建造了第一幢砖石自承重和钢框架结构的11层保险公司大楼。多年来，世界上最高的高层建筑集中在美国、加拿大。直到20世纪80年代末，北美洲一直是世界高层建筑的中心。按1991年公布的排行表，在世界上最高的100座建筑中，美国占了78座，加拿大5座，墨西哥1座，即北美洲占了84%，成为那一时期的世界最高建筑中心。

1. 国际高层建筑的发展

国外建筑向高层发展分为三个阶段。第一阶段是19世纪中期以前，主要建筑材料是砖石和木材，且受设计手段和施工技术的限制，欧美国家一般只能建造6层及以下的建筑；第二阶段是19世纪中期开始至20世纪50年代初，1855年发明了电梯系统，使人们建造更高的建筑成为可能，高层建筑已经发展到了采用钢结构，建筑物的高度越过了100米大关；第三阶段从20世纪50年代开始，由于在轻质高强材料、抗风抗震结构体系、施工技术及施工机械等方面都取得了很大进步，加之计算机在设计中的应用，使得高层建筑飞速发展。那个时期，美国成为世界上高层建筑最多的国家。

世界上最早的钢筋混凝土框架结构高层建筑，是 1903 年在美国俄亥俄州辛辛那提市的因格尔斯大厦，16 层，高 64 米。1931 年美国纽约曼哈顿建造了 102 层、高 381 米的著名的帝国大厦，它保持世界最高建筑达 41 年之久。这一时期，虽然高层建筑有了比较大的发展，但受到设计理论和建筑材料的限制，结构材料用量较多、自重较大，且仅限于框架结构，建于非抗震区。1972 年在纽约建造了世界贸易中心大楼，110 层，高 402 米，钢结构。1974 年美国在芝加哥又建成了当时世界最高的西尔斯大厦，110 层，高 443 米，钢结构。

1990 年至今，世界上新建的最高建筑，几乎全部集中在亚洲地区；陆续建成了 300～600 米的超高层建筑。一般高度的高层建筑（80～150 米）更是大量兴建。进入 21 世纪，亚洲尤其中国成了新的高层建筑中心。

2. 中国高层建筑的发展

中国现代高层建筑的发展分为如下几个阶段：第一阶段是从新中国成立到 60 年代末，为初步发展阶段，主要是 20 层以下的框架结构。第二阶段为 20 世纪 70 年代，建筑物可达 20～30 层，主要用于住宅、旅馆、办公楼。1974 年建成的北京饭店新楼，20 层，高 87.4 米，是当时北京最高的建筑。1976 年建成的广州白云宾馆，33 层、高 114.05 米。第三阶段为 20 世纪 80 年代，仅 1980—1983 年所建的高层建筑，就相当于 1949 年以来 30 多年中所建高层建筑的总和。深圳发展中心大厦，43 层，高 165.3 米，加上天线的高度共 185.3 米，是我国第一座大型高层钢结构建筑。第四阶段从 20 世纪 90 年代开始，高层建筑兴建速度加快。1990—1994 年间，每年建成 10 层以上建筑在 1000 万平方米以上，占全国已建成的高层建筑的 40%。

进入 21 世纪，中国高层、超高层建筑的发展及层数和高度增长更快，迄今已经建成多座 300 米以上的超高层建筑。

（三）高层建筑的结构体系与设计特点

1. 纯框架结构

是我国采用较早的一种梁、板、柱结构体系，其优点是建筑平面布置灵活，可以形成较大的空间，特别适用于各类公共建筑，建筑高度一般不超过 60 米。但由于侧向刚度差，在高烈度地震区不宜采用。

2. 剪力墙结构

是利用建筑物的内墙和外墙作为承重骨架构成剪力墙结构体系；一般为钢筋混凝土墙，墙体高度不低于 140 米，此体系侧向刚度大，可承受较大水平、竖向荷载。缺点：平面被分隔成小开间。施工方法为大模、滑模施工。

3. 框支剪力墙结构

把剪力墙结构的部分纵横墙体设置在底部一层或底部数层，剪力墙结构不设至底部，采用框架支撑上部剪力墙，形成框支剪力墙结构。特点：能满足底部商店、餐厅等公共用房较大平面空间的需要，又具有较大的抗侧向荷载能力。应用于底层作商店的高层住宅和高层旅馆建筑。

4. 框架-剪力墙结构

简称框-剪结构，其平面布置灵活，又能较好承受水平荷载，且抗震性能良好。适用 15～30 层、高度不高于 120 米的高层建筑。

5. 筒体结构

是由框架和剪力墙结构发展而成的空间体系，由若干片纵横交错的框架或剪力墙与楼板连接围成的筒状结构，并由一个或几个筒体作为承重结构的高层建筑结构体系。整个筒体如一个固定于基础上的封闭的空心悬壁梁，不仅可抵抗很大弯矩，也可抵消扭矩，是非常有效的抗侧力体系。建筑结构布置灵活，单位面积结构耗材少，常用于超高层建筑中。可分为筒体框架结构、筒中筒结构和多筒结构。采用滑升模板施工较为适宜。

超高层建筑的结构体系，主要采用抗侧更为高效的筒体结构及其衍生的结构形式。其结构体系主要划分为：筒体结构、束筒结构、筒中筒结构、框架-核心筒结构、巨型结构、连体结构，及其他新型结构体系等。

（四）世界著名摩天大楼

世界摩天大楼高度排名见表 1.2。

表 1.2 世界摩天大楼高度排名表（世界高楼协会 2023 年数据）

建筑名称	建造地	设计高度/m	地上层数	竣工年	排名
迪拜哈利法塔	阿拉伯联合酋长国迪拜	828	162	2010	1
默迪卡 118 大厦	马来西亚吉隆坡	679	118	2023	2
上海中心大厦	中国上海	632	128	2015	3
麦加皇家钟塔酒店	沙特阿拉伯王国麦加	601	120	2012	4
平安国际金融中心	中国深圳	599.1	115	2017	5
天津高银金融 117 大厦	中国天津	597	117	2019	6
韩国乐天世界大厦	韩国首尔	554.5	123	2017	7
美国世界贸易中心	美国纽约	541.3	94	2013	8
广州周大福金融中心	中国广州	530	111	2016	9
天津周大福滨海中心	中国天津	530	97	2019	10
北京中信大厦（又称中国尊）	中国北京	527.7	108	2018	11
台湾 101 金融大厦	中国台北	508	101	2003	12
上海环球金融中心	中国上海	492	101	2008	13
香港环球贸易广场	中国香港	484	118	2010	14
武汉绿地中心	中国武汉	476	97	2021	15
纽约中央公园大厦	美国纽约	472.4	131	2019	16
俄罗斯拉赫塔中心	俄罗斯圣彼得堡	462	86	2019	17
越南地标塔 81	越南胡志明市	461.5	81	2018	18
陆海国际中心	中国重庆	458.2	100	2022	19
马来西亚 106 交易塔	马来西亚吉隆坡	453.6	97	2018	20

三、大跨度建筑

（一）大跨度建筑的概念与发展

大跨度建筑通常是指横向跨越 30 米以上空间的各类结构形式的建筑。主要用于民用建筑的影剧院、体育场馆、展览馆、大会堂、航空港候机大厅及其他大型公共建筑。在工业建筑中则主要用于大跨度厂房、飞机装配车间、飞机库和大型仓库等。

大跨度建筑在古罗马已经出现，如公元120—124年建成的罗马万神庙，呈圆形平面，穹顶直径达43.3米，用天然混凝土浇筑而成，是罗马穹顶技术的光辉典范。在万神庙之前，罗马最大的穹顶建筑是公元1世纪的阿维奴斯浴场，穹顶直径大约38米。然而大跨度建筑真正得到迅速发展还是在19世纪后半叶以后，特别是第二次世界大战后的几十年中。例如1889年为巴黎世界博览会建造的机械馆，跨度达到115米，采用三铰拱钢结构。

1912—1913年在波兰弗罗茨瓦夫（原称布雷斯劳）建成的百年大厅（又称百年纪念会堂）直径为65米，采用钢筋混凝土肋穹顶结构；1975年美国建成的新奥尔良"超级穹顶"，直径207米，曾长期被认为是世界最大的球面网壳；加拿大1983年建成的卡尔加里体育馆，采用双曲抛物面索网屋盖，其圆形平面直径135米，外形极为美观；日本1993年建成的福冈体育馆，球面网壳结构，直径222米，是日本第一个具有可伸缩屋顶的体育场。

我国大跨度建筑是在新中国成立后才迅速发展起来的，20世纪70年代建成的上海体育馆，圆形平面，直径110米，为钢平板网架结构。国内可查资料显示，我国苏州工业园区体育中心体育场，屋盖跨度260米，为钢索及膜材结构。随着奥运场馆的建设，我国钢结构建筑跨度已经达到340米。

大跨度建筑迅速发展的原因，一方面是由于社会发展使建筑功能愈来愈复杂，需要建造高大的建筑空间来满足群众集会、举行大型的文艺体育表演、举办盛大的各种博览会等；另一方面则是新材料、新结构、新技术的出现，促进了大跨度建筑的进步。一是需要，二是可能，两者相辅相成，相互促进，缺一不可。例如在古希腊、古罗马时代就出现了规模宏大的可容纳几万人的大剧场和大角斗场，但当时的材料和结构技术条件却无法建造能覆盖上百米跨度的屋顶结构，结果只能建成露天的大剧场和露天的大角斗场。19世纪后半叶以来，钢结构和钢筋混凝土结构在建筑上的广泛应用，使大跨度建筑有了很快的发展。特别是近几十年来，新品种的钢材和水泥在强度方面有了很大的提高，各种轻质高强材料、新型化学材料、高效能防水材料、高效能绝热材料的出现，为建造各种新型的大跨度结构和各种造型新颖的大跨度建筑创造了更有利的物质技术条件。

大跨度建筑发展的历史相比传统建筑毕竟是短暂的，它们大多为公共建筑，人流集中、占地面积大、结构跨度大，从总体规划、个体设计到构造技术都提出了许多新的研究课题。

（二）大跨度建筑的结构类型

大跨度建筑的结构类型有折板结构、壳体结构、网架结构、悬索结构、充气结构、张力结构（膜结构或索-膜结构）等基本空间结构及各类组合空间结构（图1.23）。

1. 折板屋顶结构

一种由许多块钢筋混凝土板连接成波折形的整体薄壁折板屋顶结构。这种折板也可作为垂直构件的墙体或其他承重构件使用。折板屋顶结构组合形式有单坡和多坡、单跨和多跨、平行折板和复式折板等，能适应不同建筑平面的需要。常用的截面形状有V形和梯形，板厚一般为5～10厘米，最薄的预制预应力板的厚度为3厘米。跨度为6～40米，波折宽度一般不大于12米，现浇折板波折的倾角不大于30°；坡度大时须采用双面模板或喷射法施工。折板可分为有边梁和无边梁两种。无边梁折板由若干等厚度的平板和横隔板组成，V形折板是无边梁折板的一种常见形式。有边梁折板由板、边梁、横隔板等组成，一般为现浇，如

图 1.23　大跨度结构屋顶示意图

(a)、(b)、(c)折板结构；(d)、(e)、(f)、(g)、(h)、(i)、(j)壳体结构；(k)网架结构；

(l)、(m)、(n)悬索结构；(o)篷帐张力结构

1958 年建成的巴黎联合国教科文组织总部大厦会议厅的屋顶，是意大利结构大师 P. L. 奈尔维设计施工的。他按照应力变化的规律，将折板截面由两端向跨中逐渐增大，使大厅屋顶的外形富有韵律感。

2. 壳体屋顶结构

用钢筋混凝土建造的大空间壳体屋顶结构。壳体形式有圆筒形、球形扁壳，劈锥形扁壳和各种单曲、双曲抛物面、扭曲面等形式。美国在 20 世纪 40 年代建造的兰伯特圣路易市航空港候机室，由三组厚 11.5 厘米的现浇钢筋混凝土壳体组成，每组由两个圆柱形曲面壳体正交形成，并切割成八角形平面状，相接处设置采光带。两个圆柱形曲面相交线做成突出于曲面上的交叉拱，既增加了壳体强度，又把荷载传至支座。支座为铰结点，壳体边缘加厚，有加劲肋，向上卷起，使壳体交叉拱的建筑造型简洁别致。

3. 网架屋顶结构

使用比较普遍的一种大跨度屋顶结构。这种结构整体性强、稳定性好、空间刚度大、防震性能好。网构架高度较小，能利用较小杆形构件拼装成大跨度的建筑，有效地利用建筑空间。适合工业化生产的大跨度网架结构，外形可分为平板型网架和壳形网架两类，能适应圆形、方形、多边形等多种平面形状。平板型网架多为双层，壳形网架有单层和双层之分，并有单曲线、双曲线等屋顶形式。

50 年代后期上海同济大学曾建造了装配整体式钢筋混凝土单层联方网架壳形结构建筑，

大厅部分净跨度为 40 米，外跨度 54 米。上海文化广场的改建设计采用钢结构球节点平板型网架，1970 年建成。1976 年建成的美国新奥尔良市体育馆，这座庞大的圆形建筑物平面直径 207.3 米，高 83.2 米，占地面积 21 万平方米。馆内有标准观众席 50500 个，并设有活动看台。足球比赛可容纳观众 76000 多人；棒球比赛可坐 64000 多人；集会使用可坐约 10 万人，是当今世界上最大的钢网架结构建筑。

4. 悬索屋顶结构

由钢索网、边缘构件和下部支承构件三部分组成的大跨度屋顶结构，如 1961 年建成的北京工人体育馆，直径为 94 米。国际上较早的悬索结构是 1953—1954 年建成的美国罗利市的牲畜馆，它是一个双曲马鞍形悬索结构。著名实例还有美籍芬兰裔建筑师埃罗·沙里宁，于 1958—1962 年设计建造的美国华盛顿杜勒斯国际机场候机楼。候机楼宽 45.6 米，长 182.5 米，上下两层，屋顶每隔 3 米有一对直径 2.5 厘米的钢索悬挂在前后两排的柱顶上。在悬索结构上部铺设预制钢筋混凝土板构成屋面，建筑造型轻盈明快。

5. 充气屋顶结构

属于充气建筑的一种，用尼龙薄膜、人造纤维表面敷涂料等作材料，通过充气构筑成的大跨度屋顶结构。这种结构安装、拆装都很方便。适用于临时使用的建筑物，像展览会、博览会、旅游季节的临时商业和饮食供应点、临时仓库等。有时也用于永久性大型建筑物，如体育馆等。

充气建筑，是采用橡胶涂层薄膜材料，通过鼓风机吹胀成型的建筑。充气建筑是一种和传统建筑完全不同的新颖建筑方式，通过空气在建筑内部对薄膜产生压力，使封闭的薄膜袋囊达到要求的造型，从而形成建筑空间。

6. 张力屋顶结构（膜结构或索-膜结构）

是在悬索结构基础上发展起来的一种大跨度屋顶结构。张拉式膜（或索-膜）结构自 20 世纪 80 年代以来，在发达国家获得极大发展，应用也较为广泛。它主要是利用撑杆或撑架、拉索、篷布或薄膜和拉固点，组成各种形状的篷帐张力屋顶。

（三）世界著名大跨度结构建筑

目前可查的世界标志性大跨度结构建筑有：

① 英国伦敦的千年穹，为张力膜结构。穹顶的膜面支撑在 72 根辐射状钢索上，这些钢索通过间距 25 米的斜拉吊索与系索被桅杆所支撑，其直径 320 米，周圈大于 1000 米，屋盖采用圆球形张力膜结构。

② 新加坡国家体育中心，为超薄穹顶建筑，跨度达 310 米。新加坡当地气候多雨，建筑师采用了可以开合的屋顶设计，屋顶由 ETFE 膜结构气枕组成（ETFE 膜材料俗称软玻璃，其成分为乙烯-四氟乙烯共聚物，它是无织物基材的透明膜材料，其延伸率可达 420%～440%。ETFE 膜材料的透光光谱与玻璃相近）。活动的 ETFE 膜结构屋顶可以根据天气情况打开或者关闭。同时，利用 ETFE 膜结构屋顶可以较好地排水，雨水遇到表面光滑凸起的 ETFE 气枕，会沿着设计好的天沟排出。

③ 美国底特律的韦恩县体育馆，于 1979 年建成，圆形平面，直径达 266 米，为钢网壳结构，具有优美的独特造型，简洁，极致超薄。网壳结构的雏形是穹顶结构，是将杆件沿着某个曲面有规律地布置而形成的空间结构体系，其受力特点与薄壳结构类似，以"薄膜"作用为主要受力特征，即大部分荷载由网壳杆件的轴向力承受。一般来说，同等条件下的网壳

比网架更节约钢材。

四、未来城市的设想

联合国网站显示，世界人口在 2022 年 11 月 15 日达到 80 亿。这是人类发展史上的一个里程碑，是人类思考对地球负起共同责任的时刻。联合国网站"日常议题"下"人口"栏目介绍，当前世界人口数量，是 20 世纪中期的三倍多。1950 年全球人口为 25 亿，自 1998 年以来，世界人口增加了 20 亿，自 2010 年以来人口增加了 10 亿；全球人口从 70 亿增长到 80 亿用了约 12 年时间。根据联合国最新预测，从 80 亿到 90 亿大约需要 15 年（2037 年）时间，到 21 世纪 80 年代，全球人口将达到约 104 亿的峰值，并保持这个水平到 2100 年。

人口数量增加，从一个侧面反映了人类文明的进步。与此同时，资源消耗、环境污染、城市化等因素正带来持续生态压力，不断增加的人口挤压着地球上其余生命的生存空间。如果按照联合国的增长预测，未来的人类将居住在什么样的城市里，成为一个令人关注的问题。

未来城市，虽然人们没有直接亲临过，但在作家的科学幻想小说或科学幻想影视中间接光顾过。这是一些光怪陆离的地方，是远离人们今日所居住的城市的地方。在不同的科学幻想作家笔下，未来城市的外观、功能都是不尽相同的。科学家和建筑师憧憬的未来城市则更具现实性。近年来，世界各国规划师提出了各种各样的未来城市设想，如应对土地资源有限的海上城市、海底城市；不破坏生态的空间城市；模拟自然生态的仿生城市。还有超级城市、高塔城市、拱形城市、海洋城市、智慧城市、生态城市、太阳城市、紧凑城市、田园城市、宇宙城市、立体城市、地下城市等，此外，还有人提出群体城市、山上城市、摩天城市、沙漠城市以及分散城市等。

最新信息和科学预测显示，随着科学技术及设计理念的发展，未来新型城市将出现在陆地、海上、空中及地下。其发展趋势基本定格于虚拟城市、生态城市、地下城市、海洋城市等形式，并在一些国家已经付诸实施。

（一）虚拟城市

虚拟城市是综合地运用 GIS（地理信息系统）、遥感、遥测、网络、多媒体及虚拟仿真等技术，对城市内的基础设施、功能机制进行自动采集、动态监测管理和辅助决策的数字化城市。

随着信息技术和网络的高速发展，能够在全球范围内灵活移动的虚拟城市，将可能飞速发展起来。在这种虚拟城市中，一些跟人一样聪明而富有感情的机器人，将为城市的人们提供从工作到生活、从医疗到娱乐的多种有效服务。如同当今方兴未艾的 AI 技术，只要将所需要的知识、信息和功能都输送储存在它的大脑之中，它就会像一个真人那样去开拓、进取，去创造一切。

（二）生态城市

广义的生态城市，是建立在人类对人与自然关系更深刻认识基础上的新的文化观，是按照生态学原则建立起来的社会、经济、自然协调发展的新型社会关系，是有效利用环境资源实现可持续发展的新的生产和生活方式。狭义地讲，就是按照生态学原理进行城市设计，建立高效、和谐、健康、可持续发展的人类聚居环境。

生态城市，这一概念是在 20 世纪 70 年代联合国教科文组织发起的"人与生物圈

（MAB）"计划研究过程中提出的，一经出现，立刻就受到全球的广泛关注。关于生态城市概念众说纷纭，至今还没有公认的确切定义。苏联生态学家杨尼斯基认为生态城市是一种理想城模式，其中技术与自然充分融合，人的创造力和生产力得到最大限度的发挥，而居民的身心健康和环境质量得到最大限度保护。

美国生态学家理查德·瑞杰斯特提出，生态城市追求人类和自然的健康与活力。他认为生态城市是生态健康的城市，是紧凑、充满活力、节能并与自然和谐共居的聚居地。

欧盟提出了可持续发展人类居住区十项关键原则，认为生态城市是一个经济发展、社会进步、生态保护三者高度和谐，技术与自然达到充分融合，城乡环境清洁、优美、舒适，从而能更大限度地发挥人的创造性、生产性并有利于人们生存的城市。

中国学者认为，生态城市是根据生态学原理综合研究城市生态系统中人与"住所"的关系，并应用科学技术手段，协调现代城市经济发展与生物的关系，保护与合理利用一切自然资源与能源，使人、自然、环境融为一体，互惠共生。

将大自然全面引进城市，使城市像生命体那样生存。这种"生态城市"已经率先成为发达国家城市的发展主流。生态城市中的建筑物，几乎融入了所有现代的生态理念。其住宅的每个房间都阳光明媚，既不需要取暖的炉子，也不需要空调。热水可以通过太阳能热水器获取。另外，这些建筑物还力求冬暖夏凉，其中的一切能源都不依靠外界供给。建筑物无须传统的供电站送电，其电源来自可储存太阳能的阻挡层光电池。这种电池把获取的太阳能转化为电，并将其储藏在电池里。当冰箱、烘干机、洗衣机、洗碗机、电吹风等家用电器需要供电时，阻挡层光电池就把电输送给这些家用电器等。

（三）仿生城市

这是一种模仿植物结构和功能的新概念城市。意大利籍美国规划建筑师保罗·索拉里于20世纪60年代起以植物生态形象作为城市规划结构的模型，取名仿生城市，这是一种城市集中主义理论。

仿生城市，构想中未来新兴城市的发展形式之一。人们把城市的商业区、无害工业区、公园绿化、街道广场等组成要素，层层叠叠地密集置于一个巨型结构体中，空气和阳光通过调节器送入"主干"部分，而居住区置于悬挑出来的"支干"和"叶片"上，可以接触自然空气和阳光。

最初仿生城市案例，是保罗·索拉里在美国亚利桑那州凤凰城于1970年开始兴建的阿科桑蒂。仿生建筑更是在世界各地有大量杰出案例，如美国、英国、荷兰、瑞典、法国、澳大利亚、日本、新加坡等。

（四）海底城市

把城市建在海底，可以不占用海面和地面，并且便于开发海底资源。这种城市包括许多圆柱体，中部设学校和办公室，上部设医院和住宅，高级住宅设在圆柱体突出海面处，能享受到阳光和新鲜空气。突出海面的部分有供直升机起降和船舶停靠的平台。当特别巨大的风暴和海啸来临时，为躲避风浪，露出海面的上层部分可以通过特殊的升降装置降落到海面以下。整个城市的用水从海中获得，能源可以利用海水表层和深层的温差进行发电来获得。通过模仿鱼类呼吸的"人工鳃"技术，人们可以方便地在浅海区游泳和嬉戏，没有溺水之忧。另外有人设想，把城市设计成可以同海底基座脱离的形式，当有海底地震和海底火山爆发的预报时，城市与海底的基座脱离，充气上浮到海面，并迁移到安全海域，降落到预先准备好的备用海底基座上。

（五）地下城市

日本有公司正在设计兴建地下城市。未来世界的地下城市具有几个主要优越性，可解决城市中缺乏可用地的问题。这种城市不太会受到地震之灾的影响。由于地震时地表以下比地表以上更为稳固，因此，这种新型地下城市比地上城市更安全。几近不变的地下自然温度使得地下城市能够保存更多的有效能源，因此地下城市结构将有助于缓解一个国家依靠外来能源供应的状况。地下城市的一部分将配有透明的圆屋顶，可以使居民随时观赏天空和星星。地下城市的地理结构，其实是一个由隧道连通的巨大的地下城市空间网。每个网络站——由商店区、旅馆和办公区组成——都同几个商店和游乐场的网点连接起来。网络站之间也通过隧道连接起来。地下城市的建筑群至少可供 50 万人居住。

（六）摩天城市

摩天城市实际就是摩天大楼，只不过里面各种设施配套齐全。美国正在筹建高 1500 米，528 层的建筑物，它可容纳一个中等城市的居民在上面居住。摩天城市的出现将极大提高土地的利用率，解决土地价格暴涨、住房紧张等问题。

（七）太空城市

美国、日本等国都在设想在不久的将来建成太空城市。在环绕地球或其他行星的轨道上可以建立巨大的空间站作为太空城市。利用太空城市的自转可以产生人工重力，消除失重感觉。国外设想的一种太空城市直径为 6～7 公里，长度 30 公里，呈圆筒状，利用太阳能实现能源的自给自足。太空城市有自己的太空港和对接舱，便于货运飞船的往来。由于有发达的通信和交通运输手段，未来相距遥远的太空城市也可以进行贸易，并互相派遣留学生。

专家们认为，未来的太空城市可以建造成 260 平方公里的城池，其外壳用高度抗大气压力的金属板制成。有类似人类在地球生活的一切条件及必需的物质文明。在太空城市里，不仅空气、水、重力、气候和土地、山林等都能做到如同地球一样，而且交通、通信方面优于地球城市。人类将依靠太阳光为能源，有独立的工业体系，其原料则取之于月球或其他星球。

（八）海上城市

地球上四分之三的面积是海洋，建设海上城市是解决人类居住问题的重要途径，科学家们构想的"海上城市"种类较多。如将城市设计成一种锥形的四面体，高 20 层左右，漂浮在浅海和港湾，用桥同陆地相连。这种海上城市实际是特殊的人工岛，建筑师设想把机械和动力装置安置在底层，将商业中心和公共设施设置在四面体内部，上层的临海部位是居住区，运动场设置在甲板上，一些无害的轻工业厂房也可以设置在上面。较有影响的"海上城市"实例与设计案例：

① 日本神户人工岛，1966 年至 1981 年共耗资 5300 亿日元，建造的一个 4.36 平方公里的人工岛。曾是世界最大的人造海上城市，享有"21 世纪的海上城市"之称。神户人工岛位于日本兵库县神户市的海面上，岛上居民为 2 万人。岛上各种设施齐全，有国际饭店、旅馆、商店、博物馆、岛内游泳场、医院、学校及 3 个公园，还有休闲娱乐场和 6000 套住宅。

② 荷兰马斯博默尔住宅，Factor 事务所在马斯博默尔设计的房屋，既不是船屋也不

是单纯的漂浮屋，而是由 40 栋 3 层可以漂浮在水面上的"两栖房屋"组成的住宅区。马斯博默尔住宅平时拴在地面，但发生洪灾时能够随着水位变化上升与下降，此做法可以使住宅适应水位，而不是试图与其抗衡。一旦发生洪水房屋会随着水位而上升，当河水泛滥时，房屋能漂浮起 5.5 米高，两条与邻居房屋连接的水平停泊柱可以保证其安全。等河水退去后，房屋又漂浮回去。这是一种新型实验性两栖房屋，适用于被洪水困扰的地区。

③ 美国打造的海上浮动城市——"自由之船"。源于丹麦建筑师朱利安·德施默得提出的"美人鱼"的项目，取名为"自由号海上漂浮城市"。像漂浮在海面上的人工岛，船长度 1400 米，船体高度相当于 37 层楼。船上有多达 1.8 万套"海景房"，顶端是大型机场跑道，可起降多架飞机。自由号一直漂浮在海上，有 2 万名水手为整座城市服务。可供 6 万人居住，学校、医院、公园、机场等设施配套齐全。每天可接待游客 3 万人，1 万名客人可在船上过夜（图 1.24）。

图 1.24　美国打造海上浮动城市——"自由之船"

④ 日本可供 75 万人居住的金字塔形海上城市。为了解决未来人口居住问题，斯坦福大学的意大利建筑师丹特·比尼打算在日本东京海湾建一座"超级金字塔"，正式名称为"清水 TRY2004 大都市金字塔"。从设计图看，这座"超级金字塔"总共为 8 层，1～4 层商住两用，5～8 层设有娱乐和公共设施，每层高度为 250.5 米，合计高度为 2004 米。总占地面积约 8 平方公里，可容纳 75 万人同时居住。"超级金字塔"还是一座可以自给自足的人工智能型生态城，绝对环保，人们住在里面，与住在地面上的公寓毫无区别。但目前仍处于构想阶段。

⑤ 比利时建筑师文森特卡勒设计的"睡莲之家"。是一个人工岛屿，也是一个为遭受全球变暖威胁的难民所提供的海上漂流城市群。建筑师将城市建成睡莲形状，并将其定位为"浮动生态城市"。它的最大特点是能够自给自足、永不沉没、任意漂流，每个"睡莲之家"可容纳大约 5 万人正常生活居住。

"睡莲之家"也是一个两栖城市，由三个码头和三座"人造山"组成，这三大山体分别为生态区、水产养殖区以及生物走廊区，而人类的居住场所就镶嵌在这些山体部分中。生态区主要是种植地球上普通的花草树木，进行最基本的生态复原，对土壤进行培育和改良。水产养殖区则养殖一些淡海水鱼，相当于陆地上的人工湖。生物走廊区相当于一个大型的主题自然公园，养殖一些对生态平衡起到关键作用的动物，比如牲畜、鸟类和部分大型陆地哺乳动物和爬行类动物，创造一个人与自然和谐共存的环境（图 1.25）。

图 1.25　比利时建筑师设计的"睡莲之家"

第二章

建筑结构与构造

一、基本概念与研究内容

（一）建筑结构

结构是指各种工程实体的承重骨架。应用在工程中的结构称为工程结构，例如桥梁、堤坝、房屋结构等。若仅限于房屋建筑中采用的工程结构称为建筑结构。建筑结构是构成建筑物并为使用功能提供空间环境的支承体，承担着建筑物在重力、风力、撞击、振动等作用下所产生的各种荷载。同时建筑结构又是影响建筑构造、建筑经济和建筑整体造型的基本因素。

建筑结构研究的内容有：建筑物的结构体系和构造形式的选择；影响建筑刚度、强度、稳定性和耐久性的因素；结构与各组成部分的构造关系等。建筑结构体系的类型比较复杂，根据所用材料与施工技术不同，传统结构体系有：金属结构、混凝土结构、钢筋混凝土结构，还有木结构、骨架结构、砌体结构和组合结构等；现代工业化施工的结构体系建筑，有装配式和工具式模板建筑结构；特种结构体系有：筒体结构、悬挂结构、薄膜和大跨度结构等。

房屋结构除满足工程要求的性能外，还要在使用期内安全、适用、经济、耐久地承受内外荷载作用。

（二）建筑构造

建筑构造是研究建筑物从构造方案、构配件组成到节点细部构造的综合性技术学科。

建筑构造的研究内容就是根据建筑的使用功能、材料性能、受力情况、施工工艺和建筑艺术等要求，选择合理的构造方案，设计实用、坚固、经济、美观的构配件，并将它们结合为建筑整体。

民用建筑的基本构造组成通常包括：基础、墙与柱、楼层与地层、楼梯、屋顶、门窗等。这些组成部分被称为建筑构件或建筑配件。建筑构件指与结构设计相关的基础、梁、柱、板、屋顶等，使用字母"G"来表示；建筑配件指与建筑设计相关的门窗、电气设备、管线等，使用字母"J"来表示。

二、建筑构成的基本要素

无论建筑物还是构筑物。都是由三个基本的要素构成的，即建筑功能、建筑技术（建筑物质技术条件）和建筑形象（建筑艺术）。

（一）建筑功能

建筑功能是指建筑物在物质和精神方面必须满足的使用要求。

建筑是供人们生活、学习、工作的场所。人们建造房屋有着明确的使用要求，这种满足人们对各类建筑不同使用要求的能力，即为建筑功能。各类房屋的建筑功能不是一成不变的，随着社会的发展和物质文化生活水平的不断提高，建筑功能也日益复杂化、多样化。

建筑功能包括：

① 人体活动尺度要求；

② 人的生理活动、社会活动、精神生活等方面的要求；

③ 使用过程和特点要求。

建筑不仅要满足各种使用功能要求，还要为人们创造一个舒适卫生的环境，满足人们生理要求等。因此建筑应具有良好的朝向，以及保温、隔热、隔声、采光、通风等性能。

（二）建筑物质技术条件

建筑的物质技术条件是实现建筑功能的物质基础和技术手段。物质基础包括建筑材料与制品、建筑设备和施工机具等；技术条件包括建筑设计理论、工程计算理论、建筑施工技术和管理理论等。其中建筑材料和结构是构成建筑空间环境的骨架，建筑设备是保证建筑达到某种要求的技术条件。而建筑施工技术则是实现建筑生产的过程和方法。

建筑功能的实施离不开建筑技术条件。包括建筑结构技术、建筑材料与建材制品技术、施工技术和设备技术等。

建筑物质技术条件包括：土地、建筑材料、建筑结构、施工技术、建筑设备。

（三）建筑形象

建筑形象是建筑体型、立面式样、建筑色彩、材料质感、细部装饰等的综合反映，即是功能与技术的综合反映。好的建筑形象具有一定的感染力，给人以精神上的满足和享受，例如雄伟庄严、朴素大方、简洁明快、生动活泼、绚丽多姿等。建筑形象并不单纯是一个美观的问题，它还应该反映时代的生产力水平、文化生活水平和社会精神面貌，反映民族特点和地方特征等。

建筑形象主要体现在如下方面：空间组合、建筑造型、细部处理。

建筑三个基本构成要素中，建筑功能是主导因素，它对物质技术条件和建筑形象起决定作用；物质技术条件是实现建筑功能的手段，它对建筑功能起制约或促进作用；建筑形象则是建筑功能、技术和艺术内容的综合表现，在优秀的建筑作品中，这三者是辩证统一的。

三、影响建筑构造的因素与设计原则

（一）影响建筑构造的因素

1. 外界环境

外界环境的影响是指自然界和人对建筑构造的影响，可概括为如下三个方面：外界作用力的影响、气候条件的影响和人为因素的影响。

外界作用力包括人、家具和设备的重量、结构自重、风力、地震力及雪重等。这些通称为荷载。荷载在选择结构类型和构造方案以及进行细部构造设计时是非常重要的依据。

气候条件包括日晒雨淋、风雪冰冻、地下水等。对于这些影响，在构造上必须考虑相应的防护措施，如防水、防潮、防寒、隔热、防变形等。

人为因素包括火灾、机械振动、噪声等。在建筑构造上需采取防火、防振、隔声等相应措施。

2. 建筑技术条件

建筑技术条件是指建筑材料技术、结构技术和施工技术等。随着这些技术的不断发展和变化，建筑构造技术也在相应地发生着变化。例如，砖混结构构造不可能与木结构构造相同。同样，钢筋混凝土结构构造也不能和其他结构构造一样。所以，建筑构造做法不能脱离一定的建筑技术条件而存在。

3. 建筑标准

建筑标准所包含的内容较多，与建筑构造关系密切的主要有建筑造价标准、建筑装修标准和建筑设备标准。标准高的建筑，其装修质量好，设备齐全且档次高，自然建筑的造价也较高；反之则较低。建筑构造的选材、选型和细部做法应根据建筑标准的高低来确定。大量民用建筑属于一般标准的建筑，构造方法往往也是常规的做法；而大型公共建筑，标准则要求高些，构造做法也更复杂一些。

（二）建筑构造的设计原则

"适用、经济、绿色、美观"是中国建筑设计的总方针，在构造设计中必须遵守。在建筑构造设计中，设计者要全面考虑影响建筑构造的各个因素。对交织在一起的错综复杂的矛盾，要分清主次，权衡利弊而求得妥善处理。通常设计应遵循"坚固适用、技术先进、经济合理、生态环保与美观大方"的原则。

1. 坚固适用

在构造方案上，首先应考虑房屋的整体刚度，保证安全可靠，经久耐用。即在满足功能要求、考虑材料供应和结构类型以及施工技术条件的情况下，合理地确定构造方案，在构造上保证房屋构件之间连接可靠，使房屋整体刚度强、结构安全稳定。

2. 技术先进

在建筑构造设计中，应该从材料、结构、施工三个方面引入先进技术，但同时必须注意因地制宜，不能脱离实际。即在进行构造设计时，结合当地当时的实际条件，积极推广先进的结构和施工技术，选择各种高效能的建筑材料。

3. 经济合理

在建筑构造设计时，处处都应考虑经济合理。即在材料选用和构造处理上，要因地制宜，就地取材，注意节约钢材、水泥、木材这三大材料，并在保证质量的前提下尽可能降低造价。

4. 生态环保

建筑构造设计是初步设计的继续和深入，必须通过技术手段来控制污染、保护环境，从而设计出既坚固适用、技术先进，又经济合理；既美观大方，又有利于环境保护的新型建筑。

5. 美观大方

建筑构造设计不仅要创造出坚固适用的室内外空间环境，还要考虑人们对建筑物美观方面的要求，即在处理建筑的细部构造时，要做到坚固适用、美观大方，丰富建筑的艺术效果，让建筑给人以良好的精神享受。

四、建筑模数

建筑工业化是指用现代工业的生产方式来建造房屋。其内容包括四个方面：建筑设计标准化、构件生产工厂化、施工机械化和管理科学化。为推进房屋建筑工业化，保证建筑设计标准化和构件生产工厂化，实现建筑或部件的尺寸和安装位置的模数协调，我国制定了《建筑模数协调标准》，作为建筑设计的依据。目前最新标准为中华人民共和国住房和城乡建设部颁布的《建筑模数协调标准》（GB/T 50002—2013），于2014年3月1日实施至今。

建筑模数是选定的标准尺度单位，作为建筑物、建筑构配件、建筑制品及有关设备尺寸相互协调的基础。

模数数列指由基本模数、扩大模数、分模数为基础扩展成的一系列尺寸。其中基本模数是模数协调中的基本尺寸单位，用M来表示；扩大模数是基本模数的整数倍数；分模数是基本模数的分数值，一般为整数分数。

① 基本模数：1M＝100mm。
② 扩大模数：3M，6M，12M，15M，30M，60M。
③ 分模数：1/2M，1/5M，1/10M。

■■■■ 第二节　建筑结构 ■■■■

一、建筑结构形式

建筑结构形式又称建筑结构体系，是指组成建筑实体（包括基础）的承重骨架体系。建筑结构形式有多种类型和不同的分类方法，如按照结构的空间形态分为单层、多层、高层和大跨度结构；按照承重结构传力体系分为水平分体系和竖向分体系等。建筑结构最常见的分类方法，是按建筑物主要承重构件所用的材料分类，以及按承重结构体系分类。

（一）按照建筑物主要承重构件所使用的材料分类

建筑物主要承重构件所用材料，一般有木、砖、石、钢、混凝土和钢筋混凝土等。

木结构：主要承重构件所使用的材料为木材，多见于单层建筑；

混合结构：墙体承重材料为砖石，楼板、屋顶、梁、柱为钢筋混凝土，主要应用于单层或多层建筑；

钢筋混凝土结构：主要承重构件所使用的材料为钢筋混凝土，包括薄壳结构、大模板现浇结构及使用滑模、升板等工艺建造的钢筋混凝土结构的建筑物，多见于多层、高层、超高层建筑；

钢与混凝土组合结构：主要承重构件材料为钢材和混凝土，主要应用于超高层建筑；

钢结构：主要承重构件所使用的材料为各种型钢，包括悬索结构，主要应用于重型厂房、受动力作用的厂房、可移动或可拆卸的建筑、超高层建筑或高耸建筑。

（二）按承重结构体系分类

平面结构：包括门式刚架、薄腹梁结构、桁架结构、拱结构等。

空间结构：包括壳体结构、悬索结构、网架结构等。

（三）按墙体类别划分

框架结构：指以钢筋混凝土作为承重梁、柱、板，使用预制的加气混凝土、膨胀珍珠岩、浮石、蛭石、陶粒等轻质板材作隔墙，起围护和分隔作用。框架结构的特点是能为建筑提供灵活的使用空间，整体性较好，适合大规模工业化施工。主要应用于厂房或20层以下多、高层建筑。

全剪力墙结构：指由竖向的钢筋混凝土墙体、水平方向的钢筋混凝土楼板构成的承重体系。剪力墙是利用建筑外墙和内墙隔墙位置布置的钢筋混凝土结构墙，为下端固定在基础顶面上的竖向悬臂板。竖向荷载在墙体内主要产生向下的压力，侧向力在墙体中产生水平剪力和弯矩，因为这类墙体具有较大的承受水平力（水平剪力）的能力，故被称为剪力墙。剪力墙的高度一般与整个房屋高度相同，自基础至屋顶。剪力墙结构是一种高强度结构体系，常用于高层、超高层建筑。

框架-剪力墙结构：也称为框剪结构，是框架和剪力墙两种结构的结合。吸取了框架和剪力墙的长处，既能为建筑平面布置提供较大的空间，又具有良好的抗侧力性能。框剪结构中的剪力墙可以单独设置，也可以利用电梯井、楼梯间、管道井等墙体设置。这种结构已被广泛地应用于各类房屋建筑，多见于较高层建筑。

筒体结构：是由实腹或空腹剪力墙封闭起来的一个或几个筒体，作为承受水平和竖向荷载的高层或超高层建筑结构。按筒体布置形式和数目的不同，可将筒体结构划分为单筒、筒中筒和组合筒。筒体结构可以增加建筑物层数、建筑物高度和提高抗震设防要求。

无梁楼盖结构：这种结构是指楼盖平板（或双向密肋板）直接支承在柱子上，而不设主梁和次梁，楼面荷载直接通过柱子传至墙柱与基础。采用无梁楼盖技术施工的楼层，全层楼盖因无梁障目而一望到边，分隔楼层空间相当灵活。有研究显示，无梁楼盖结构可使建筑物自重大幅减轻，混凝土用量比普通混凝土平板减少40%，比预应力平板减少12%。无梁楼盖结构多用于大空间、大柱网的多层建筑。

二、建筑荷载与结构内力

（一）建筑荷载

建筑荷载通常是指直接作用在建筑结构上的各种力，也称为直接作用荷载。还有一类可以引起结构受力变形的因素，如地基不均匀沉降、温度变化、混凝土收缩、地震等，由于它们不是以力的形式直接作用在结构上，所以称为间接作用荷载。由荷载作用而引起的结构内力和变形，称为荷载效应或作用效应。

建筑荷载分类比较复杂，按照《建筑结构荷载规范》（GB 50009—2012）的荷载分类，结构上的荷载可归纳为三类：

（1）永久荷载　在结构使用期间，其值不随时间变化，或其变化与平均值相比可以忽略不计，或其变化是单调的并能趋于限值的荷载。例如结构自重、土压力、预应力、混凝土收缩、基础沉降、焊接变形等。

（2）可变荷载　在结构使用期间，其值随时间变化，且其变化与平均值相比不可以忽略不计的荷载。如安装荷载、屋面与楼面活荷载、雪荷载、风荷载、雨荷载、吊车荷载、积灰荷载和自然灾害荷载等。

（3）偶然荷载　在结构使用期间不一定出现，一旦出现，其值很大且持续时间很短的荷载。例如爆炸力、撞击力、雪崩、严重腐蚀、地震、台风等。

建筑物、构筑物上的常见荷载还可以划分为恒荷载、活荷载、动荷载、地震荷载等。

（1）恒荷载　即永久荷载。

（2）活荷载　即可变荷载。

（3）动荷载　指使结构或结构构件产生不可忽略的加速度的荷载。如机器设备振动、高空坠物冲击作用等。

（4）地震荷载　地震荷载是偶然荷载的一种。

除上述常见荷载划分外，荷载按照作用方向还分为垂直荷载：如结构自重、雪荷载等；水平荷载：如风荷载、水平地震作用等。

建筑结构设计应根据使用过程中在结构上可能同时出现的荷载，按承载能力极限状态和正常使用极限状态分别进行荷载组合，并应取各自的最不利的组合进行设计。

（二）结构内力

结构内力有许多种，常见的有：

1. 温差引起的内力

建筑物因昼夜温差和季节性温差，每时每刻都在改变着形状与尺寸，当这种改变受到约束时，就会产生内力。如：一根不受约束的 20 米钢梁，在冬季 0℃时安装，到夏季 35℃时会伸长 8.4 毫米。受到约束就会产生压应力。

2. 地基不均匀沉降引起的内力

地基不均匀沉降将在建筑上部结构内产生附加内力、变形和裂缝，地基不均匀沉降是导致建筑工程事故的主要原因之一。由地基不均匀沉降引起的裂缝是多种多样的，这些裂缝随时间而变化，裂缝宽度可以有几厘米至几十厘米。

3. 地震引起的内力

地震所引起的地面振动是一种复杂的运动，它是纵波和横波共同作用的结果。在震中区，纵波使地面上下颠动，横波使地面水平晃动。由于纵波传播速度较快，衰减也较快，横波传播速度较慢，衰减也较慢，因此离震中较远的地方，往往感觉不到上下颠动，但能感到水平晃动。

地震的横波和纵波都会给建筑结构带来内力、变形和位移，从而造成建筑物破坏。建筑结构由地震引起的振动，可以用结构动力学来进行分析。

三、建筑结构的基本要求

（一）平衡

平衡的基本要求就是要保证建筑物或者建筑物的任何一部分都不发生运动。但有些运动是不可避免的，因此这一要求不能绝对化。通常建筑物的允许位移与其外形尺寸相比非常小，建筑物看起来总是静止和无变形的。

（二）强度

强度是指建筑构件和建筑材料的在外力作用下，抵抗变形和破坏的能力。根据外力的作用方式，有多种强度指标，如抗拉强度、抗弯强度、抗剪强度等。如当构件或材料承受轴向力时，强度性能指标主要是抗压强度和抗拉强度。

（三）刚度

指在外力作用下建筑物的材料、构件或结构抵抗变形的能力。材料的刚度由使其产生单位变形所需的外力值来度量，结构的刚度除取决于组成材料的刚度外，还与其几何形状、边界条件等因素以及外力的作用形式有关。分析材料和结构的刚度是工程设计中的一项重要工作。许多结构要通过控制刚度以防止发生振动、颤振或失稳。

（四）稳定

指建筑物抵抗倾斜倒塌、滑移和抗颠覆的能力。在进行结构设计时，需要对结构稳定性加以控制，避免建筑在地震时发生倾覆。当高层、超高层建筑高宽比较大，水平风、地震作用较大，地基刚度较弱时，结构整体抗倾覆验算很重要，它直接关系到结构安全度的控制。

（五）耐久性

结构在规定的使用年限内，在各种环境条件作用下，不需要额外的费用加固处理而保持其安全性、正常使用性和可接受的外观的能力。如结构在长期腐蚀和受力等状态下，其结构不出现破坏，仍然安全而且可以正常使用。

四、建筑结构的安全等级

（一）耐火等级

耐火等级与材料的燃烧性能和耐火极限有关。

1. 建筑材料的燃烧性能

建筑材料的燃烧性能是指其燃烧或遇火时所发生的一切物理和化学变化，这项性能由材料表面的着火性和火焰传播性、发热、发烟、炭化、失重，以及毒性生成物的产生等特性来衡量。我国《建筑材料及制品燃烧性能分级》（GB 8624—2012）将建筑材料的燃烧性能分为以下几个等级。

A 级：不燃性建筑材料，又分为 A_1 和 A_2 级；

B_1 级：难燃性建筑材料；

B_2 级：可燃性建筑材料；

B_3 级：易燃性建筑材料。

2. 建筑构件的燃烧性能

建筑物是由建筑构件组成的，诸如基础、墙壁、柱、梁、板、屋顶、楼梯等。建筑构件是由建筑材料构成的，其燃烧性能取决于所使用建筑材料的燃烧性能，我国将建筑构件的燃烧性能分为三类：

不燃烧体（非燃烧体）：由金属、砖、石、混凝土等不燃性材料制成的构件，称为不燃烧体（原称非燃烧体）。这种构件在空气中遇明火或高温作用下不起火、不微燃、不炭化。如砖墙、钢屋架、钢筋混凝土梁等构件都属于非燃烧体，常被用作承重构件。

难燃烧体：用难燃性材料制成的构件，或用可燃材料制成而用不燃性材料作保护层制成的构件。其在空气中遇明火或在高温作用下难起火、难微燃、难炭化，且当火源移开后燃烧和微燃立即停止。

燃烧体：用可燃性材料制成的构件。这种构件在空气中遇明火或在高温作用下会立即起火或发生微燃，而且当火源移开后，仍继续保持燃烧或微燃。如木柱、木屋架、木梁、木楼梯、木搁栅、纤维板吊顶等构件都属燃烧体构件。

3. 建筑构件的耐火极限

划分建筑物耐火等级的方法，是根据构件的耐火极限确定的，即从构件受到火的作用，到失掉支持能力或者发生穿透缝，或背火一面温度达到 220℃ 为止这段时间，以小时表示。

根据我国《建筑设计防火规范（2018 年版）》（GB 50016—2014）规定，建筑物耐火等级分为四级：

一级：耐火极限 1.50h，钢筋混凝土结构或砖墙与钢混凝土结构组成的混合结构；

二级：耐火极限 1.00h，钢结构屋架、钢筋混凝土柱或砖墙组成的混合结构；

三级：耐火极限 0.50h，木屋顶和砖墙组成的砖木结构；

四级：耐火极限 0.25h，木屋顶、难燃烧体墙壁组成的可燃结构。

（二）耐久等级

《民用建筑设计统一标准》（GB 50352—2019），耐久等级按照建筑物的使用性质及耐久年限分为四级。

一级：耐久年限为 100 年以上。通常用于具有历史性、纪念性、代表性的重要建筑物，如纪念馆、博物馆、国家会堂等。

二级：耐久年限为 50～100 年。适用于重要的公共建筑，如一级行政机关办公楼、大城市火车站、国际宾馆、大体育馆、大剧院等。

三级：耐久年限 25～50 年。适用于比较重要的公共建筑和居住建筑，如医院、高等院校以及主要工业厂房等。

四级：耐久年限在 15 年以下。适用于简易建筑和使用年限在 5 年以下的临时建筑。

依据建筑物的耐久年限划分等级，要求在设计和建造时，对基础主体结构（墙、柱、梁、板、屋架）、屋面构造、围护结构（包括外墙、门、窗、屋顶等），以及防水、防腐、抗冻性所用的建筑材料或所采用的防护措施，应与要求的耐久性年限相适应，并在建筑物正常使用期间，定期检查和采取防护维修措施，以确保其耐久性年限的要求。

五、建筑结构的失效

（一）作用效应

作用效应是指因各种荷载使房屋结构的构件受拉、受压、受弯、受剪和受扭等，以及房屋结构因承受各种作用力，而使房屋结构构件产生拉伸、压缩、弯曲、剪切和扭转等变形。

（二）抗力

抗力指结构的抵抗能力。即由材料、截面及其连接方式，所构成的抗拉、压、剪、弯、扭的能力，以及结构所能经受的变形、位移或沉陷等承载能力和抗变形能力。

（三）失效

失效是指结构的各种破坏现象。房屋的失效，意味着结构或者结构构件不能满足各种功能要求。结构的失效有下面几种现象。

① 破坏：拉断、压碎等。

② 失稳：弯曲、扭曲等。

③ 变形：挠度、裂缝、侧移、倾斜过大、晃动等。

④ 倾覆：指结构全部或部分失去平衡而倾倒。

⑤ 丧失耐久性：生锈、受腐蚀、冻融、虫蛀等。

六、建筑节能与建筑防护

（一）建筑节能概念

建筑节能是指在满足居住舒适性要求的前提下，在建筑设计、施工、使用和管理等各个环节中，采用各种技术手段和管理措施，减少能源消耗、降低建筑能耗、提高建筑能源利用效率。如在建筑中使用隔热保温的新型墙体材料和高能效比的采暖空调设备，达到节约能源、减少能耗、提高能源利用效率的目的。

（二）建筑节能的内容

我国建筑耗能已与工业耗能、交通耗能并列，成为能源消耗的三大"耗能大户"。尤其是建筑耗能伴随着建筑总量的不断攀升和居住舒适度的提升，呈急剧上扬趋势。

1. 建筑能耗的范围

建筑能耗有两种界定方法，广义建筑能耗是指从建筑材料制造、建筑施工，一直到建筑使用的全过程能耗。狭义的建筑能耗，即建筑的运行能耗，就是人们日常用能，如采暖、空调、照明、炊事、洗衣等的能耗，是建筑能耗中的主导部分。随着经济收入的增长和生活质量的提高，建筑消费的重点将从"硬件"（装修和耐用的消费品）消费转向"软件"（功能和环境品质）消费，因此保障室内生活品质所需的能耗（空调、通风、采暖、热水供应）在随之上升。

概括来说，建筑的能耗包括建造能耗、生活能耗等。

2. 建筑得热与失热的途径

建筑物的总失热包括围护结构的传热耗热量（约占 70%～80%）和通过门窗缝隙的空气渗透耗热量（约占 20%～30%）。当建筑物的总得热和总失热达到平衡时，室温得以保持。

对于建筑物来说，节能的主要途径是：①减少建筑物外表面积和加强围护结构保温，以减少传热耗热量；②提高门窗的气密性，以减少空气渗透耗热量。

由此可以在减少建筑物总失热量的前提下，尽量利用太阳辐射得热和建筑物内部得热，最终达到节约采暖设备供热量的目的。

3. 建筑节能的技术途径

影响建筑物耗热量指标的几个主要因素：

① 体形系数：在建筑物各部分围护结构传热系数和窗墙面积比不变条件下，热量指标随体形系数呈直线上升。低层和小单元住宅对节能不利。

② 围护结构的传热系数：在建筑物轮廓尺寸和窗墙面积比不变条件下，耗热量指标随围护结构的传热系数的降低而降低。采用高效保温墙体、屋顶和门窗等，节能效果显著。

③ 窗墙面积比：在寒冷地区采用单层窗、严寒地区采用双层窗或双玻窗条件下，加大窗墙面积比，对节能不利。

④ 楼梯间开敞与否：多层住宅采用开敞式楼梯间比有门窗的楼梯间，其耗能指标约上升 10%～20%。

⑤ 换气次数：提高门窗的气密性，换气次数由 0.8L/h 降至 0.5L/h，耗热量指标降低 10% 左右。

⑥ 朝向：多层住宅东西向的比南北向的，其耗热量指标约增加 5.5%。

⑦ 高层住宅：层数在 10 层以上时，耗热量指标趋于稳定。高层住宅中，带北向封闭式

交通廊的板式住宅，其耗能量指标比多层板式住宅约低 6%。在建筑面积相近条件下，高层塔式住宅的耗热量指标比高层板式住宅约高 10%～14%，体形复杂、凹凸面过多的塔式住宅，对节能不利。

⑧ 建筑物入口处：设置门斗或采取其他避风措施，有利于节能。

（三）我国建筑节能的现状

建筑能耗主要分为六类：耗电量、耗水量、耗气量、集中供热耗热量、集中供冷耗冷量和其他能源应用量。在建筑材料生产、房屋建筑和构筑物施工及使用过程中，都会产生建筑能耗，包括采暖、空调、热水供应、炊事、照明、家用电器等方面的能耗。与发达国家相比，中国当下的建筑产品仍然相对处于能耗大、能效低、污染重的状态。

相关统计及研究资料显示，在所有产业中，房地产业的资源消耗量高居第一位。在美国等发达国家的社会资源消耗中，房地产要消耗 17% 的淡水、25% 的伐木量、40% 的能源、40% 的土地，并产生 30% 的二氧化碳和 30% 的不良建筑。由于环保、节约、节能意识相对落后，我国建筑业的资源消耗更为巨大，其建筑能耗占全国能源消耗量的 30%。而这 30% 还仅是建筑物在建造和使用过程中消耗的能源比例，如果再加上建材生产过程中消耗掉的能源（占全社会总能耗的 16.7%），与建筑相关能耗将占到社会总能耗的 46.7%。

在我国一些经济发达地区，随着人们环境意识的增强，住宅小区的环境质量也越来越受到重视，建造了一些以绿色、生态、健康为理念的小区。但这些小区只停留在小区绿化美化的层面，尚需进一步深入发展。根据有关部门统计，我国每年新建房屋约 20 亿平方米中，95% 是高能耗建筑；而现有的 604 亿平方米（依据统计局 2020 年普查抽查数据）住宅建筑中，只有 4% 采取了能源效率措施，单位建筑面积采暖能耗为发达国家新建建筑的 3 倍以上。

从房屋建设中的资源消耗看，我国房屋建设用钢量、水泥用量及土地占用等，均比发达国家消耗更多。从住宅使用过程中的资源消耗看，我国住宅使用能耗为相同技术条件下发达国家的 2～3 倍。从水资源消耗来看，我国卫生洁具耗水量比发达国家高出 30% 以上。

（四）发达国家建筑节能现状

发达国家很早就开展了建筑节能研究和推广工作，已在建筑节能领域远远走在前面。各国制定了许多节能法规政策，主要有几个方面：建立完善的建筑节能管理体系；注重建筑节能立法；采取经济政策鼓励建筑节能；强化节能与开发并举的科学研究等。

如丹麦为了节约住宅小区用电，政府要求电力公司上门免费把居民住宅的灯泡换成节能灯。并且鼓励别墅、独立住宅用风力、太阳能发电，电力公司必须收购电，通过电表反转，把家里的电送出去，晚上电力公司供电时电表正转。因此丹麦的节能建筑室内温度均匀，没有冷气流，没有噪声，湿度适宜，空气质量高，同时运行费用低，能耗小。

德国一直把节约能源作为基本国策，1976 年德国通过了第一部《建筑节能法》，2002 年开始实行新的建筑节能规范（EnEV2002），对新建住宅实行按建筑面积为基准的耗能标准控制。规定了建筑体形系数（建筑外表面积与其包围的采暖体积的比值）相对应的建筑物最大允许能耗标准，以及建筑最大允许平均散热系数等一系列具体实施管理措施。德国还推出了"二氧化碳减排项目"和"二氧化碳建筑改建项目"，对节能措施项目提供低息贷款，形成了政府主导、市场主体、全社会参与的良好格局。

美国在 1978 年国会就通过了《国家节约能源政策法》，其中包括建筑和设备节能的激励政策。能源部发布了新建建筑使用的国家强制性节能标准，及非强制性的国家建筑节能示范性标准，这些标准每经过 3～5 年就更新。美国住房和城市发展部提供了便于独户住宅翻新或装修节省能源的高能源效率房屋抵押贷款。各州也相应制定了相应标准。加利福尼亚州政府通过制定颁布住宅能量效率评级系统标准，推行节能建筑抵押贷款，以及用电量低于建筑节能标准规定的指标，由电力公司给予用户奖励等多项举措，有效推动了建筑节能工作的开展，并将标准落实到具体的工程中，新建建筑能耗必须达到建筑能耗最低能耗标准才能出售。

美国对新建节能建筑减税，并且十分重视节能技术研究，强调建筑节能从政府机构做起，在建筑节能方面采取了许多有效措施。

加拿大从立法上对建筑节能进行约束，由政府官员，专家学者，厂商组成的节能顾问委员会，对节能标准进行协调。这些节能标准涉及几乎所有方面，任何建筑物从（源头）设计、建造、材料的选用和维修、节水、节电、材料再回收、污水的净化处理等都有相应的节能标准。从源头（设计）就对能耗进行分析就成为加拿大建筑师的分内之事。

日本《节约能源法》对办公楼、住宅等建筑物从源头设计、建造、材料的选用和维修、节水、节电方面也提出了明确的节能要求和标准，并规定不符合标准的新建建筑不得上市。

英国政府从 1986 年开始制定国家建筑节能标准，将建筑节能由低到高分为 10 个等级。按标准设计的节能型建筑比传统建筑在能量消耗上的花销要减少 75％。英国各地根据国家节能计划因地制宜地制定政策，推动了建筑节能工作的开展。经过多年努力，目前英国的新建建筑基本上都达到了最高节能等级的要求，并且建筑的内部舒适程度也因节能构造得到了明显的提高。

值得一提的是，其新风量的控制，是采用在窗子上部、阳台门上部和外墙上都设置不太显眼的进风器的方式，通过对通风量的控制，形成室内外正负压差，让新鲜空气先进入主要居室，然后经过卫生间和厨房，将污浊空气排出室外。这个建筑新风系统，技术简单，却有效达到了"房屋呼吸"的目的。

瑞典一直十分重视建筑配件的标准化问题，1967 年就制定了《住宅标准法》，并规定使用按照瑞典国家标准制造的材料配件来建造的住宅项目能获得政府的贷款。瑞典的工业化标准和"模数协调基本原则"涉及建筑的各部分，如浴室设备、厨房水槽、窗框、窗扇等。瑞典三层固定玻璃窗扇中间带百叶，可在关闭的情况下通风。

欧盟在建筑节能方面，提出了包括开征能源税、税收减免、补贴，及建立投资银行贷款等规范性的财税政策。

许多国家不仅制定了节能法，还制定了一系列建筑节能法规、标准等法律文件。从各国建筑节能政策规范实施情况看，执行新的节能标准有效地降低了建筑能耗，促进了生态环保建筑材料与技术的发展。

（五）我国建筑节能的发展趋势

我国建筑节能起步较晚，建筑能耗要比发达国家高很多。随着经济及建设发展，我国越来越重视建筑节能问题，早在 1986 年，我国就开始试行第一部建筑节能设计标准，1999 年又把北方地区建筑节能设计标准纳入强制性标准进行贯彻。国务院办公厅和建设部随后又相继出台了《国务院办公厅关于进一步推进墙体材料革新和推广节能建筑的通知》（国办发〔2005〕33 号）、《关于发展节能省地型住宅和公共建筑的指导意见》（建科〔2005〕78 号）、

《建设部关于贯彻〈国务院关于加强节能工作的决定〉的实施意见》（建科〔2006〕231号）等文件，以推动建筑节能工作。各地也纷纷出台具体落实措施，希望降低建筑能耗。

我国建筑节能法律法规建设也日趋完善，1998年1月1日实施《中华人民共和国节约能源法》，分别于2007年10月28日、2016年7月2日、2018年10月26日经全国人民代表大会常务委员会修订通过；2008年颁布实施《民用建筑节能条例》（国务院令第530号）；2021年颁布《建筑节能与可再生能源利用通用规范》（GB 55015—2021）；2022年颁布《住房和城乡建设部关于印发"十四五"建筑节能与绿色建筑发展规划的通知》（建标〔2022〕24号）等。

根据住房和城乡建设部发布的《民用建筑节能信息公示办法》，新开工或销售的居住建筑、公共建筑以及进行节能改造的建筑面积超过1000平方米的既有民用建筑都必须进行建筑节能信息公示，公示中必须包含的内容有节能性能和节能措施等。相关信息通过在施工、销售现场张贴，在房屋销售合同、质量保证书和使用说明书中载明的方式予以公示。

与此同时，我国在建筑节能方面做了许多探索与尝试，加强了对绿色建筑设计理论、方法的研究，注重建筑节能、建筑智能化、绿色建筑的实践，进行了建筑生态材料的研发等。

（六）建筑防护

为了防止建筑物在使用过程中受到各种人为因素和自然因素的影响或破坏，必须研究下述问题，并采取安全措施，如建筑防火、建筑防震、建筑防爆、建筑防尘、建筑防腐蚀、建筑辐射防护、建筑屏蔽、地下室防水、外墙板接缝防水以及变形缝等。

建筑防护重点考虑如下主要方面：建筑防火；建筑防震；建筑隔声。

■■■ 第三节　地基、基础与地下结构 ■■■

一、地基的基本知识

（一）地基

地基是指直接承受建筑物、构筑物荷载的土体或岩体。地基土分为持力层和下卧层，持力层是指在基础之下直接承受建筑荷载的土层。地基承受建筑物荷载而产生的应力和应变随着土层深度的增加而减小，在达到一定深度后就可忽略不计。因此持力层之下的土层称为下卧层，理论上建筑荷载传递到该层已经小到可以忽略不计（图2.1）。

（二）地基允许承载力

地基允许承载力指地基土层所能够承受的、具有一定的安全度和不引起"不许可沉降量"的荷载。它介于临塑性荷载与极限荷载之间。

使地基中开始出现塑性变形区的荷载，称临塑性荷载。

使地基剪切破坏，失去整体稳定的荷载，称极限荷载。

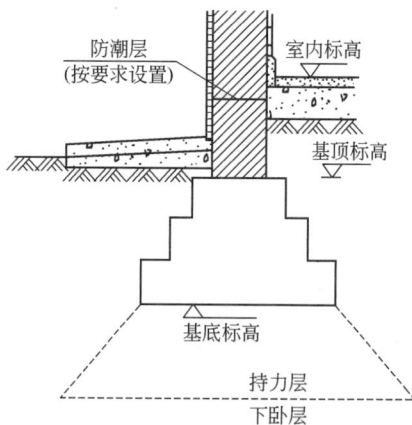

图2.1　地基与基础

（三）地基土的物理性质与工程分类

1. 土的成因

① 残积物：原岩风化剥蚀后，在原地未被搬运的产物，称为残积物；

② 坡积物：岩石风化产物被雨雪水流冲刷剥蚀并下移，沉积在平缓的坡腰或坡脚下，称为坡积物；

③ 洪积物：由暴雨或大量融雪引起的山洪激流冲刷地表，夹带着大量沉积物堆积于山沟的出口处或山前倾斜的平原上，形成洪积物；

④ 冲积物：在河流两岸，形成一阶一阶的沉积物，称为冲积物；

⑤ 沉积物：海洋、湖泊的沉积物，在滨海和湖岸地带多为卵石、圆砾和砂土等。

2. 土的三相和工程分类

① 土的三相：土由三相体系组成，包括固相——固体颗粒（土粒）；液相——颗粒之间孔隙中的水；气相——颗粒之间空隙中的气体。

② 土的工程分类：土分为碎石土、砂土（砾砂、粗砂、中砂、细砂、粉砂）、黏性土、淤泥和淤泥质土、红黏土、粉土和人工填土。

（四）建筑物地基设计要点

为了使建筑物安全、正常地使用而不遭到破坏，要求地基在荷载作用下不能产生破坏；组成地基的土层因膨胀、压缩、冻胀、湿陷等原因产生的变形不能过大。在进行地基设计时，要考虑如下因素：

① 强度：地基要具有足够的承载力。建筑物通过基础将全部重力荷载和其他作用力传给地基，地基需要具有相应的承载能力；

② 变形：建筑物允许有沉降，但不允许有过大的不均匀沉降。地基的沉降量需控制在一定范围内，不同部位的地基沉降差不能太大，否则建筑物上部会产生开裂变形；

③ 稳定：地基要有防止产生倾覆、失稳方面的能力；

④ 其他：在进行建筑物地基设计的同时，要进行建筑结构的基础设计；建筑物基础宜埋置在砂土或黏性土上，埋置深度至少在土的冰冻线以下。

建筑物建造在土层上必然会发生沉降，如果沉降是均匀的话，它对建筑物是没有损害的；但如果沉降是不均匀的，特别是当地基土层软硬不均、厚薄不匀，或建筑物各部位荷载轻重相差较大时，建筑物将会产生较大的不均匀沉降；如果沉降和沉降差超过一定限度，就可能使基础以上的结构受到损害，产生裂缝，影响其正常使用。

二、地基的类型

通常地基分为天然地基、人工地基和一些特殊性能地基。

天然地基：不需要进行加固的天然土层，施工方便，工程造价相对较低。

人工地基：经过人工处理或改良的地基。

特殊地基：①稳定性有问题的地基，如岩溶土洞、滑坡坍塌、泥石流、地裂缝带、矿山采空区、砂土液化区等。②特殊性能岩土地基，如湿陷性黄土、红黏土、膨胀土、大孔土、多年冻土、盐渍土等。此类地基需要因地制宜处理。

当土层的地质状况较好，承载力较强时可以采用天然地基；而在地质状况不佳的条件下，如坡地、沙地或淤泥地质，或虽然土层质地较好，但上部荷载过大时，为使地基具有足够的承载能力，则要采用人工加固地基，即人工地基。

人工地基加固处理的主要方法有：

① 压实法：利用重锤、碾压和振动法将土层压实。

② 换土法：用碎石、粗砂等空隙大、压缩性低、无侵蚀性的材料取代原有的高压缩性土。

③ 打桩法：将数根钢筋混凝土桩打入较深的土层，以此作为具有较高承载力的基础。

三、地基相关的经典工程案例

（一）加拿大特朗斯康谷仓的地基破坏事故

加拿大特朗斯康谷仓，由于地基强度破坏发生整体滑动，是建筑物失稳的典型例子。

1. 概况

加拿大特朗斯康谷仓平面呈矩形，长 59.44 米，宽 23.47 米，高 31.0 米，容积 36368 立方米。谷仓为圆筒仓，每排 13 个圆筒仓，共由 5 排 65 个圆筒仓组成。谷仓的基础为钢筋混凝土筏基，厚 61 厘米，基础埋深 3.66 米。

谷仓于 1911 年开始施工，1913 年秋完工。谷仓自重 20000 吨，相当于装满谷物后满载总重量的 42.5％。1913 年 9 月起往谷仓装谷物，仔细地装载，使谷物均匀分布。10 月当谷仓装了 31822 立方米谷物时，发现 1 小时内垂直沉降达 30.5 厘米。结构物向西倾斜，并在 24 小时内倾倒，倾斜度离垂线达 26°53′。谷仓西端下沉 7.32 米，东端上抬 1.52 米。

1913 年 10 月 18 日谷仓倾倒后，上部钢筋混凝土筒仓坚如磐石，仅有极少的表面裂缝（图 2.2）。

图 2.2　加拿大特朗斯康谷仓

2. 事故原因

1913 年春，当冬季大雪融化，附近由石碴组成高为 9.14 米的铁路路堤面的黏土下沉 1 米左右，迫使路堤两边的地面呈波浪形。谷仓的地基土事先未进行调查研究，根据邻近结构物基槽开挖试验结果，计算承载力为 352 千帕。应用到这个仓库，谷仓的场地位于冰川湖的盆地中，地基中存在冰河沉积的黏土层，厚 12.2 米。黏土层上面是更近代沉积层，厚 3.0 米。黏土层下面为固结良好的冰川下冰碛层，厚 3.0 米。这层土支承了此地区很多更重的结构物。

1952 年经勘察试验与计算，发现基底之下为厚十余米的淤泥质软黏土层。地基的极限承载力为 251 千帕，而谷仓的基底压力已超过 300 千帕，地基实际承载力远小于谷仓破坏时产生的基底压力。从而造成地基的整体滑动破坏。基础底面以下一部分土体滑动，向侧面挤出，使东端地面隆起。

综上所述，加拿大特朗斯康谷仓发生地基滑动强度破坏的主要原因，是由于对谷仓地基土层事先未做勘察、试验与研究，采用的设计荷载超过地基土的抗剪强度。由于谷仓整体刚度较高，地基破坏后，筒仓仍保持完整，无明显裂缝，因地基发生强度破坏而整体失稳。

3. 处理方法

为修复筒仓，在基础下设置了 70 多个支承于深 16 米基岩上的混凝土墩，使用 388 个 50 吨千斤顶以及支撑系统，才把仓体逐渐纠正过来。补救工作是在倾斜谷仓底部水平巷道中进行的，新的基础在地表下深 10.36 米。经过纠倾处理后，谷仓于 1916 年恢复使用，修复后位置比原来降低了 4 米。

（二）香港宝城滑坡

1972 年 7 月某日清晨，香港宝城路附近，两万立方米残积土从山坡上下滑，巨大的滑动体正好冲过一幢高层住宅——宝城大厦，顷刻间宝城大厦被冲毁倒塌，并砸毁相邻一幢大楼一角约五层住宅（图 2.3），死亡 67 人。

图 2.3　香港宝城滑坡

原因：

山坡上残积土本身强度较低，加之雨水入渗使其强度进一步降低，使得土体滑动力超过土的强度，于是山坡土体发生滑动。

（三）阪神大地震中地基液化

液化指松砂地基在振动荷载作用下，丧失强度变成流动状态的一种现象。

饱和的粉、细砂在动荷载作用下易发生砂土液化，使地基失去承载力。在许多案例中，虽然地基破坏而使得建筑物严重倾斜甚至倒下，但是建筑物结构本身并未破坏。

在神户码头，地震引起大面积砂土地基液化后产生很大的侧向变形和沉降，大量的建筑物倒塌或遭到严重损伤（图 2.4）；沉箱式岸墙因砂土地基液化失稳滑入海中。

在 1964 年 6 月 16 日，日本新潟发生 7.5 级地震后，地震也引起大面积砂土地基液化，产生很大的侧向变形和沉降，大量的建筑物倒塌或遭到严重损伤（图 2.5）。

（四）比萨斜塔

1. 概况

比萨市位于意大利中部，而比萨斜塔位于比萨市北部，它是比萨大教堂建筑群中的一座钟塔，在大教堂东南方向，相距约 25 米。

比萨斜塔是一座独立的建筑，周围空旷。比萨斜塔的建造，经历了三个时期：

图 2.4 阪神大地震破坏情况

图 2.5 地基液化导致建筑物严重损毁

第一期，自 1173 年 9 月 8 日至 1178 年，建至第 4 层，高度约 29 米时，因塔倾斜而停工。

第二期，钟塔施工中断 94 年后，于 1272 年复工，至 1278 年，建完第 7 层，高 48 米，再次停工。

第三期，经第二次施工中断 82 年后，于 1360 年再复工，至 1370 年竣工，全塔共 8 层，高度为 55 米。

全塔总荷重约为 145 兆牛，塔身传递到地基的平均压力约 500 千帕。目前塔北侧沉降量约 90 厘米，南侧沉降量约 270 厘米，塔倾斜约 5.5°，属于十分严重的情况。

比萨斜塔向南倾斜，塔顶离开垂直线的水平距离已达 5.27 米，等于我国虎丘塔倾斜后塔顶离开水平距离的 2.3 倍。幸亏比萨斜塔的建筑材料大理石条石质量优良，施工精细，尚未发现塔身有裂缝。

比萨斜塔基础底面倾斜值，经计算为 0.093，即 93‰，我国国家标准《建筑地基基础设计规范》（GB 50007—2011）中规定：高耸结构基础的倾斜，当建筑物高度 H_g 为：50 米 $<$ $H_g \leqslant$ 100 米时，其允许值为 0.005，即 5‰。目前比萨斜塔基础实际倾斜值已等于我国国家标准允许值的 18 倍。由此可见，比萨斜塔倾斜已达到极危险的状态，随时有可能倒塌（图 2.6）。

图 2.6　比萨斜塔

2. 事故原因分析

关于比萨斜塔倾斜的原因，早在 18 世纪，就有两派不同见解：一派由历史学家兰尼里·克拉西为首，坚持比萨塔有意建成不垂直；另一派由建筑师阿莱山特罗领导，认为比萨塔的倾斜归因于它的地基不均匀沉降。

20 世纪以来，一些学者提供了塔的基本资料和地基土的情况。比萨斜塔地基土的典型剖面由上至下，可分为 8 层：

① 表层为耕植土，厚 1.60 米；

② 第 2 层为粉砂，夹黏质粉土透镜体，厚度 5.40 米；

③ 第 3 层为粉土，厚 3.0 米；

④ 第 4 层为上层黏土，厚度 10.5 米；

⑤ 第 5 层为中间黏土，厚为 5.0 米；

⑥ 第 6 层为砂土，厚为 2.0 米；

⑦ 第 7 层为下层黏土，厚度 12.5 米；

⑧ 第 8 层为砂土，厚度超过 20.0 米。

有学者将上述 8 层土合为 3 大层：①～③层为砂质粉质土；④～⑦层为黏土层；⑧层为砂质土层。地下水位深 1.6 米，位于粉砂层。

根据上述资料分析，认为比萨钟塔倾斜的原因是：

① 钟塔基础底面位于第 2 层粉砂中。施工不慎，南侧粉砂局部外挤，造成偏心荷载，使塔南侧附加应力大于北侧，导致塔向南倾斜。

② 塔基底压力高达 500 千帕，超过持力层粉砂的承载力，地基产生塑性变形，使塔下

沉。塔南侧接触压力大于北侧，南侧塑性变形必然大于北侧，使塔的倾斜加剧。

③ 钟塔地基中的黏土层厚达近 30 米，位于地下水位下，呈饱和状态。在长期重荷作用下，土体发生蠕变，也是钟塔继续缓慢倾斜的一个原因。

④ 在比萨平原深层抽水，使地下水位下降，相当于大面积加载，这是钟塔倾斜的重要原因。在 20 世纪 60 年代后期与 70 年代早期，观察地下水位下降，同时钟塔的倾斜率增加。当天然地下水恢复后，则钟塔的倾斜率也回到常值。

3. 事故处理方法

① 卸荷处理。为了减轻钟塔地基荷重，1838—1839 年，于钟塔周围开挖了一个环形基坑。基坑宽度约 3.5 米，北侧深 0.9 米，南侧深 2.7 米。基坑底部位于钟塔基础外伸的三个台阶以下，铺有不规则的块石。基坑外围用规整的条石垂直向砌筑。基坑顶面以外地面平坦。

② 防水与灌水泥浆。为防止雨水下渗，于 1933—1935 年对环型基坑做防水处理，同时对基础环周用水泥浆加强。

③ 为防止比萨斜塔散架，于 1992 年 7 月开始对塔身加固。

以上处理方法均非根本之计，处理关键应是对地基加固而又不危及塔身安全，显然其难度是很大的。

此外，比萨斜塔贵在倾斜，1590 年伽利略曾在此塔做落体实验，创立了物理学上著名的落体定律。因此，斜塔成为世界上最珍贵的历史文物，吸引了无数国内外游客。如果把塔矫正，也就破坏了珍贵文物。因此，比萨斜塔的加固处理难度大，既要保持钟塔的倾斜，又要不扰动地基避免危险，还要加固地基，使斜塔安然无恙。

（五）墨西哥市艺术宫

墨西哥市艺术宫（图 2.7），是一座巨型的具有纪念性的早期建筑。艺术宫于 1904 年落成，至今已有 100 余年的历史。

图 2.7 墨西哥市艺术宫

墨西哥市处于四面环山的盆地中，古代原是一个大湖泊。因周围火山喷发的火山沉积和湖水蒸发，经漫长岁月更迭，湖水干涸形成目前的盆地。

当地表层为人工填土与砂夹卵石硬壳层，厚度 5 米；其下为超高压缩性淤泥，天然孔隙比高达 7～12，天然含水量高达 150％～600％，为世界罕见的软弱土，层厚达 25 米。因此，这座艺术宫严重下沉，沉降量竟达 4 米。邻近的公路下沉 2 米，公路路面至艺术宫门前高差达 2 米。参观者需步下 9 级台阶，才能从公路进入艺术宫。这是地基沉降最严重的典型实例。下沉量为一般房屋一层楼有余，造成室内外连接困难和交通不便，内外网管道修理工程量增加。

四、基础

基础是建筑地面以下的承重构件，是建筑物埋在地下的扩大部分。基础包括基础墙、大放脚两个部分（图 2.8）。基础用来承受建筑物上部结构传下来的全部荷载，并把这些荷载连同本身的重量一起传到地基上。

建筑物的全部荷载都是通过基础传给地基的，因此当荷载一定时，可通过加大基础底面积来减少单位面积上地基所受到的压力。基础底面积 A 通过下式来确定：

$$A \geqslant F_N / f$$

式中，F_N 为建筑物的总荷载；f 为地基承载力。

从上式可以看出，当地基承载力不变时，建筑总荷载越大，基础底面积也越大；或建筑物总荷载不变时，地基承载力越小，基础底面积越大。在房屋设计中，要根据总荷载和建造地点的地基承载力来确定基础底面积。

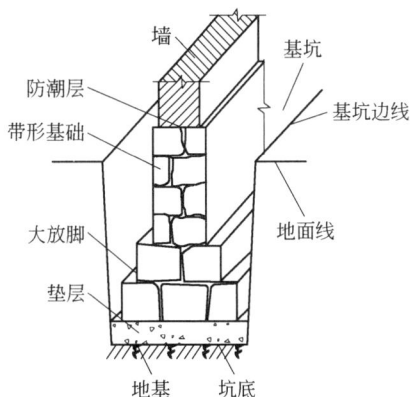

图 2.8　基础墙、大放脚

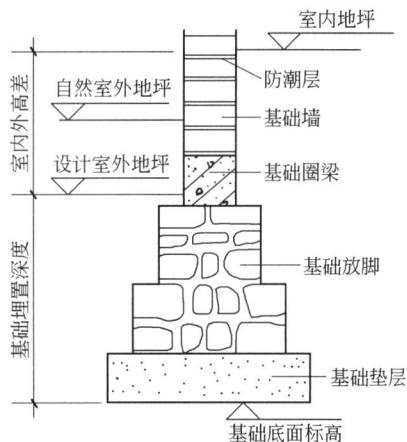

图 2.9　基础埋置深度

（一）基础的埋置深度与影响因素

从室外设计地面至基础底面的垂直距离，称为基础的埋置深度，简称基础埋深（图 2.9）。

基础按埋置深度大小分为浅基础和深基础。基础埋深不超过 5 米时称为浅基础。若浅层土质不良，需将基础加大埋深，此时需采取一些特殊的施工手段和相应的基础型式，如桩基、沉箱、沉井和地下连续墙等，这样的基础称为深基础。

基础埋深的大小关系到地基的可靠性、施工的难易程度及造价的高低。影响基础埋深的因素很多，其主要影响因素如下。

1. 建筑物的使用要求、基础形式及荷载

当建筑物设置地下室、设备基础或地下设施时，基础埋深应满足其使用要求；高层建筑基础埋深随建筑高度增加适当增大，才能满足稳定性要求；荷载大小和性质也影响基础埋深，一般荷载较大时应加大埋深；受上拔力的基础，应有较大埋深以满足抗拔力的要求。

2. 工程地质条件

基础应建造在坚实可靠的地基上，依地基土层分布不同，基础埋深一般有以下几种情况：

① 在满足地基稳定和变形的前提下，基础尽量浅埋，但通常不浅于 0.5 米。

② 地基软弱土层在 2 米以内，下卧层为低压缩性的土，此时应将基础埋在下卧层上。

③ 软弱土层厚在 2～5 米间，低层轻型建筑争取将基础埋于表层软弱土层内，可加宽基础，必要时也可用换土、压实等方法进行地基处理。

④ 软弱土层大于 5 米，低层轻型建筑应尽量浅埋于软弱土层内，必要时可加强上部结构或进行地基处理。

⑤ 地基土由多层土组成，且均属于软弱土层或上部荷载很大时，常采用深基础方案，如桩基等。

按地基条件选择埋深时，还要求从减少不均匀沉降的角度来考虑，当土层分布明显不均匀或各部分荷载差别很大时，同一建筑物可采用不同的埋深来调整不均匀沉降量。

3. 水文地质条件

寒冷地区基础的埋深要考虑土层冻胀的影响。基础底面如设置在冻结土范围内，冬季土层冻胀会将房屋拱起，春季解冻后房屋又会下沉逐年冻融交替，建筑物就可能出现裂缝，影响到其安全使用。因此，基础底面要尽量设置在冰冻线之下。如北京地区冻土深 0.8～1.0 米；东北地区冻土深 2.0 米。

地下水对地基强度和土层冻胀都有很大影响，若水中含有酸、碱性杂质，对基础还有腐蚀作用，因此一般房屋应该尽量避免将基础底面设置在地下水中。地下水有常年最高水位和最低水位，一般应考虑将基础埋于常年最高水位以上不小于 200 毫米处。当地下水位较高，基础不能埋置在地下水位以上时，宜将基础埋置在常年最低水位以下不少于 200 毫米。

其他还有相邻建筑物、基础类型等，都会对基础埋深产生相应影响。

（二）基础类型

基础的分类方法很多，常见分类有如下几种。

1. 按材料及受力特点分类

基础按受力特点及材料性能可分为刚性基础和柔性基础。

（1）刚性基础　受刚性角限制的基础称为刚性基础。刚性基础所用材料的抗压强度较高，但抗拉及抗剪强度偏低。

刚性基础中压力分布角 α 称为刚性角。在设计中，应尽力使基础大放脚与基础材料的刚性角相一致。以确保基础底面不产生拉应力，最大限度地节约基础材料。构造上通过限制刚性基础宽高比来满足刚性角的要求。常用的刚性基础有砖基础、灰土基础、三合土基础、毛石基础、混凝土基础和毛石混凝土基础（图 2.10）。

（2）柔性基础　在混凝土基础底部配置受力钢筋，利用钢筋受拉，这样基础可以承受弯矩，也就不受刚性角的限制。所以钢筋混凝土基础也称为柔性基础。

钢筋混凝土基础断面可做成梯形，最薄处高度不小于 200 毫米；也可做成阶梯形，每踏

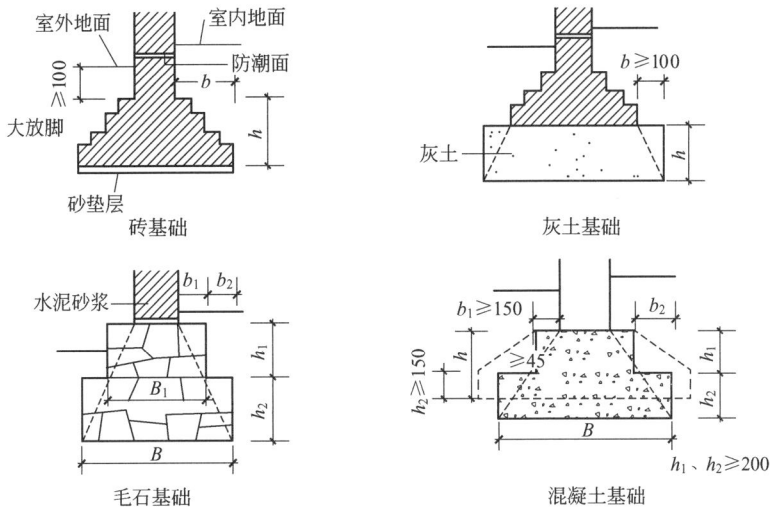

图 2.10 刚性基础

步高 300～500 毫米。通常情况下，钢筋混凝土基础下面设有 C7.5 或 C10 素混凝土垫层，厚度 100 毫米左右；无垫层时，钢筋保护层为 75 毫米，以保护受力钢筋不受锈蚀（图 2.11）。

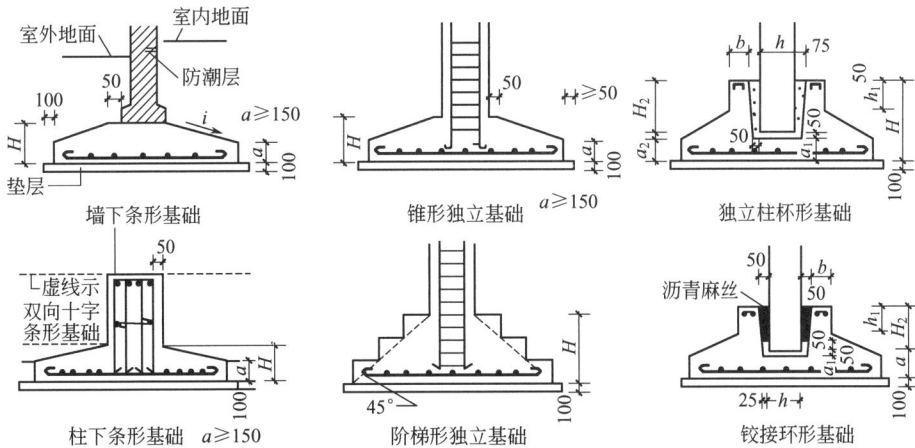

图 2.11 柔性基础（钢筋混凝土基础）

2. 按构造形式分类

分为独立基础、条形基础、井格基础、满堂基础、桩基础等（图 2.12）。

（1）独立基础（单独基础）

① 柱下单独基础：柱下单独基础是柱子基础的主要类型。

② 墙下单独基础：墙下单独基础是用于上层土质松软、而在较浅处有较好的土层时，为节约基础材料和减少开挖土方量的一种基础形式。

（2）条形基础

① 墙下条形基础：墙下条形基础是承重墙基础的主要形式，当上部结构荷载较大而土质较差时，可采用钢筋混凝土建造条形基础。墙下钢筋混凝土条形基础一般做成无肋式；地基在水平方向上压缩性不均匀，为了增加基础的整体性，减少不均匀沉降，适宜做肋式条形基础。

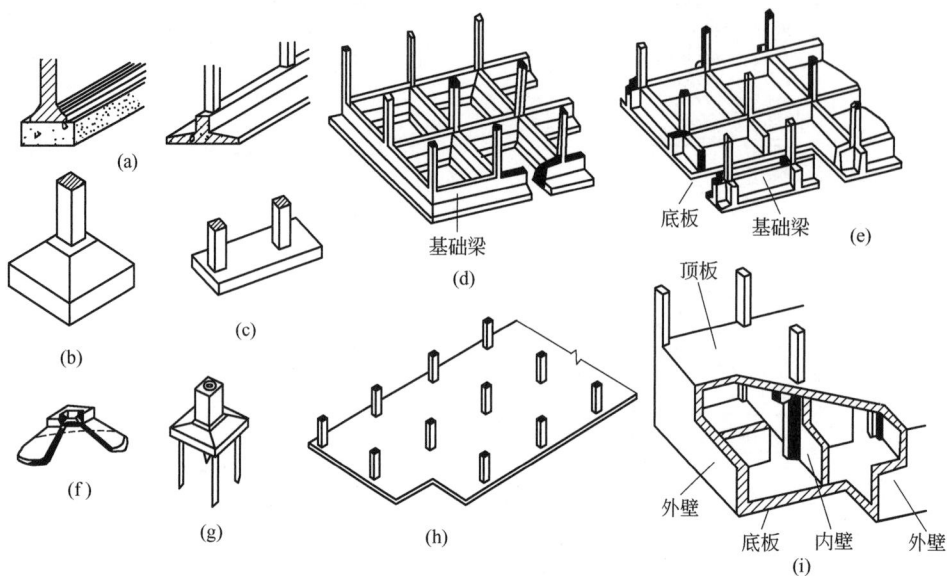

图 2.12　常见基础类型

② 柱下钢筋混凝土条形基础：当地基软弱而荷载较大时，为增强基础的整体性并节约造价，可做成柱下钢筋混凝土条形基础。

（3）柱下十字交叉基础　适用于荷载较大的高层建筑，如土质较弱，可做成十字交叉基础。

（4）满堂基础　当上部结构传下的荷载很大、地基承载力很低、独立基础不能满足地基要求时，常将这个建筑物的下部做成整块钢筋混凝土基础，成为满堂基础。按构造又分为片筏基础和箱形基础两种。

① 片筏基础：若地基基础软弱而荷载又很大，采用十字基础仍不能满足要求，或相邻基槽距离很小时，可用钢筋混凝土做成整块的片筏基础。按构造不同它可分为平板式和梁板式两类。

② 箱形基础：此种基础的主要特点是刚性大，减少了基础底面的附加应力，因而适用于地基软弱土层厚、荷载大和建筑面积不太大的一些重要建筑物，目前高层建筑中多采用箱形基础。

（5）桩基础　当建造比较大的工业与民用建筑时，若地基的软弱土层较厚，采用浅埋基础不能满足地基强度和变形要求时，常采用桩基。桩基的作用是将荷载通过桩传给埋藏较深的坚硬土层，或通过桩周围的摩擦力传给地基。

桩基础按照施工方法可分为钢筋混凝土预制桩和钢筋混凝土灌注桩：

① 钢筋混凝土预制桩：这种桩在施工现场或构件场预制，用打桩机打入土中，然后再于桩顶浇注钢筋混凝土承台。其承载力大，不受地下水位变化的影响，耐久性好。但自重大，运输和吊装比较困难。打桩时震动较大，对周围房屋有一定影响。

② 钢筋混凝土灌注桩：分为套管成孔灌注桩、钻孔灌注桩、爆扩成孔灌注桩三类。

桩基础根据材料分为木桩、钢桩、混凝土桩、钢筋混凝土桩等；根据受力形式分为摩擦桩、端承桩、摩擦端承桩和爆扩桩（图 2.13）。

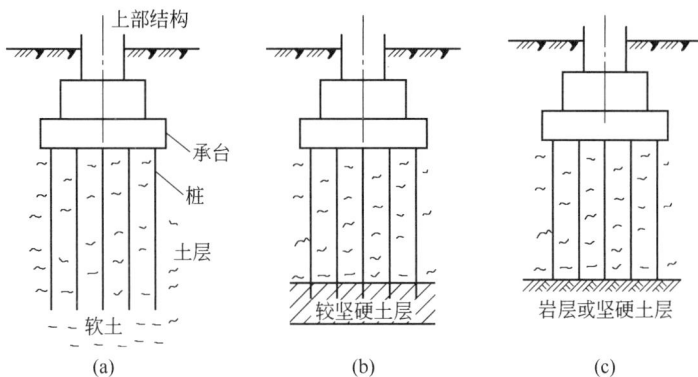

图 2.13　桩基础

（a）摩擦桩；（b）摩擦端承桩；（c）端承桩

3. 按基础材料分类

分为砖基础、灰土基础、三合土基础、毛石基础、混凝土基础、毛石混凝土基础、钢筋混凝土基础等。

① 砖基础：由黏土砖和砂浆组成。特点：因砖易受潮，抗冻性差，在砖基下面放置垫层，垫层材料可用 3∶7 灰土、碎砖三合土或砂等。适用于地基土质好，地下水位较低的低层建筑（5 层以内）。

② 灰土基础：灰∶黏土＝3∶7 或 2∶8，4 层及 4 层以上建筑，厚度一般采用 450 毫米；3 层及 3 层以下建筑厚度一般采用 300 毫米。适用于地下水位较低的地区，并与其他材料基础共用，充当基础垫层。

③ 三合土基础：石灰∶砂∶集料＝1∶3∶6 或 1∶2∶4 加水拌和夯实而成。一般只能用于地下水位较低的 4 层和 4 层以下的民用建筑工程中。

④ 毛石基础：毛石是不成形的石料，处于开采以后的自然状态，具有强度较高、抗冻、耐水、经济等特点。常用于砌筑基础、勒脚、墙身、堤坝、挡土墙等，也可配制片石混凝土等。

⑤ 混凝土基础：混凝土基础具有坚固、耐久、不怕水的特点。适用于地下水位高，受冰冻影响的建筑物。

⑥ 毛石混凝土基础：在混凝土基础中加入一定体积毛石，称为毛石混凝土基础。

五、地下室

（一）地下室分类

地下室可分为以下几类：

① 全地下室和半地下室。全地下室：埋深为地下室净高的 1/2 以上；半地下室：埋深为地下室净高的 1/3～1/2。

② 普通地下室。

③ 防空地下室。

④ 砖混结构地下室。

⑤ 钢筋混凝土结构地下室。

(二) 地下室防潮防水

地下室外墙和底板处于地面以下，经常受到地潮、地下水的侵蚀。当最高地下水位低于地下室地坪时，需要作防潮处理。当最高地下水位高于地下室地坪时，必须作防水处理。

地下室防潮主要是防无压水作用；地下室防水包括外墙防水、结构自防水（防水混凝土）、材料防水及地坪防水（油毡防水层或现浇混凝土垫层）等方法。

第四节 墙体构造

墙体是建筑的重要组成部分，其耗材、造价、自重和施工期在建筑的各个组成构件中往往占据重要的位置。

一、墙的种类与设计要求

(一) 民用建筑中墙体的作用

① 承重作用：墙体承受着自重以及屋顶、楼板（梁）传给它的荷载和风荷载。

② 围护作用：墙体遮挡了风、雨、雪的侵袭，防止太阳辐射、噪声干扰及减少了室内热量的散失，起保温、隔热、隔声、防水等作用。

③ 分隔作用：通过墙体将房屋内部划分为若干个房间和使用空间。

(二) 墙体种类

根据墙体在建筑物中的位置、受力情况、材料选用、构造施工方法的不同，可将墙体分为不同类型。

① 墙体按所处的位置不同分为外墙和内墙。外墙又称外围护墙。墙体按布置方向分为纵墙和横墙。沿建筑物长轴方向布置的墙称为纵墙，沿建筑物短轴方向布置的墙称为横墙。外纵墙又称为檐墙，外横墙称山墙；此外，窗与窗、窗与门之间的墙称为窗间墙，窗洞下部的墙称为窗下墙；屋顶上部的墙称为女儿墙等（图 2.14）。

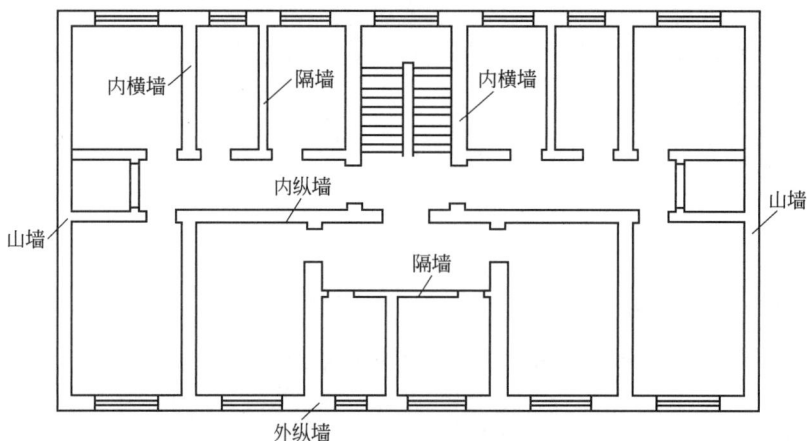

图 2.14 墙的位置和名称

② 墙体按受力情况不同分为承重墙和非承重墙。凡直接承受楼板（梁）、屋顶等传来荷载的墙称为承重墙，不承受这些外来荷载的墙称为非承重墙（自承重墙、隔墙、填充

墙、幕墙)。

③ 墙体按所用材料的不同分为砖墙、砌块墙、现浇或预制的钢筋混凝土墙、石墙、土墙等。

④ 按墙体不同的构造方式分为实体墙、空体墙和复合墙三种；按施工方式不同分为块材墙、板筑墙和板材墙。

(三) 墙体承重方案

墙体有横墙承重、纵墙承重、纵横墙承重和内框架承重四种承重方案。

① 横墙承重是将楼板及屋面板等水平承重构件搁置在横墙上。建筑物的横向刚度较强，整体性好，有利于抵抗水平荷载 (风荷载、地震作用等) 和调整地基不均匀沉降。由于纵墙只承担自身质量，因此，在纵墙上开门窗洞口受限制较少。但是横墙间距受到限制，建筑开间尺寸不够灵活，而且墙体在建筑平面中所占的面积较大。这一布置方案适用于房间开间尺寸不大、墙体位置比较固定的建筑，如宿舍、旅馆、住宅等。

② 纵墙承重是将楼板及屋面板等水平承重构件均搁置在纵墙上。由于横墙不承重，这种方案抵抗水平荷载的能力比横墙承重差，其纵向刚度强而横向刚度弱，而且在承重纵墙上开设门窗洞门有时受到限制。这一布置方案适用于使用上要求有较大空间的建筑，如办公楼、商店、教学楼中的教室、阅览室等。

③ 纵横墙承重是承重墙体由纵横两个方向的墙体组成。平面布置灵活，两个方向的抗侧力都较好，这种方案适用于房间开间、进深变化较多的建筑，如医院、幼儿园等。

④ 房屋内部采用柱、梁组成的内框架承重，四周采用墙承重，由墙和柱共同承受水平承重构件传来的荷载，称为内框架承重。房屋的刚度主要由框架保证，因此水泥及钢材用量较多。这种方案适用于室内需要大空间的建筑，如大型商场、餐厅等。

(四) 墙体设计要求

① 具有足够的强度和稳定性；
② 具有必要的保温、隔热、隔声性能；
③ 满足防火要求；
④ 满足抗震要求。

二、墙体细部构造

(一) 砖墙的材料与组砌方式

1. 砖

按材料分有黏土砖、炉渣砖、灰砂砖、页岩砖、粉煤灰砖等；按形状分为实心砖、空心砖和多孔砖等。普通实心砖的规格为 240mm×115mm×53mm (图 2.15)。

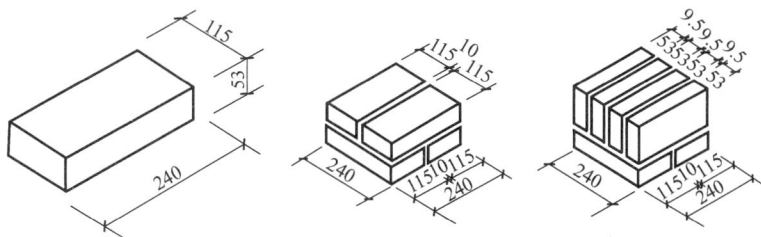

图 2.15　普通实心砖的尺寸关系

为适应建筑模数及节能的要求等，近年来开发了许多砖型，如空心砖、多孔砖等。

2. 砂浆

由胶凝材料（水泥、石灰）和填充料（砂、矿渣、石屑等）混合加水搅拌而成。作用是将砖块黏结成砌体，提高墙体的强度、稳定性及保温、隔热、隔声、防潮等性能。

常用的砌筑砂浆有水泥砂浆、混合砂浆、石灰砂浆三种。

3. 实心砖墙及组砌

用普通实心砖砌筑的实体墙。常见的砌筑方式：全顺式、全丁式、一顺一丁式、多顺一丁式、每皮丁顺相间式及两平一侧式等（图2.16）。

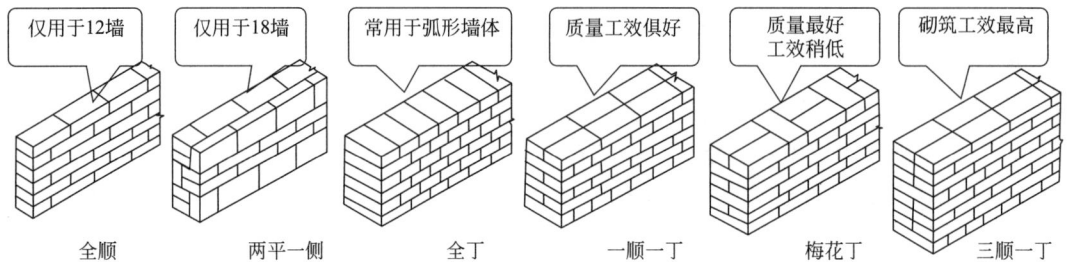

| 仅用于12墙 | 仅用于18墙 | 常用于弧形墙体 | 质量工效俱好 | 质量最好工效稍低 | 砌筑工效最高 |

| 全顺 | 两平一侧 | 全丁 | 一顺一丁 | 梅花丁 | 三顺一丁 |

图 2.16　砖墙组砌方式

实心砖墙体的厚度除应满足强度、稳定性、保温隔热、隔声及防火等功能方面的要求外，还应与砖的规格尺寸相配合（图2.17）。

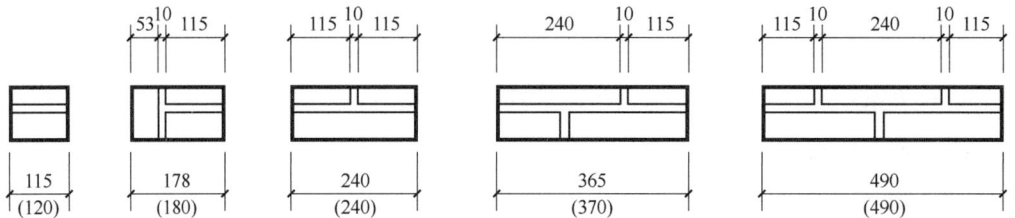

图 2.17　墙厚与砖规格的关系

其他常见墙体还有：空斗墙（用实心砖侧砌或平砌与侧砌相结合砌成的空体墙）、空心砖墙（用各种空心砖砌筑的墙体，有承重和非承重两种）、组合砖墙（用砖和轻质保温材料组合构成的既承重又保温的墙体，按保温材料的设置位置不同，可分为外保温墙、内保温墙和夹心墙）等。

（二）墙体细部构造

墙体细部构造包括墙身防潮、勒脚、散水、窗台、过梁、圈梁和构造柱等（图2.18）。

1. 墙身防潮

在墙脚铺设防潮层，以防止土壤中的水分由于毛细作用上升使建筑物墙身受潮，提高建筑物的耐久性，保持室内干燥、卫生。墙身防潮层应在所有的内外墙中连续设置，且按构造形式不同分为水平防潮层和垂直防潮层两种。

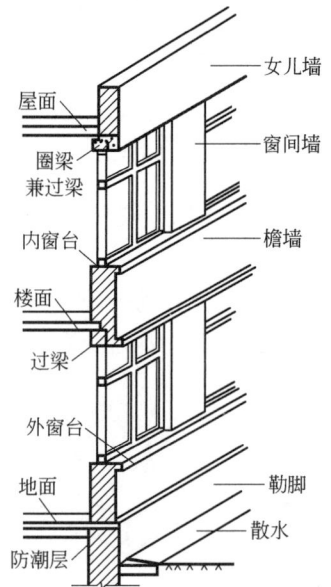

图 2.18　外墙构造详图

（1）防潮层的位置

① 当室内地面垫层为混凝土等密实材料时，防潮层设在垫层厚度中间位置，一般低于室内地坪 60 毫米；

② 当室内地面垫层为三合土或碎石灌浆等非刚性垫层时，防潮层的位置应与室内地坪平齐或高于室内地坪 60 毫米；

③ 当室内地面低于室外地面或内墙两侧的地面出现高差时，除了要分别设置两道水平防潮层外，还应对两道水平防潮层之间靠土一侧的垂直墙面做防潮处理（图 2.19）。

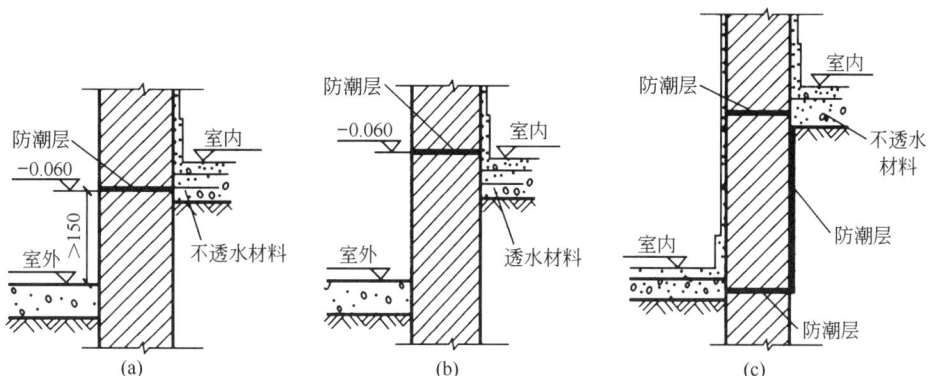

图 2.19　墙身防潮层位置

（a）地面垫层为密实材料；（b）地面垫层为透水材料；（c）室内地面有高差

（2）墙身防潮层做法

墙身水平防潮层做法有三种：油毡防潮层、砂浆防潮层、细石混凝土防潮层。

墙身垂直防潮层的具体做法是在垂直墙面上先用水泥砂浆找平，再刷冷底子油一道、热沥青两道或采用防水砂浆抹灰防潮。

2. 勒脚

勒脚是外墙接近室外地面的部分。其作用有三：一是防止外界机械性碰撞对墙体的损坏；二是防止屋檐滴下的雨、雪水及地表水对墙的侵蚀；三是美化建筑外观。

做法有抹水泥砂浆、水刷石、斩假石，或外贴面砖、天然石板等（图 2.20）。

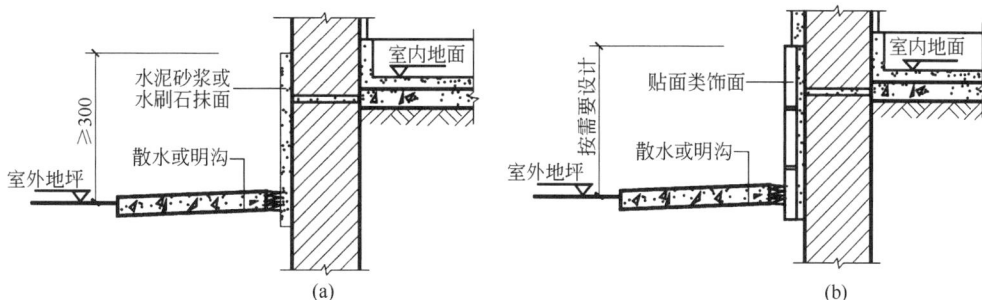

图 2.20　勒脚

（a）抹灰勒脚；（b）贴面勒脚

3. 散水与明沟

散水：指靠近勒脚下部的水平排水坡。

明沟：在外墙四周或散水外缘设置的排水沟。

做法：散水的做法通常是在基层土壤上现浇混凝土（图 2.21）或用砖、石铺砌，水泥砂浆抹面。明沟通常采用素混凝土浇筑，也可用砖、石砌筑，并用水泥砂浆抹面（图 2.22）。

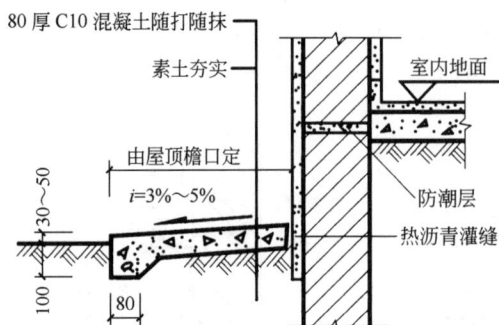

图 2.21　散水

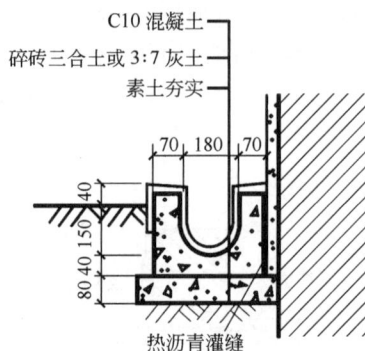

图 2.22　明沟

4. 窗台

窗台指窗洞口下部的防水和排水构造，同时也是建筑立面重点处理的部位，有内窗台和外窗台之分。

外窗台的构造做法有砖砌窗台和预制混凝土板窗台两种。

砖砌窗台应用较广，有平砌和侧砌两种做法［图 2.23(a)、(b)、(d)］。

预制混凝土板窗台见图 2.23(c)。

内窗台构造也有两种［图 2.23(e)、(f)］。

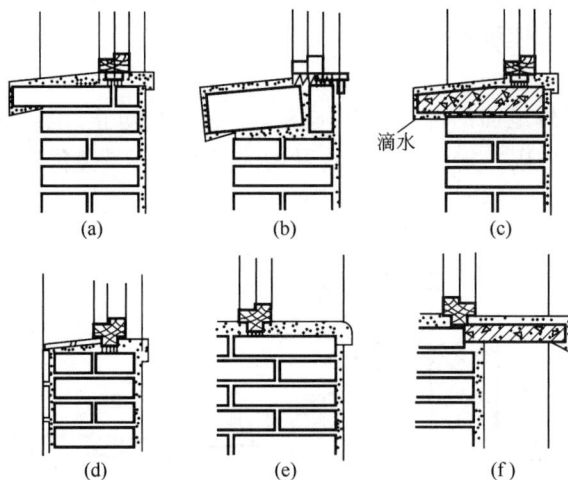

图 2.23　窗台构造

（a）平砌砖外窗台；（b）侧砌砖外窗台；（c）预制钢筋混凝土窗台；（d）不悬挑窗台；
（e）抹灰内窗台；（f）采暖地区预制钢筋混凝土内窗台

5. 过梁

过梁是指为支承门窗洞口上部墙体荷载，并将其传给洞口两侧的墙体所设置的横梁。目前常用的有钢筋砖过梁和钢筋混凝土过梁两种形式。

① 钢筋砖过梁：在门窗洞口上部砂浆层内配置钢筋的平砌砖过梁。

② 钢筋混凝土过梁：是采用较普遍的一种，可现浇，也可预制。其断面形式有矩形和 L 形两种（图 2.24）。

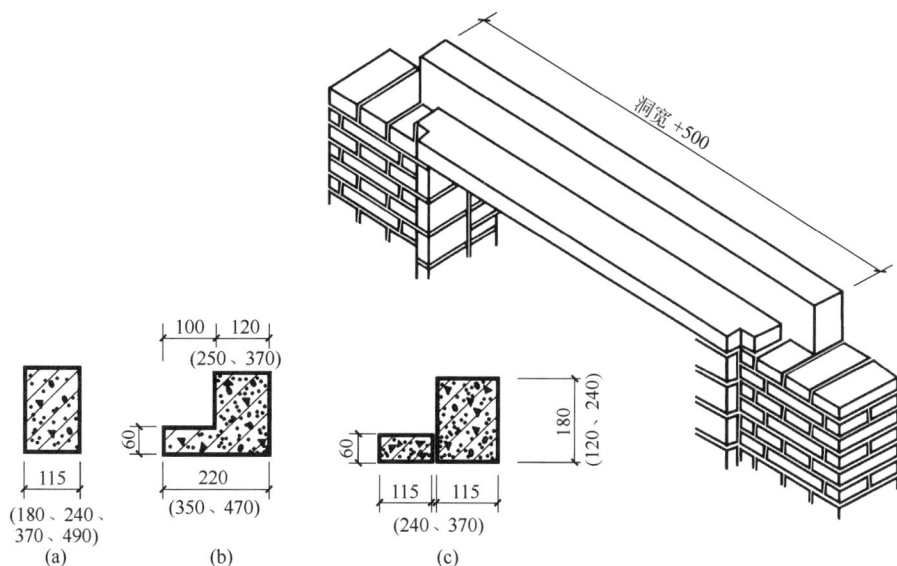

图 2.24　钢筋混凝土过梁

（a）矩形截面；（b）L 形截面；（c）组合式截面

6. 圈梁

圈梁是沿建筑物外墙、内纵墙及部分横墙设置的连续而封闭的梁。其作用是提高建筑物的整体刚度及墙体的稳定性，减少由于地基不均匀沉降而引起的墙体开裂，提高建筑物的抗震能力。

当圈梁被门窗洞口（如楼梯间窗洞口）截断时，应在洞口上部设置附加圈梁，进行搭接补强。附加圈梁与圈梁的搭接长度不应小于两梁高差的两倍，亦不应小于 1000 毫米。

圈梁的数量和位置与建筑物的高度、层数、地基状况和地震烈度有关，分为非地震设防区和地震设防区两种标准。

圈梁有钢筋砖圈梁和钢筋混凝土圈梁两种。钢筋混凝土圈梁宜设置在与楼板或屋面板同一标高处（称为板平圈梁）[图 2.25（a）]，或紧贴板底（称为板底圈梁）[图 2.25（b）]；钢

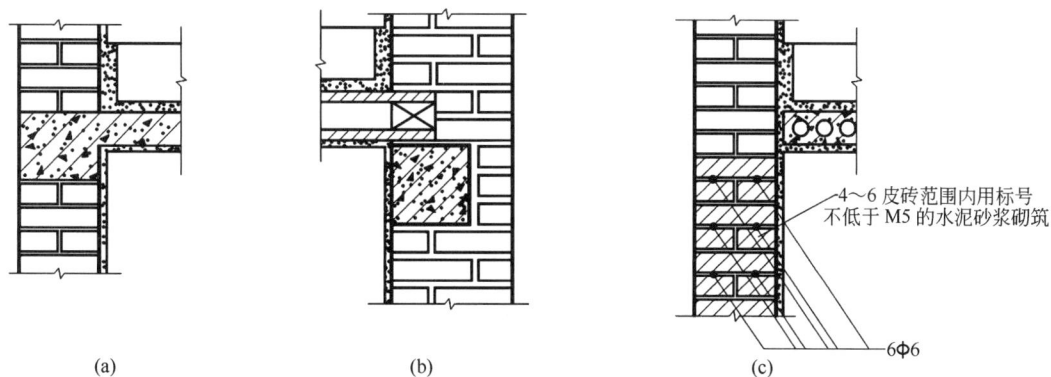

图 2.25　圈梁构造

（a）钢筋混凝土板平圈梁；（b）钢筋混凝土板底圈梁；（c）钢筋砖圈梁

筋砖圈梁用于较低建筑［图 2.25(c)］。

7. 构造柱

多层普通砖房要按规范要求设置构造柱。其构造要求为：先砌墙后浇钢筋混凝土柱，构造柱与墙的连接处宜砌成马牙槎，并沿墙高每隔 500 毫米设 2 Φ 6 水平拉结钢筋连接，每边伸入墙内不少于 1000 毫米（图 2.26）；柱截面应不小于 180 毫米×240 毫米；混凝土的强度等级不小于 C15；构造柱下端应锚固于基础或基础圈梁内；构造柱应与圈梁连接。

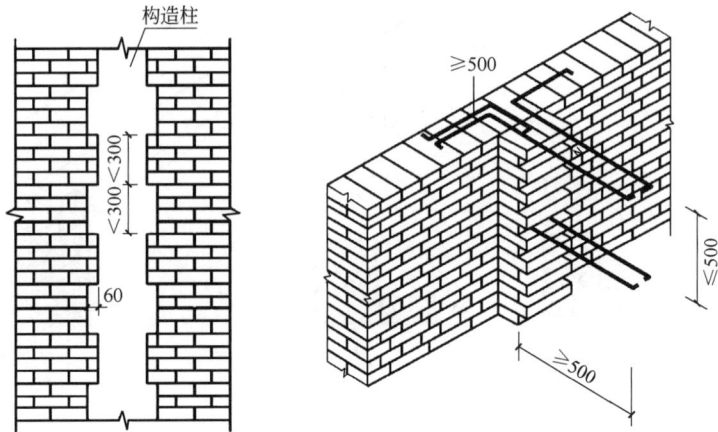

图 2.26　砖墙与构造柱

8. 暖沟

暖沟也叫地下管沟，是用于敷设各种管线（上下水、暖气等）的预留沟，通常设置于外墙内侧地面之下（图 2.27）。

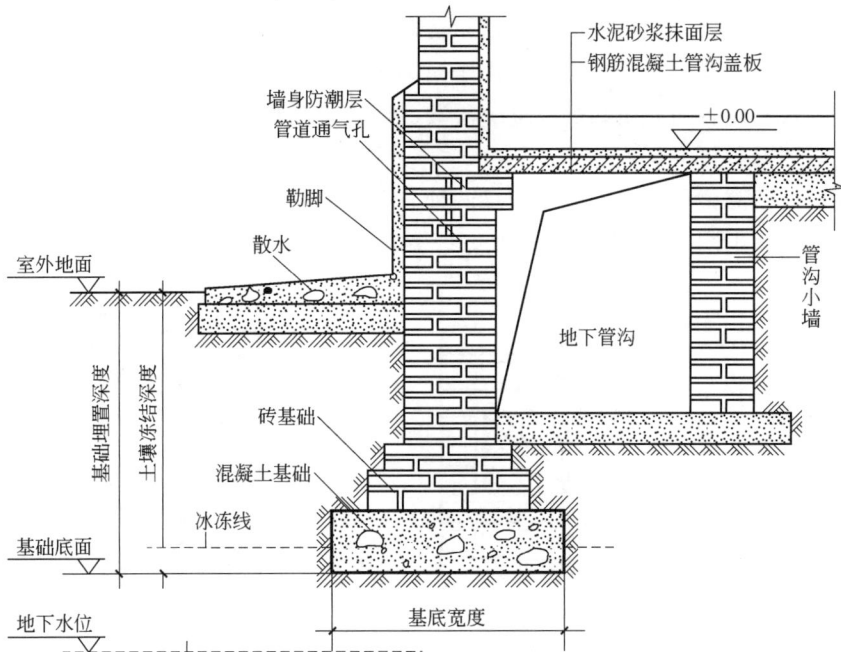

图 2.27　暖沟

三、内、外墙面装饰及节能构造

墙面装饰装修的功能主要为改善和提高墙体的使用功能；保护墙体、延长墙体的使用年限；美化环境、提高艺术效果。

墙面装饰按部位分为外墙面装饰装修和内墙面装饰装修；按材料及施工工艺分为清水墙饰面、抹灰类饰面、涂料类饰面、饰面砖（板）类饰面、卷材类饰面等。

（一）常见内、外墙面装饰

1. 清水墙饰面

清水墙饰面指墙体砌成后，墙面不加其他覆盖性饰面层，只是利用原结构砖墙或混凝土墙的表面，进行勾缝或模纹处理的一种墙体装饰装修方法。

清水墙饰面主要有清水砖墙饰面和混凝土墙饰面。

（1）清水砖墙饰面　清水砖墙常用普通黏土砖砌筑，并通过对灰缝的处理，有效地调整整个墙面的色调和明暗程度，起到装饰效果。因此，清水砖墙构造处理的重点是勾缝，其勾缝形式主要有平缝、平凹缝、斜缝、弧形缝等。

（2）混凝土墙饰面　混凝土墙具有强度高、耐久性好、塑性成型容易等特点，只要配合比及工艺合理，模板质量符合要求，完全可以做到墙面平整，不需抹灰找平，也不需饰面保护。还可进一步利用混凝土的塑性变形及材料构成特点，在墙体构件成型时采取措施，使其表面具有装饰性的线型、不同的质感，并尽可能地改善其色彩效果，从而满足立面装饰要求，形成装饰混凝土饰面。

2. 抹灰类饰面

（1）一般抹灰饰面　指用石灰砂浆、混合砂浆、聚合物水泥砂浆、麻刀灰、纸筋灰、石膏浆等对建筑物的面层抹灰。

为保证抹灰牢固、平整，颜色均匀和面层不开裂、脱落，施工时应分层操作，且每层不宜抹得太厚。分层构造一般分为底层、中层和面层。

（2）装饰抹灰饰面　装饰抹灰是在一般抹灰的基础上对抹灰表面进行装饰性加工，在使用工具和操作方法上与一般抹灰有一定的差别，比一般抹灰工程有更高的质量要求。如干粘石、水刷石等。

3. 饰面板（砖）类饰面

饰面板（砖）类饰面是利用各种天然或人造板、块，通过绑、挂或直接粘贴于基层表面的装饰装修做法。主要有粘贴和挂贴两种做法。

（1）饰面板（砖）粘贴　水泥砂浆粘贴构造一般分为底层、黏结层和块材面层三个层次。

建筑胶粘贴的构造做法是将胶凝剂涂在板背面的相应位置，然后将带胶的板材经就位、挤紧、找平、校正、扶直、固定等工序，粘贴在清理好的基层上。如水磨石板、马赛克、瓷砖。

（2）饰面板（砖）挂贴　基本做法是在墙体或结构主体上先固定龙骨骨架，形成饰面板的结构层，然后利用粘贴、紧固件连接、嵌条定位等手段，将饰面板安装在骨架上。

对于石材类饰面板主要有湿挂和干挂两种。

4. 涂料类饰面

涂料类饰面是利用各种涂料敷于基层表面，而形成整体牢固的涂膜层的一种装修做法。

其特点是造价低、装饰性好、工期短、工效高、自重轻，以及操作简单、维修方便、更新快。

涂料的施涂方法有刷涂、滚涂、喷涂和弹涂。

5. 卷材类饰面

卷材类饰面是将各种装饰的墙纸、墙布通过裱糊、软包等方法形成内墙面饰面的做法。其特点为装饰性强、造价低、施工方法简捷高效、材料更换方便，并可在曲面和墙面转折处粘贴，能获得连续的饰面效果。

常用的装饰材料有 PVC 塑料壁纸、纺织物面墙纸、金属面墙纸、玻璃纤维墙布等。

（二）墙体的保温与节能构造

1. 墙体的保温措施

① 选择导热系数小的材料；

② 增加墙体的厚度；

③ 避免热桥；

④ 防潮防水；

⑤ 防止冷风渗透。

2. 墙体的隔热措施

① 外墙表面做浅色、光滑的饰面，如采用浅色粉刷、涂层或面砖，以反射太阳辐射热；

② 设置通风间层，形成通风墙，以空气的流通带走大量的热；

③ 采用多排孔混凝土或轻骨料混凝土空心砌块墙，或采用复合墙体；

④ 设置带铝箔的封闭空气间层，利用空气间层隔热。当为单面贴铝箔时，铝箔宜贴在温度较高的一侧。

3. 墙体的节能措施

① 外墙内保温技术；

② 空心砖墙及其复合墙技术；

③ 加气混凝土技术；

④ 混凝土轻质砌块墙体技术。

四、变形缝

（一）变形缝概念及设置

由于受温度变化、不均匀沉降以及地震等因素的影响，建筑结构内部将产生附加应力，这种应力常常使建筑物产生裂缝甚至破坏。为减少应力对建筑物的影响，在设计时预先在变形敏感的部分将结构断开，预留缝隙，这种缝隙即变形缝。

变形缝使建筑物被断开的各部分有足够的变形空间，以免于破损或产生裂缝。按照不同的设计概念，变形缝分为伸缩缝、沉降缝、抗震缝三种。

1. 伸缩缝（温度缝）

伸缩缝是在长度或宽度较大的建筑物中，为避免由于温度变化引起材料的热胀冷缩，导致构件开裂，而沿建筑物的竖向将基础以上部分全部断开的预留人工缝。

伸缩缝的缝宽一般 20～40 毫米。在有关结构规范中，明确规定了砌体结构和钢筋混凝土结构伸缩缝的最大间距。

2. 沉降缝

在同一幢建筑中，由于其高度、荷载、结构及地基承载力的不同，致使建筑物各部分沉降不均匀，墙体拉裂。故在建筑物某些部位设置从基础到屋面全部断开的垂直预留缝，把一幢建筑物分成几个可自由沉降的独立单元。这种为减少地基不均匀沉降对建筑物造成危害的垂直预留缝，称为沉降缝。

当建筑物有下列情况时，均应设沉降缝：

① 当一幢建筑物建造在地基承载力相差很大而又难以保证均匀沉降时；

② 当同一建筑高度或荷载相差很大，或结构形式不同时；

③ 当同一建筑各部分相邻的基础类型不同或埋置深度相差很大时；

④ 新建、扩建建筑物与原有建筑物紧相毗连时；

⑤ 当建筑平面形状复杂，高度变化较多时。

沉降缝的宽度与建筑物的高度及地基的承载力情况有关。

3. 抗震缝

抗震缝也称防震缝，是为了防止建筑物的各部分在地震时相互撞击造成变形和破坏，而设置的垂直预留缝。防震缝应将建筑物分成若干体型简单、结构刚度均匀的独立单元。

下列情况之一出现时宜设防震缝：

① 建筑平面体型复杂，有较长突出部分，应用防震缝将其分开，使其成为简单规整的独立单元；

② 建筑物立面高差超过 6 米，在高差变化处须设防震缝；

③ 建筑物毗连部分结构的刚度、重量相差悬殊处，须用防震缝分开；

④ 建筑物有错层且楼板高差较大时，须在高度变化处设防震缝。

对于高层钢筋混凝土结构房屋，应尽量选用合理的建筑结构方案，不设防震缝。当必须设置时，其最小宽度应符合有关规定。最小宽度与地震设计烈度及建筑高度有关。

一般地震设计烈度越大，防震缝宽度越大；建筑高度越高，防震缝宽度越大。

（二）变形缝处理的原则

变形缝构造设计的基本原则可以归纳为以下几方面：

① 满足变形缝力学方面的要求。即吸收变形、跟踪变形。如温度变形、沉降变形、振动变形等。

② 满足空间使用的基本功能需要。

③ 满足缝的防火方面的要求。缝的构造处理应根据所处位置的相应构件的防火要求，进行合理处理，避免由于缝的设置导致防火失效，如在楼面上设置了变形缝后，是否破坏了防火分区的隔火要求，在设计中应给予充分重视。

④ 满足缝的防水要求。不论是墙面、屋面或楼面，缝的防水构造都直接影响建筑物空间使用的舒适、卫生以及其他基本要求。

⑤ 满足缝的热工方面的要求。

⑥ 满足美观要求。

（三）变形缝的施工处理

1. 墙身变形缝处理

伸缩缝应保证建筑构件在水平方向自由变形，沉降缝应满足构件在垂直方向自由沉降变形，防震缝主要是防地震水平波的影响，但三种缝的构造基本相同。变形缝的构造要点是：将建筑构件全部断开，以保证缝两侧自由变形。砖混结构变形处，可采用单墙或双墙承重方案；框架结构可采用悬挑方案。变形缝应力求隐蔽，如设置在平面形状有变化处，还应在结构上采取措施，防止风雨对室内的侵袭。

变形缝的形式依据墙厚不同处理方式也有所不同。其构造在外墙与内墙的处理中，可以因位置不同而各有侧重。缝的宽度不同，构造处理不同。外墙变形缝为保证自由变形，并防止风雨影响室内，应用浸沥青的麻丝填嵌缝隙，当变形缝宽度较大时，缝口可采用镀锌铁皮或铝板盖缝调节；内墙变形缝着重表面处理，可采用木条或金属盖缝，仅一边固定在墙上，允许自由移动（图2.28）。

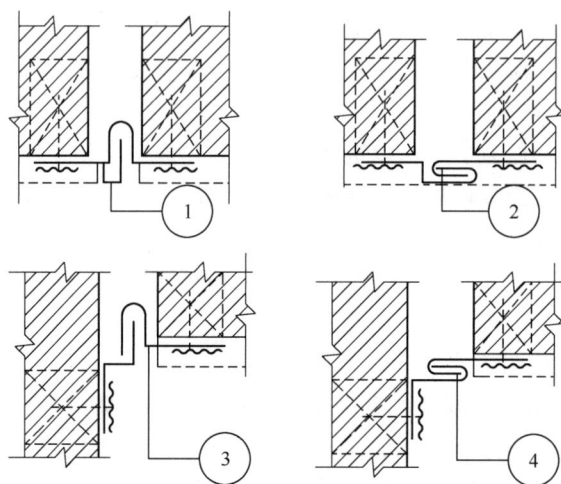

图 2.28　墙身变形缝处理

2. 楼地层变形缝处理

楼地层变形缝的位置和宽度应与墙体变形缝一致。其构造特点为方便行走、防火和防止灰尘下落，卫生间等有水环境还应考虑防水处理。

楼地层的变形缝内常填塞具有弹性的油膏、沥青麻丝、金属或橡胶塑料类调节片。上铺与地面材料相同的活动盖板、金属板或橡胶片等。

顶棚变形缝可用木板、金属板或其他吊顶材料覆盖，但构造上应注意不能影响结构的变形；若是沉降缝，则应将盖板固定于沉降较大的一侧。

3. 屋面变形缝处理

屋面变形缝在构造上主要要解决好防水、保温等问题。屋面变形缝一般设于建筑物的高低错落处。

寒冷地区为了加强变形缝处的保温，缝中填沥青麻丝、岩棉、泡沫塑料等保温材料。上人屋面一般不设矮墙，但应做好防水，避免渗漏。

屋面变形缝的构造处理原则是既不能影响屋面的变形，又要防止雨水从变形缝处渗入室内。屋面变形缝按建筑设计可设于同层等高屋面上，也可设在高低屋面的交接处。

等高屋面变形缝的做法是：在缝两边的屋面板上砌筑矮墙，以挡住屋面雨水。矮墙的高度不小于 250 毫米、半砖墙厚。屋面卷材防水层与矮墙面的连接处理类同于泛水构造，缝内嵌填沥青麻丝。矮墙顶部可用镀锌铁皮盖缝，也可铺一层卷材后用混凝土盖板压顶。

高低屋面变形缝则是在低侧屋面板上砌筑矮墙。当变形缝宽度较小时，可用镀锌铁皮盖缝并固定在高侧墙上，做法同泛水构造；也可以从高侧墙上悬挑钢筋混凝土板盖缝（图2.29）。

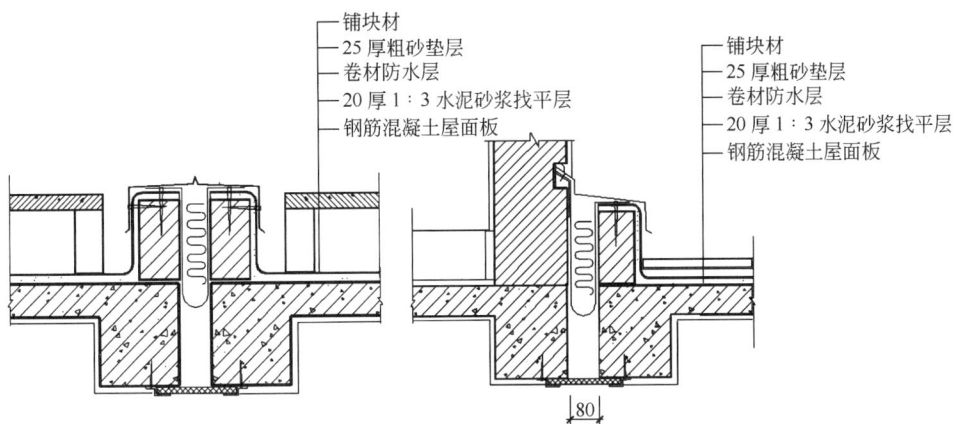

图 2.29　屋面变形缝处理

4. 基础变形缝处理

基础变形缝要沿基础全部断开，保证基础有上下和左右的自由度，常见的有悬挑式和双墙式两种（图 2.30）。

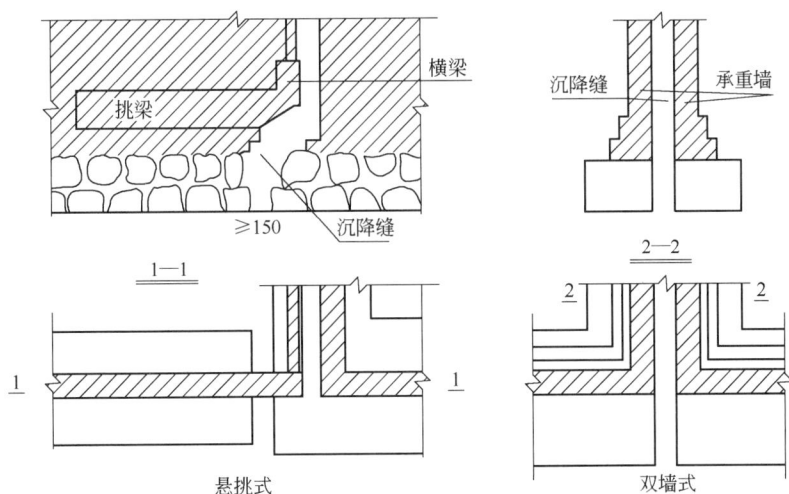

图 2.30　基础变形缝处理

（1）悬挑式　是对沉降量较大的一侧墙基不做处理，而另一侧的墙体由悬挑的基础梁来承担。这样，能保证沉降缝两侧的墙基能自由沉降而不相互影响。挑梁上端另设隔墙时，应尽量采用轻质墙以减少悬挑基础梁的荷载。

（2）双墙式　是在沉降缝的两侧都设有承重墙，以保证每个独立单元都有纵横墙封闭联结，建筑物的整体性好。但给基础带来偏心受力的问题。

第五节　楼地层与屋顶构造

一、楼地层的基本知识

楼地层包括楼板层和地层。

楼板层是建筑物中分隔上下楼层的水平构件，它不仅承受自重和其上的使用荷载，并将其传递给墙或柱，而且对墙体也起着水平支撑的作用。

地层是建筑物中与土壤直接接触的水平构件，承受作用在它上面的各种荷载，并将其传给地基。

地面是指楼板层和地层的面层部分，它直接承受上部荷载的作用，并将荷载传给下部的结构层和垫层，同时对室内又有一定的装饰作用。

（一）楼地层的组成

楼板层主要由面层、结构层和顶棚组成；地层主要由面层、垫层和基层组成。根据使用要求和构造做法的不同，楼地层有时还需设置找平层、结合层、防水层、隔声层、隔热层等附加构造层。

① 面层：位于楼板层的最上层，起着保护楼板层、分布荷载和绝缘的作用，同时对室内起美化装饰作用。

② 结构层：主要功能在于承受楼板层上的全部荷载并将这些荷载传给墙或柱；同时还对墙身起水平支撑作用，以加强建筑物的整体刚度。

③ 附加层：附加层又称功能层，根据楼板层的具体要求而设置，主要作用是隔声、隔热、保温、防水、防潮、防腐蚀、防静电等。根据需要，有时和面层合二为一，有时又和吊顶合为一体。

④ 楼板顶棚层：位于楼板层最下层，主要作用是保护楼板、安装灯具、遮挡各种水平管线，改善使用功能、装饰美化室内空间。

（二）楼地层的设计要求

① 具有足够的强度和刚度，以保证结构的安全和正常使用；

② 根据不同的使用要求和建筑质量等级，要求具有不同程度的隔声、防火、防水、防潮、保温、隔热等性能；

③ 便于在楼地层中敷设各种管线；

④ 满足建筑经济的要求；

⑤ 尽量为建筑工业化创造条件，提高建筑质量和加快施工进度。

（三）楼板的类型

楼板层按其结构层所用材料的不同，可分为木楼板、砖拱楼板、钢筋混凝土楼板及压型钢板混凝土组合板等多种形式。

① 木楼板：木楼板自重轻，保温隔热性能好、舒适、有弹性，只在木材产地采用较多，但耐火性和耐久性均较差，且造价偏高，为节约木材和满足防火要求，现采用较少。

② 钢筋混凝土楼板：具有强度高、刚度好、耐火性和耐久性好，还具有良好的可塑性，

在我国便于工业化生产，应用最广泛。按其施工方法不同，可分为现浇式、装配式和装配整体式三种。

③ 压型钢板混凝土组合板：是在钢筋混凝土基础上发展起来的，利用钢衬板作为楼板的受弯构件和底模，既提高了楼板的强度和刚度，又加快了施工进度，是目前正大力推广的一种新型楼板。

二、钢筋混凝土楼板

（一）现浇整体式楼板

即现浇钢筋混凝土楼板，是指在现场支模、绑扎钢筋、浇捣混凝土，经养护而成的楼板。

现浇钢筋混凝土楼板根据受力和传力情况不同，分为板式楼板、梁板式楼板、无梁楼板和压型钢板组合板等。

1. 板式楼板

楼板内不设置梁，将板直接搁置在墙上的称为板式楼板。

板有单向板与双向板之分。当板的长边与短边之比大于 2 时，板基本上沿短边方向传递荷载，这种板称为单向板，板内受力钢筋沿短边方向设置。

双向板长边与短边之比不大于 2 时，荷载沿双向传递，短边方向内力较大，长边方向内力较小，受力主筋平行于短边，并摆在下面。双向箭头表示双向板（图 2.31）。

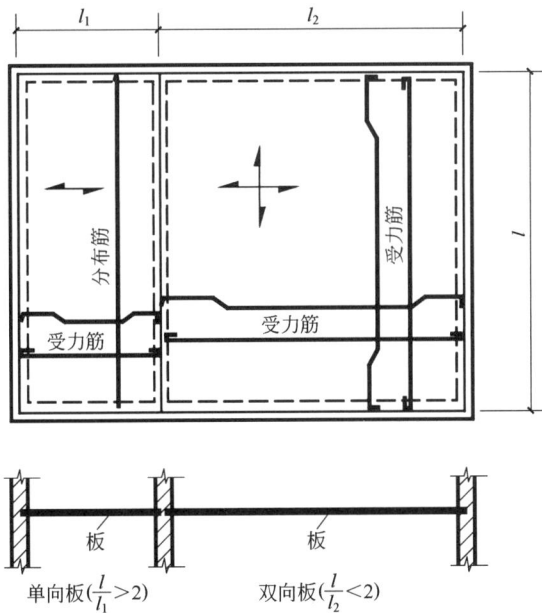

图 2.31　单向板和双向板

板式楼板底面平整、美观、施工方便。适用于小跨度房间，如走廊、厕所和厨房等。

2. 梁板式楼板

梁板式楼板又称肋梁楼板，是最常见的楼板形式之一，由板与横梁一同搭建。

当板为单向板时，称为单向板肋梁楼板，当板为双向板时，称为双向板肋梁楼板。梁有主梁、次梁之分，次梁与主梁一般垂直相交，板搁置在次梁上，次梁搁置在主梁上，主梁搁置在墙或柱上（图 2.32）。其主次梁布置对建筑的使用、造价和美观等有很大影响。

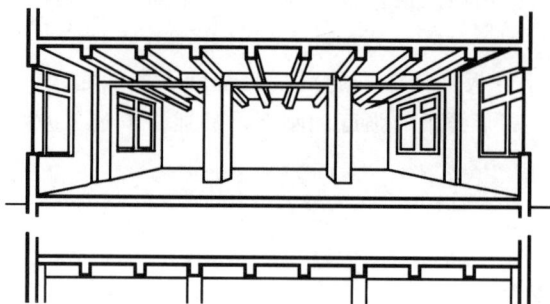

图 2.32　梁板式楼板

3. 井式楼板

井式楼板是肋梁楼板的一种特殊形式。当房间尺寸较大，并接近正方形时，常沿两个方向布置等距离、等截面高度的梁（不分主次梁），板为双向板，形成井格形的梁板结构，纵梁和横梁同时承担着由板传递下来的荷载（图 2.33）。

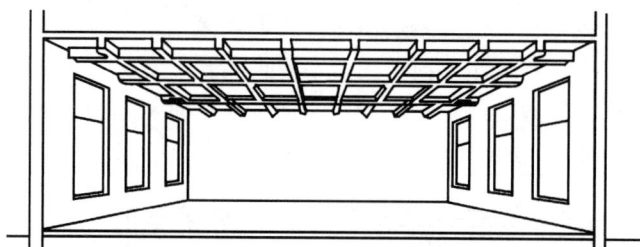

图 2.33　井式楼板

4. 无梁楼板

无梁楼板是将楼板直接支承在柱上，不设主梁和次梁。柱网一般布置为正方形或矩形，柱距以 6 米左右较为经济。为减少板跨、改善板的受力条件和加强柱对板的支承作用，一般在柱的顶部设柱帽或托板（图 2.34）。

无梁楼板楼层净空较大，顶棚平整，采光通风和卫生条件较好，适宜于活荷载较大的商店、仓库和展览馆等建筑。

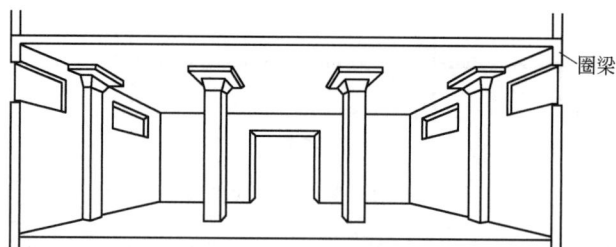

图 2.34　无梁楼板

（二）预制装配式楼板

预制装配式楼板是指用预制厂生产或现场预制的梁、板构件，现场安装拼合而成的楼板。这种楼板具有节约模板，减轻工人劳动强度，施工速度快，便于组织工厂化、机械化的生产和施工等优点。但这种楼板的整体性差，并需要一定的起重安装设备。

1. 实心平板

实心平板上下板面平整，制作简单，宜用于跨度小的走廊板、楼梯平台板、阳台板、管沟盖板等处。

板的两端支承在墙或梁上，板厚一般为 50~80 毫米，跨度在 2.4 米以内为宜，板宽约为 500~900 毫米。由于构件小，施工时对起吊机械要求不高。

2. 空心板

空心板是一种板腹抽孔的钢筋混凝土楼板，孔的形状有倒棱孔、方孔、椭圆孔和圆孔等几种（图 2.35），以圆孔空心板制作最为方便，应用最广。

空心板也是一种梁、板合一的预制构件，其结构计算理论与槽形板相似，材料消耗也相近，但空心板上下板面平整，且隔声效果好，因此是目前广泛采用的一种形式。

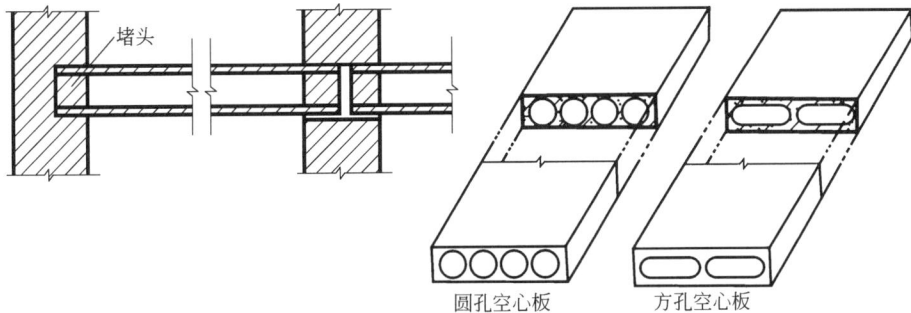

图 2.35　空心板

3. 槽形板

槽形板是一种梁板结合的构件，即在实心板两侧设纵肋，构成槽形截面，板可以做得很薄。它具有自重轻、省材料、造价低、便于开孔等优点。

依据板的槽口向下和向上分别称为正槽板和反槽板（图 2.36）。

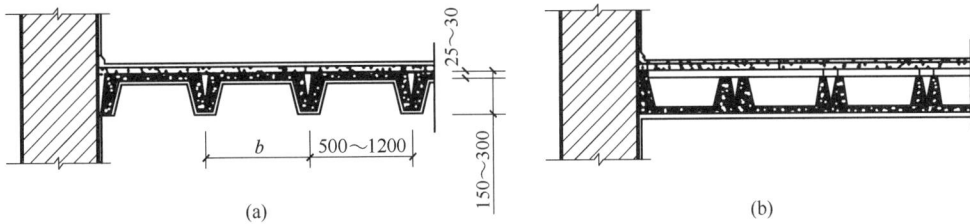

图 2.36　槽形板
（a）正槽板；（b）反槽板

三、地面与顶棚

（一）地面

1. 地面设计的要求

应满足各种使用要求；坚固耐磨、表面平整光洁并便于清洁；满足吸声、保温和弹性等要求；还应具有防水、耐腐蚀、耐火等性能。

2. 地面构造施工

按材料形式和施工方式分：

① 整体浇注地面：水泥砂浆、水磨石、菱苦土；

② 板块地面：陶瓷板块、石板、塑料板块、木地面；

③ 卷材地面：塑料地毡、油地毡、橡胶地毡、地毯；

④ 涂料地面：溶剂型、水溶性和水乳型等。

3. 踢脚和墙裙

踢脚是地面与墙面交接处的构造处理，其主要作用是遮盖墙面与地面的接缝，并保护墙面，防止外界的碰撞损坏和清洗地面时的污染。常用的踢脚板有水泥砂浆、水磨石、釉面砖、木板等。

在墙体的内墙面所做的保护处理称为墙裙（又称台度）。一般居室内的墙裙，主要起装饰作用，常用木板、大理石板等板材来做，高度为 900～1200 毫米。卫生间、厨房的墙裙，作用是防水和便于清洗，多用水泥砂浆、釉面瓷砖来做，高度为 900～2000 毫米。

（二）顶棚

顶棚按照构造方式的不同分为直接式顶棚：直接喷刷顶棚、抹灰顶棚、贴面顶棚；悬吊式顶棚：由吊杆、基层和面层三部分组成。按照面层施工方式不同有抹灰吊顶和板材吊顶。

① 直接喷刷顶棚：当楼板底面平整，室内装饰要求不高时，可在楼板底面填缝刮平后直接喷刷大白浆、石灰浆等涂料，以增加顶棚的反射光照作用。

② 抹灰顶棚：当楼板底面不够平整或室内装修要求较高时，可在楼板底抹灰后再喷刷涂料。顶棚抹灰可用纸筋灰、水泥砂浆和混合砂浆等，其中纸筋灰应用最普遍。纸筋灰抹灰应先用混合砂浆打底，再用纸筋灰罩面。

③ 贴面顶棚：对于某些有保温、隔热、吸声要求的房间，以及楼板底不需要敷设管线而装修要求又高的房间，可于楼板底面用砂浆打底找平后，用黏结剂粘贴墙纸、泡沫塑料板、铝塑板或装饰吸声板等，形成贴面顶棚。

四、阳台和雨篷

（一）阳台

阳台是多层及高层建筑中供人们室外活动的平台，有生活阳台和服务阳台之分。

阳台按其与外墙的相对位置分，有凸阳台、凹阳台和半凸半凹阳台。凹阳台实为楼板层的一部分，构造与楼板层相同，而凸阳台的受力构件为悬挑构件，其挑出长度和构造做法必须满足结构抗倾覆的要求。

阳台由承重结构（梁、板）和栏杆（栏板）组成。栏杆（栏板）是为保证人们在阳台上活动安全而设置的竖向构件，要求坚固可靠、舒适美观。其净高应高于人体的重心，不宜小于 1.05 米，也不应超过 1.2 米。栏杆一般由金属杆或混凝土杆制作，其垂直杆件间净距不应大于 110 毫米。栏板有钢筋混凝土栏板和玻璃栏板等。

阳台有外排水和内排水之分，外排水适用于低层和多层建筑，具体做法是在阳台一侧或两侧设排水口，阳台地面向排水口做成 1‰～2‰ 的坡度，排水口内埋设直径 40～50 毫米镀锌钢管或塑料管（称水舌），外挑长度不少于 80 毫米，以防雨水溅到下层阳台；内排水适用于高层建筑和高标准建筑，具体做法是在阳台内设置排水立管和地漏，将雨水直接排入地下管网，保证建筑立面美观。

阳台设计应满足以下要求：安全、坚固、适用、美观、施工方便。

（二）雨篷

当代建筑的雨篷形式多样，以材料和结构分为钢筋混凝土雨篷、钢结构悬挑雨篷、玻璃采光雨篷、软面折叠多用雨篷等。雨篷的重点在于防水和排水处理。

① 钢筋混凝土雨篷：一般由雨篷梁和雨篷板组成。

② 钢结构悬挑雨篷：钢结构悬挑雨篷由支撑系统、骨架系统和板面系统三部分组成。

③ 玻璃采光雨篷：是用阳光板、钢化玻璃作雨篷面板的新型透光雨篷。其特点是结构轻巧、造型美观、透明新颖、富有现代感，也是现代建筑中广泛采用的一种雨篷。

五、屋顶

（一）屋顶形式与要求

1. 屋顶形式及坡度

主要有平屋顶、坡屋顶、曲面屋顶、折板屋顶等形式（图 2.37）。

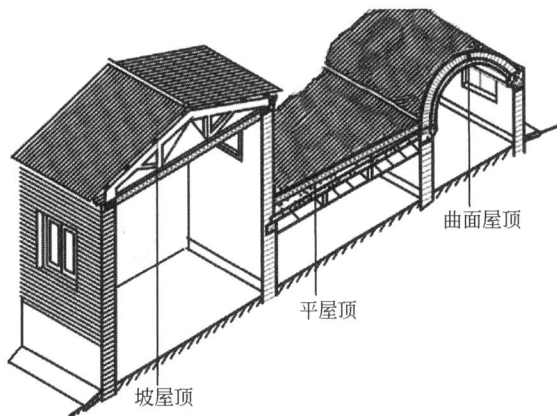

图 2.37　坡屋顶、平屋顶、曲面屋顶示意图

① 平屋顶：通常是指屋面坡度小于 5％ 的屋顶，常用坡度为 2％～3％。

② 坡屋顶：通常是指屋面坡度较陡的屋顶，其坡度一般大于 10％。

其他形式的屋顶还有拱屋盖、薄壳屋盖、悬索屋盖、网架屋盖等，多用于较大跨度的公共建筑（图 2.38）。

2. 屋顶的组成与设计要求

屋顶由面层、承重结构、保温隔热层和顶棚等部分组成。屋顶设计要满足防水、保温、隔热、结构、建筑艺术等要求。

屋顶坡度大小取决于屋面选用材料、当地降雨量大小、屋顶结构形式、建筑造型要求及经济等条件。有材料找坡和结构找坡两种。

① 材料找坡：屋顶结构层可像楼板一样水平搁置，采用价廉、质轻的材料，来垫置屋面排水坡度，适用于跨度不大的平屋盖。

② 结构找坡：屋顶的结构层根据屋面排水坡度搁置倾斜，再铺设防水层等。结构找坡一般适用于屋面进深较大的建筑。

（二）平屋顶

1. 平屋顶的排水方式

平屋顶排水方式分为无组织排水和有组织排水两大类。

图 2.38 常见屋顶形式

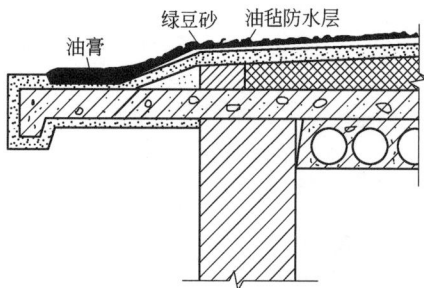

单坡顶　　硬山两坡顶　　卷棚顶　　悬山两坡顶　　四坡顶

庑殿顶　　歇山顶　　挑檐平屋顶　　女儿墙平屋顶　　挑檐女儿墙平屋顶

两坡刚架屋顶　　三角形锯齿屋顶　　砖石拱屋顶　　双曲拱屋顶　　V形折板屋顶

筒壳屋顶　　扁壳屋顶　　扭壳屋顶　　球壳屋顶　　球形网壳屋顶

平板型网架屋顶　　单向悬挂屋顶　　车轮形悬索屋顶　　鞍形悬索屋顶　　充气屋顶

图 2.39 自由落水

油膏　　绿豆砂　　油毡防水层

无组织排水又称自由落水（图 2.39），是指屋面雨水直接从檐口落至室外地面的一种排水方式。这种做法具有构造简单、造价低廉的优点，但易污染墙面。无组织排水方式主要适用于少雨地区或一般低层建筑，不宜用于临街建筑和高度较高的建筑。

有组织排水是指屋面雨水通过排水系统，有组织地排至室外地面或地下管沟的一种排水方式。这种排水方式具有不妨碍人行交通、不易溅湿墙面的优点，但构造较复杂，造价相对较高。

有组织排水方案又可分为外排水和内排水两种基本形式，常用外排水方式有女儿墙外排水、屋檐外排水、女儿墙檐沟外排水三种（图 2.40～图 2.42）。

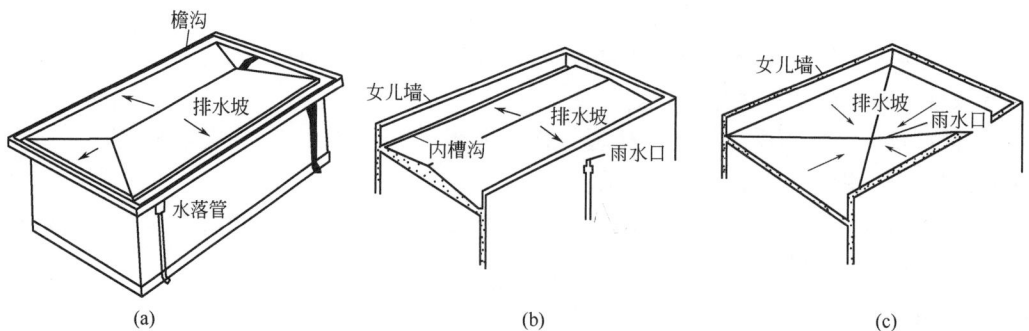

檐沟　　排水坡　　水落管

女儿墙　　内槽沟　　排水坡　　雨水口

女儿墙　　排水坡　　雨水口

(a)　　(b)　　(c)

图 2.40 有组织排水

(a) 屋檐排水；(b) 女儿墙外排水；(c) 内排水

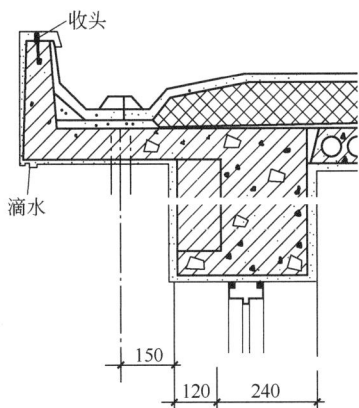

图 2.41 屋檐外排水

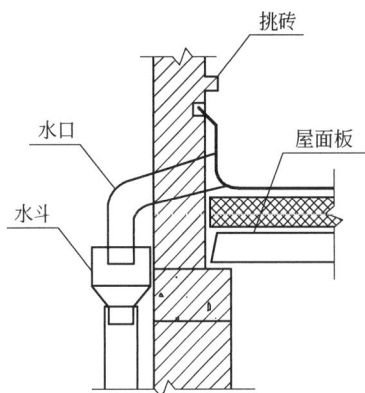

图 2.42 女儿墙外排水

2. 刚性防水屋面

（1）刚性防水层构造　刚性防水屋面，是以细石混凝土作防水层的屋面。刚性防水屋面要求基层变形小，一般只适用于无保温层的屋面，因为保温层多采用轻质多孔材料，其上不宜进行浇筑混凝土的湿作业；此外，刚性防水屋面也不宜用于高温、有振动和基础有较大不均匀沉降的建筑。

刚性防水屋面的构造一般有：防水层、隔离层、找平层、结构层等，刚性防水屋面应尽量采用结构找坡。

① 防水层：采用不低于 C20 的细石混凝土整体现浇而成，其厚度不小于 40 毫米。为防止混凝土开裂，可在防水层中配直径 4～6 毫米、间距 100～200 毫米的双向钢筋网片，钢筋的保护层厚度不小于 10 毫米。

② 隔离层：位于防水层与结构层之间，其作用是减少结构变形对防水层的不利影响。在结构层与防水层之间设一道隔离层使二者脱开。隔离层可采用铺纸筋灰、低强度等级砂浆，或薄砂层上干铺一层油毡等做法。

③ 找平层：当结构层为预制钢筋混凝土屋面板时，其上应用 1∶3 水泥砂浆做找平层，厚度为 20 毫米。若屋面板为整体现浇混凝土结构时则可不设找平层。

④ 结构层：一般采用预制或现浇的钢筋混凝土屋面板。

（2）刚性防水屋面的变形　刚性防水屋面防止开裂的措施有：

① 增加防水剂；

② 采用微膨胀水泥；

③ 提高密实性，如控制水灰比，加强浇注时的振捣等。

（3）分仓缝构造

① 设置位置：分仓缝应设置在装配式结构屋面板的支承端、屋面转折处、刚性防水层与立墙的交接处，并应与板缝对齐。刚性防水层不能紧贴在女儿墙上，它们之间应做柔性封缝处理以防女儿墙或刚性防水层开裂引起渗漏。其他突出屋面的结构物四周都应设置分仓缝。

② 间距：分仓缝的纵横间距不宜大于 6 米。在横墙承重的民用建筑中，屋脊处应设一纵向分仓缝；横向分仓缝每开间设一条，并与装配式屋面板的板缝对齐；沿女儿墙四周的刚性防水层与女儿墙之间也应设分仓缝。

③ 防水层内的钢筋在分仓缝处应断开。

④ 屋面板缝用浸过沥青的木丝板等密封材料嵌填，缝口用油膏嵌填。

⑤ 缝口表面用防水卷材铺贴盖缝，卷材的宽度为 200～300 毫米。

3. 柔性防水屋面

柔性防水屋面用防水卷材与胶黏剂结合在一起，形成连续致密的构造层，从而达到防水的目的。其基本构造层次由下至上依次为：结构层、找平层、结合层、防水层、保护层。

① 结构层：多为钢筋混凝土屋面板，可以是现浇板或预制板。

② 找平层：卷材防水层要求铺贴在坚固而平整的基层上，以防止卷材凹陷或断裂，因而在松软材料上应设找平层；找平层的厚度取决于基层的平整度，一般采用 20 毫米厚 1∶3 水泥砂浆，也可采用 1∶8 沥青砂浆等。

③ 结合层：作用是在基层与卷材胶黏剂间形成一层胶质薄膜，使卷材与基层胶结牢固。沥青类卷材通常用冷底子油作结合层；高分子卷材则多采用配套基层处理剂，也可用冷底子油或稀释乳化沥青作结合层。

④ 防水层：可采用高聚物改性沥青防水层或高分子卷材防水层。

⑤ 保护层：设置保护层的目的是保护防水层。保护层的构造做法应视屋面的利用情况而定。

另外，还有其他辅助层次，是根据屋盖的使用需要或为提高屋面性能而补充设置的构造层。其中，找坡层是材料找坡屋面为形成所需排水坡度而设；保温层是为防止夏季或冬季气候使建筑顶部室内过热或过冷而设；隔蒸汽层是为防止潮气侵入屋面保温层，使其保温功能失效而设等。

（三）坡屋顶

1. 坡屋顶形式

根据坡面组织的不同，主要有单坡顶、双坡顶（悬山、硬山、出山）和四坡顶等。

2. 坡屋顶的组成

坡屋顶一般由承重结构和屋面两部分所组成，必要时还有保温层、隔热层及顶棚等（图 2.43）。

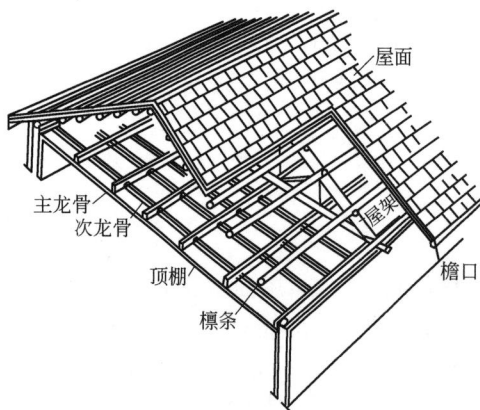

图 2.43　坡屋顶组成

① 承重结构：主要承受屋面荷载并把它传递到墙或柱上，一般有椽子、檩条、屋架或大梁等。目前基本采用屋架或现浇钢筋混凝土板。

② 屋面：是屋顶的上覆盖层，防水材料为各种瓦材及与瓦材配合使用的各种涂膜防水材料和卷材防水材料。屋面的种类根据瓦的种类而定，如块瓦屋面、油毡瓦屋面、块瓦形钢板彩瓦屋面等。

③ 其他层次：包括顶棚、保温或隔热层等。顶棚是屋顶下面的遮盖部分，可使室内上部平整，有一定光线反射，起保温隔热和装饰作用。保温或隔热层可设在屋面层或顶棚层，视需要决定。

第六节　楼梯、台阶及门窗

一、楼梯种类与构造尺寸

（一）楼梯组成

楼梯主要由梯段、平台和栏杆扶手三部分组成（图 2.44）。具体包括梯段、休息平台、栏杆扶手、踏步、防滑条。

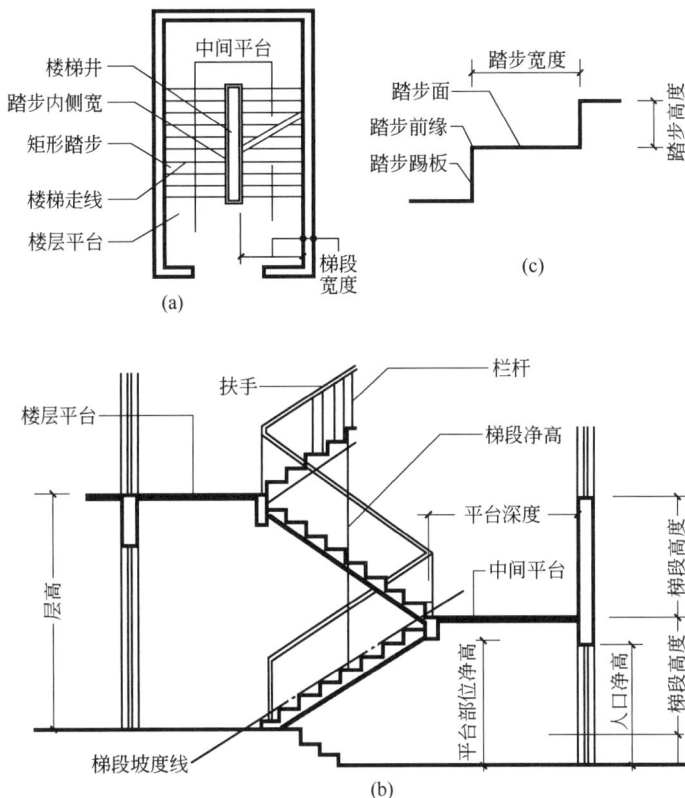

图 2.44　楼梯的组成

（二）楼梯种类

楼梯种类繁多，常见的楼梯有：单跑楼梯、双跑楼梯、三跑楼梯、合上双分式（分上双合式）楼梯、螺旋楼梯和弧形楼梯等（图 2.45）。

（三）楼梯的主要尺寸

1. 踏步尺寸和踏步数量

① 根据建筑物的性质和楼梯的使用要求，确定楼梯的踏步尺寸。通常公共建筑楼梯的踏步尺寸（适宜范围）为：踏步宽度 280～300 毫米；踏步高度 150～160 毫米。可先选定踏步宽度，踏步宽度应采用 1/5M（模数）的整数倍数，由经验公式 $b+2h=600$ 毫米（b 为踏步宽度，h 为踏步高度）可求得踏步高度，各级踏步尺寸应相同。

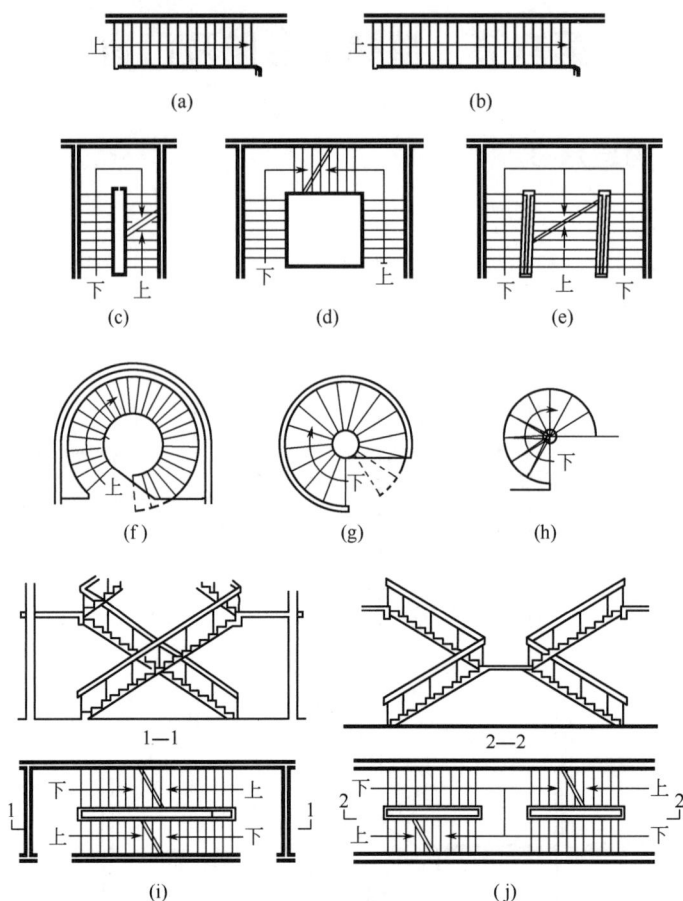

图 2.45　楼梯的种类

（a）单跑直楼梯；（b）双跑直楼梯；（c）双跑平行楼梯；（d）三跑楼梯；（e）双分平行楼梯；

（f）圆形楼梯；（g）无中柱螺旋楼梯；（h）中柱螺旋楼梯；（i）交叉楼梯；（j）剪刀楼梯

② 根据建筑物的层高和初步确定的楼梯踏步高度计算楼梯各层的踏步数量，即踏步数量＝层高/踏步高度。若得出的踏步数量不是整数，可调整踏步高度。为使构件统一，以便简化结构和施工，平行双跑楼梯各层的踏步数量宜取偶数。

2. 梯段尺寸

① 根据楼梯间的开间和楼梯形式，确定梯段宽度，即梯段宽度＝（楼梯间净宽－梯井宽）/2，梯段宽度应采用1M 或 1/2M 的整数倍数。

② 确定各梯段的踏步数量。对平行双跑楼梯，通常各梯段的踏步数量为各层踏步数量的一半，因底层中间平台下做通道，为满足平台净高要求（平台净高≥2000 毫米）。需调整底层两个梯段的踏步数量。

③ 根据踏步尺寸和各梯段的踏步数量，确定梯段长度和梯段高度。即梯段长度＝（该梯段的踏步数量－1）×踏步宽度，梯段高度＝该梯段的踏步数量×踏步高度。

3. 平台深度和栏杆扶手高度

① 平台深度不应小于梯段宽度。

② 栏杆扶手高度不应小于900 毫米。

二、钢筋混凝土楼梯

（一）现浇整体式钢筋混凝土楼梯

根据梯段跨度及结构要求，确定楼梯的结构形式。当梯段跨度不大时（一般不超过 3 米），可采用板式梯段，当梯段跨度或荷载较大时，宜采用梁式楼梯。若选用梁式楼梯，应确定梯梁的布置形式。

（二）预制装配式钢筋混凝土楼梯

此类楼梯选择楼梯预制构件的形式，通常采用小型构件或中型构件。

1. 小型构件装配式楼梯

（1）梁承式　通常根据预制踏步的断面形式确定梯梁形式，根据平台板的布置方式确定平台板的断面形式，根据梯梁的搁置和平台板的布置方式确定平台梁的断面形式。平台梁常用 L 形或有缺口（缺口处为 L 形断面，以便搁置梯梁）的矩形断面。应注意梯梁在平台梁上的搁置构造，以及底层第一跑梯段的下端在基础或基础梁上的搁置构造。

（2）墙承式和悬挑式　通常适用于 L 形或一字形预制踏步，这两种支承方式的楼梯不需要设梯梁和平台梁。要对预制踏步和平台板的断面形式进行选择，并注意平台板和预制踏步连接处的构造。对于墙承式平行双跑楼梯，需在楼梯间中部设置承重墙。

2. 中型构件装配式楼梯

根据梯段跨度和荷载大小确定梯段的结构形式，根据梯段的搁置和预制、吊装能力，确定预制平台板和平台梁的形式。注意梯段在平台梁上的搁置，以及底层第一跑梯段下端在基础或基础梁上的搁置构造。

选择栏杆扶手的形式和入口处雨篷的形式，确定室内外台阶或坡道、地坪层、楼板层等的构造做法。

（三）钢筋混凝土楼梯细部构造

代表性的楼梯细部设计，包括栏杆与梯段的连接、栏杆与扶手的连接、顶层水平栏杆扶手与墙的连接、踏面防滑处理等（图 2.46）。

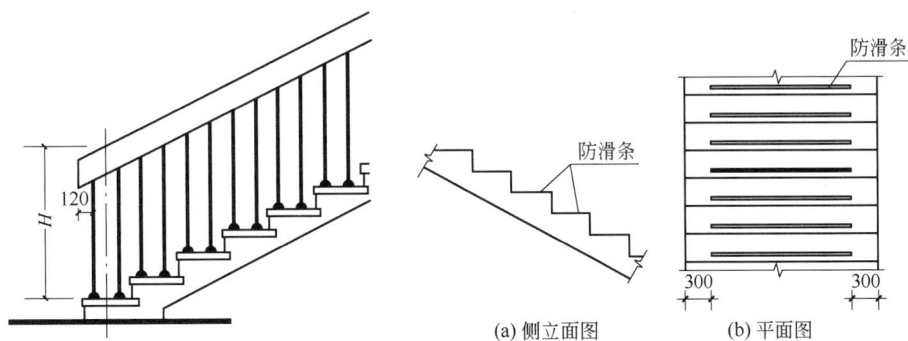

图 2.46　钢筋混凝土楼梯细部构造

三、台阶、坡道及门窗

（一）台阶

台阶是解决地形变化、造园地坪高差的重要手段。建造台阶除了必须考虑功能上及实质上的有关问题外，也要考虑美观与和谐因素。

许多材料都可以做台阶，以石材来说有六方石、圆石、鹅卵石及整形切石、石板等。木材则有杉、桧等的角材或圆木柱等。其他材料包括红砖、水泥砖、钢铁等都可以选用。除此之外还有各种贴面材料，如洗石子、瓷砖、磨石子等。选用材料时要从各方面考虑，基本条件是坚固耐用、耐湿耐晒。此外，材料的色彩必须与构筑物协调。

台阶设置应符合下列规定：

① 公共建筑室内外台阶踏步宽度不宜小于 0.30 米，踏步高度不宜大于 0.15 米，并不宜小于 0.10 米，踏步应防滑。室内台阶踏步数不应少于 2 级，当高差不足 2 级时，应按坡道设置。

② 人流密集的场所，台阶高度超过 0.70 米并侧面临空时，应有防护设施。

（二）坡道

坡道设置应符合下列规定：

① 室内坡道坡度不宜大于 1∶8，室外坡道坡度不宜大于 1∶10；

② 室内坡道水平投影长度超过 15 米时，宜设休息平台，平台宽度应根据使用功能或设备尺寸所需缓冲空间而定；

③ 供轮椅使用的坡道不应大于 1∶12，困难地段不应大于 1∶8；

④ 自行车推行坡道每段坡长不宜超过 6 米，坡度不宜大于 1∶5；

⑤ 机动车行坡道应符合国家现行标准《车库建筑设计规范》（JGJ 100—2015）的规定；

⑥ 坡道应采取防滑措施。

（三）门窗

1. 门窗材料

门窗材料种类很多，经常使用的有木材、钢材、彩色钢板、铝合金、塑料等。门窗按照材料分类有木门窗、钢门窗、彩色钢门窗、铝合金门窗及塑料门窗等形式。

2. 门窗的类型

（1）门的类型　按开启方式不同，可分为：平开门、弹簧门、推拉门、折叠门、转门、上翻门、升降门、卷帘门等形式。

（2）窗的类型　按开启方式不同，分为：平开窗、悬窗（上、中、下悬）、立转窗、推拉窗（水平、垂直推拉）、固定窗等。

■■■■ 第七节　单层工业厂房 ■■■■

一、单层工业厂房的结构组成与类型

（一）单层工业厂房结构组成

在厂房建筑中，支承各种荷载作用的构件所组成的骨架称为结构。厂房结构稳定、耐久是依靠结构构件连接在一起，组成一个结构空间来保证的。装配式钢筋混凝土单层工业厂房结构，主要是由横向排架、纵向连系构件以及支撑系统所组成（图 2.47）。

横向排架包括屋架或屋面梁、柱和柱基础。横向排架的特点是把屋架或屋面梁视为刚度

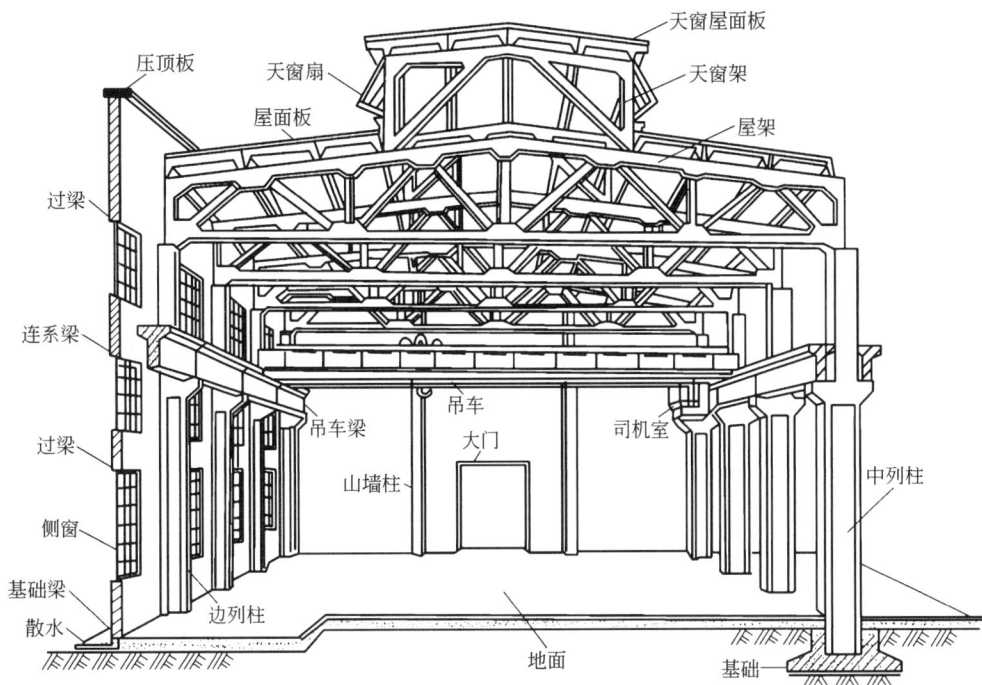

图 2.47 单层工业厂房的组成

很大的横梁，它与柱的连接为铰接，柱与基础的连接为刚接。它的作用主要是承受屋盖、天窗、外墙及吊车梁等荷载作用。

纵向连系构件包括吊车梁、基础梁、连系梁、圈梁、大型屋面板等，这些构件的作用是连系横向排架并保证横向排架的稳定性，形成厂房的整个骨架结构系统，并将作用在山墙上的风力和吊车纵向制动力传给柱子。

支撑系统包括屋盖支撑和柱间支撑两大类。它的作用是保证厂房的整体性和稳定性。

单层厂房除骨架之外，还有外围护结构，它包括厂房四周的外墙、抗风柱等，它主要起围护、抗横向风荷载或分隔作用。

（二）单层工业厂房的结构类型

1. 按承重结构的材料分

单层厂房结构按其承重结构的材料分，有混合结构、钢筋混凝土结构和钢结构等类型。混合结构是由墙或带壁柱墙承重，屋架用钢筋混凝土、钢木结构或轻钢结构，适用于吊车起重量小于 10 吨，跨度 15 米以内的小型厂房。大中型厂房多采用钢筋混凝土结构。

2. 按承重结构的形式分

单层厂房结构按其主要承重结构的形式，分为有排架结构和刚架结构两种。

排架结构是单层厂房中应用比较普遍的结构形式。除用于一般单层厂房外，还用于跨度和高度均大，且有较大吨位的吊车或有较大振动荷载的大型厂房。

钢筋混凝土门式刚架的基本特点是柱和屋架（横梁）合并为同一个构件，柱与基础的连接多为铰接。它用于屋盖较轻的无桥式吊车或吊车吨位较小、跨度和高度亦不大的中小型厂房。

二、单层工业厂房定位轴线

（一）柱网尺寸

在厂房中，为支承屋盖和吊车需设柱子，一般在纵横向定位轴线相交处设柱子。厂房柱子纵横向定位轴线在平面上形成有规律的网格称为柱网（图 2.48）。

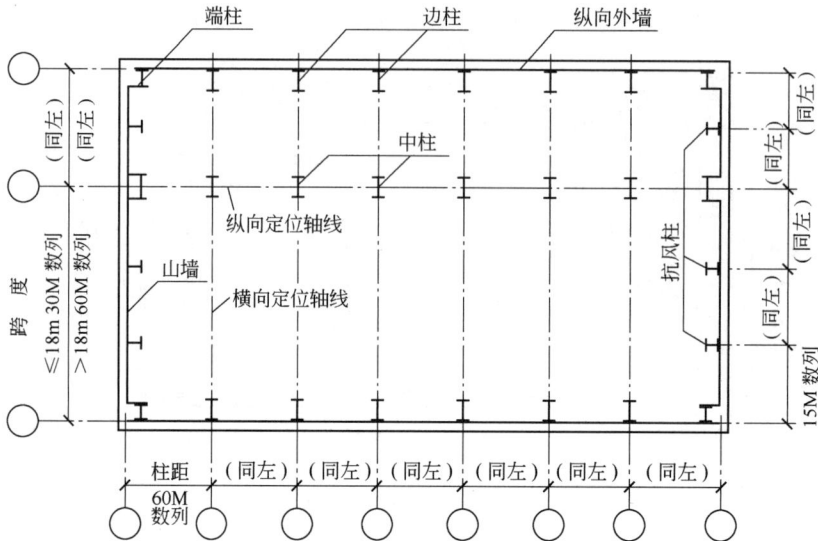

图 2.48　跨度和柱距示意图

1. 跨度

单层厂房中柱子纵向定位轴线间的距离称为跨度。

我国现行标准《厂房建筑模数协调标准》（GB/T 50006—2010）规定，跨度在 18 米以下时，应采用扩大模数 30M 数列，即 9 米、12 米、15 米、18 米；在 18 米以上时应采用扩大模数 60M 数列，即 24 米、30 米、36 米等；当工艺布置和技术经济有明显的优越性时，工业厂房跨度也可采用扩大模数 30M 数列或其他数值跨度尺寸。

2. 柱距

单层厂房中横向定位轴线的距离称为柱距。

我国现行标准《厂房建筑模数协调标准》（GB/T 50006—2010）规定，柱距应采用扩大模数 60M 数列，常用 6 米柱距，有时也采用 12 米柱距。

单层厂房山墙处的抗风柱柱距宜采用扩大模数 15M 数列，即 4.5 米、6 米和 7.5 米。

（二）定位轴的定位方法

厂房的定位轴线分横向和纵向两种。与横向排架平面平行的称为横向定位轴线，与横向排架平面垂直的称为纵向定位轴线。

1. 横向定位轴线

（1）中间柱与横向定位轴线的定位　除山墙端部柱和横向变形缝两侧柱以外，厂房纵向柱列（包括中柱和边柱）中的中间柱的中心线应与横向定位轴线相重合，且横向定位轴线通过屋架中心线和屋面板、吊车梁等构件的横向接缝。

（2）山墙处柱与横向定位轴线的定位　　山墙为非承重墙时，墙内缘应与横向定位轴线相重合，且端部柱及端部屋架的中心线应自横向定位轴线向内移 600 毫米。

山墙为承重墙时，墙内缘与横向定位轴线间的距离应按砌体的块材类别分别为半块或半块的倍数或墙厚的一半。

（3）横向变形缝处柱与横向定位轴线的定位　　在横向伸缩缝或防震缝处，采用双柱及两条定位轴线。柱的中心线均应自定位轴线向两侧各移 600 毫米，两条横向定位轴线分别通过两侧屋面板、吊车梁等纵向构件的标志尺寸端部，两轴线间所需缝的宽度应符合有关国家标准规定。

2. 纵向定位轴线

纵向定位轴线的定位都是按照屋架跨度的标志尺寸从其两端垂直引下来的。

（1）边柱与纵向定位轴线的定位　　在有梁式或桥式吊车的厂房中，厂房跨度与吊车跨度密切相关。

吊车轨道中心线至厂房纵向定位轴线间的距离，与上柱的截面高度及吊车端部至轨道中心线的距离有关。

在实际工程中，由于吊车形式、起重量，厂房跨度、高度和柱距不同，以及是否设置安全走道板等条件不同，外墙、边柱与纵向定位轴线的定位有封闭结合和非封闭结合两种类型。

（2）等高跨中柱与纵向定位轴线的关系　　当等高跨厂房没有设纵向伸缩缝时，中柱宜设单柱和一条纵向定位轴线，纵向定位轴线与上柱中心线相重合。当设插入距时中柱可采用单柱及两条纵向定位轴线，其插入距应符合 3M 数列，即 300 毫米及其整数倍，柱中心线宜与插入距中心线相重合。

当等高跨中柱设有纵向伸缩缝时，中柱可采用单柱并设两条纵向定位轴线，伸缩缝一侧的屋架应搁置在活动支座上，两条定位轴线间插入距为伸缩缝的宽度。

（3）不等高跨中柱与纵向定位轴线的定位　　不等高处采用单柱、高跨为"封闭结合"，且封墙底面高于低跨屋面时，宜采用一条纵向定位轴线，即纵向定位轴线与高跨上柱外缘、封墙内缘及低跨屋架标志尺寸端部相重合；当封墙底面低于屋面时，应采用两条纵向定位轴线。

当高跨需采用"非封闭结合"时，应采用两条纵向定位轴线。

在有纵横跨的厂房中，应在交接处设置伸缩缝或防震缝，将两者断开，使纵横跨在结构上各自独立，因此需设双柱并采用各自的定位轴线。两轴线与柱的定位分别按山墙处柱横向定位轴线和边柱纵向定位轴线的定位方法。

三、单层工业厂房主要结构构件

（一）屋盖结构

屋盖起围护和承重作用。它包括两部分：①覆盖构件，如屋面板或檩条、瓦等；②承重构件，如屋架或屋面梁。

屋盖结构形式大致可分为有檩体系和无檩体系两种（图 2.49）。

1. 屋盖承重结构

（1）屋架　　屋架按其形式可分为三角形、拱形、梯形、折线形等。按制作材料分，有普通钢筋混凝土屋架和预应力钢筋混凝土屋架（图 2.50）。

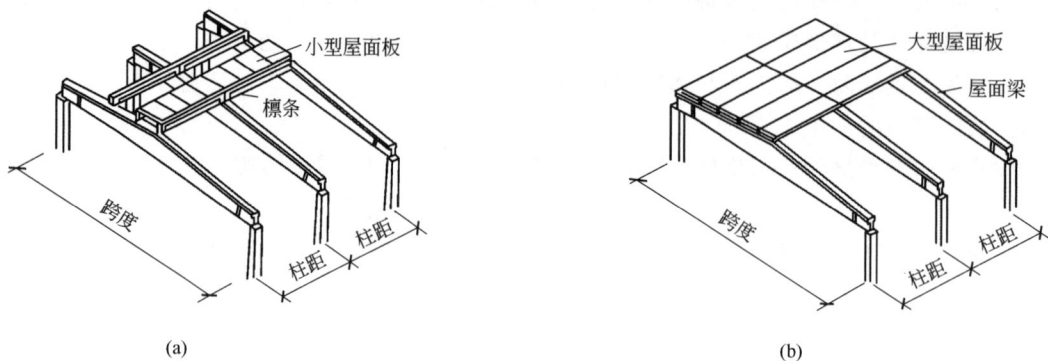

图 2.49　屋盖结构形式

（a）有檩体系；（b）无檩体系

各种屋架适合的跨度：三角形屋架一般跨度为 6 米、9 米、12 米、15 米、18 米；梯形屋架一般跨度为 15 米、18 米、21 米、24 米、27 米、30 米、33 米、36 米。预应力屋架由于其良好的受力性能，通常用于较大跨度情况。标准图集有以上跨度的屋架标准图，可依据具体情况进行设计。

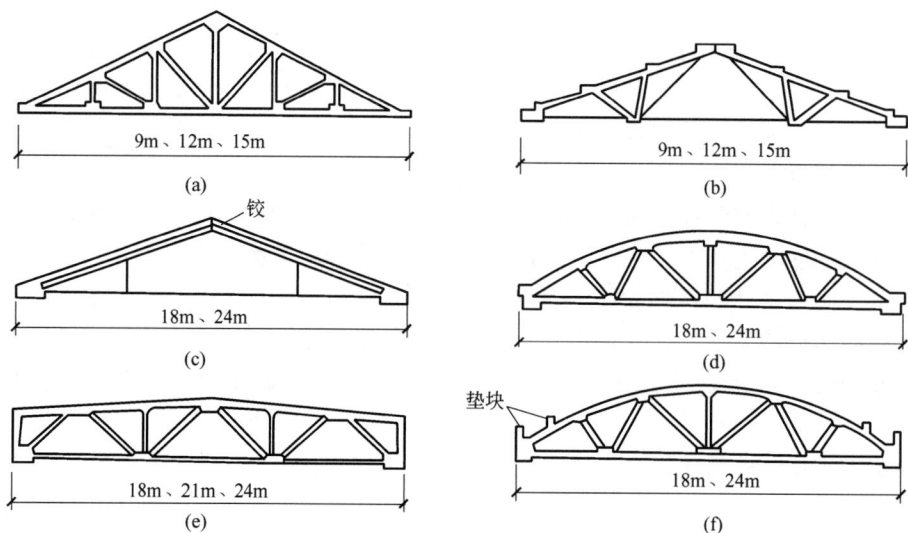

图 2.50　常见的钢筋混凝土屋架形式

（a）三角形；（b）组合式三角形；（c）预应力三角拱；（d）拱形；（e）预应力梯形；（f）折线形

（2）屋面梁　屋面梁也叫薄腹梁，有单坡和双坡两种，其截面形式有 T 形和工字形两种（图 2.51）。

（3）屋架与柱的连接　屋架与柱的连接有焊接和螺栓连接两种。焊接是在屋架或屋面梁端部支承部位的预埋件底部焊上一块垫板，待屋架就位校正后，与柱顶预埋钢板焊接牢固。螺栓连接是在柱顶伸出预埋螺栓，在屋架（或屋面梁）端部支承部位焊上带有缺口的支承钢板，就位校正后，用螺栓拧紧。

（4）屋架托架　当厂房全部或局部柱距为 12 米时，屋架间距仍保持 6 米时，需在 12 米柱距间设置托架来支承中间屋架，通过托架将屋架上的荷载传递给柱子。

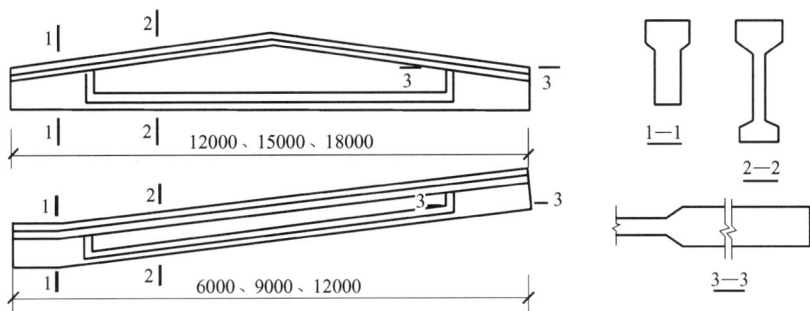

图 2.51　钢筋混凝土工字形屋面梁

2. 屋盖的覆盖构件

（1）屋面板　在无檩体系中大型屋面板的常用标志尺寸为 1.5 米 × 6 米，为配合屋架尺寸和檐口做法还有嵌板、檐口板等（图 2.52）。

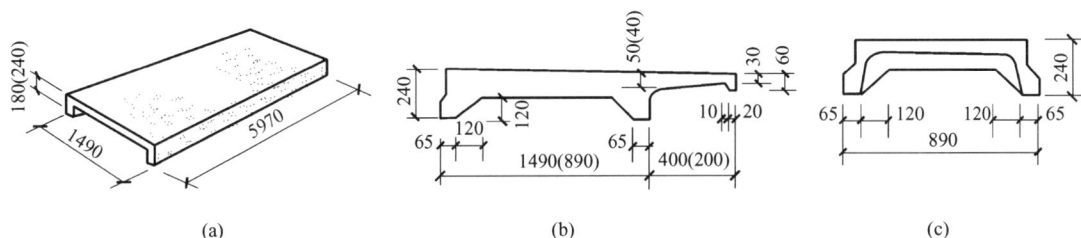

图 2.52　预应力钢筋混凝土屋面板、檐口板、嵌板

（a）屋面板；（b）檐口板；（c）嵌板

（2）檩条与小型屋面板或槽瓦　在有檩体系屋面中，檩条支承槽瓦或小型屋面板，并将屋面荷载传给屋架。檩条与屋架上弦焊接。

（二）柱、基础及基础梁

1. 柱

（1）柱的类型　柱按材料分有钢筋混凝土柱和钢柱两种。钢筋混凝土柱又可分为单肢柱和双肢柱两大类。单肢柱截面形式有矩形、工字形及单管圆形。双肢柱截面形式有双肢矩形或双肢圆形，用腹杆（平腹杆或斜腹杆）连接而成（图 2.53）。

（2）柱的构造　柱的尺寸应经济合理，同时要满足柱的构造尺寸和外形要求。

厂房结构中的屋架、托架、吊车梁和连系梁等构件，常由设在柱上的牛腿支承。其截面尺寸必须满足抗裂和构造要求。

抗风柱与屋架的连接采用竖向可以移动、水平方向又具有一定刚度的弹簧板连接。

为确保柱与屋架、吊车梁、连系梁或圈梁、砖墙或大型屋面板、柱间支撑等处的连接，应在柱上埋设铁件，如钢板、螺栓及锚拉钢筋等。

2. 基础

单层厂房的基础采用什么类型的基础，主要取决于上部结构荷载的大小和性质以及工程地质条件等。一般情况下采用独立的杯形基础。在基础的底部铺设混凝土垫层，厚度为 100毫米。现浇柱下基础构造见图 2.54、预制柱下杯形基础的构造见图 2.55。

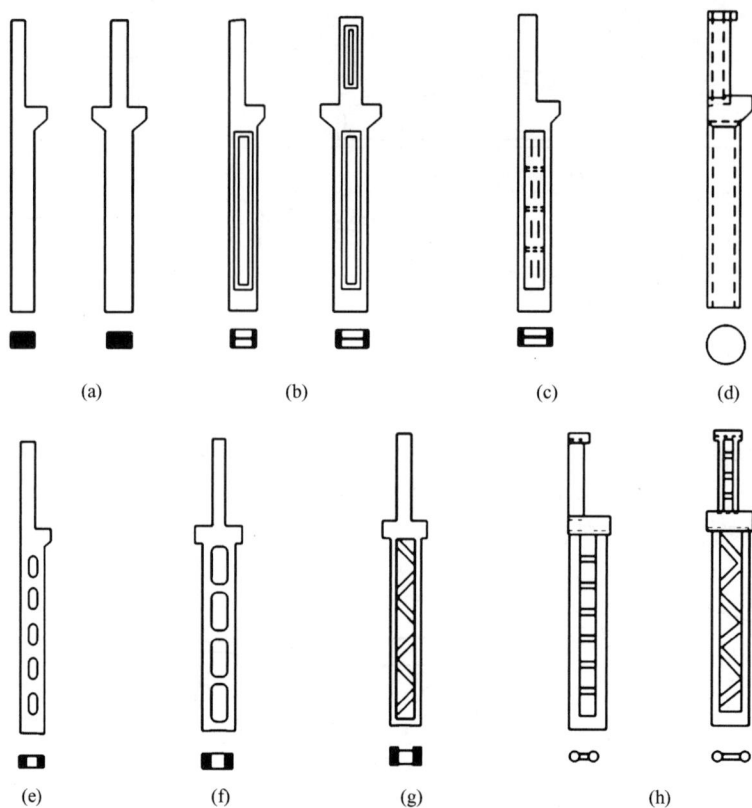

图 2.53　钢筋混凝土柱类型

（a）矩形柱；（b）工字形柱；（c）预制空腹板工字形柱；（d）单肢管柱；（e）双肢柱；
（f）平腹杆双肢柱；（g）斜腹杆双肢柱；（h）双肢管柱

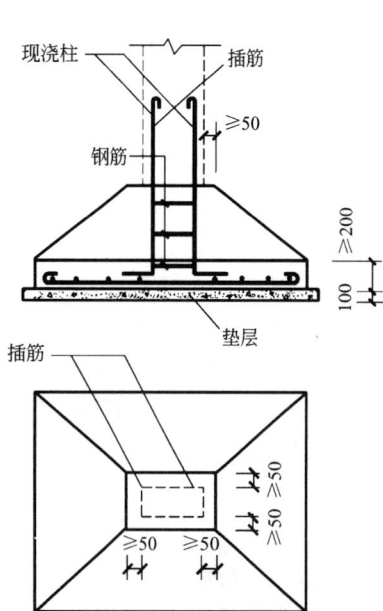

图 2.54　现浇柱下基础

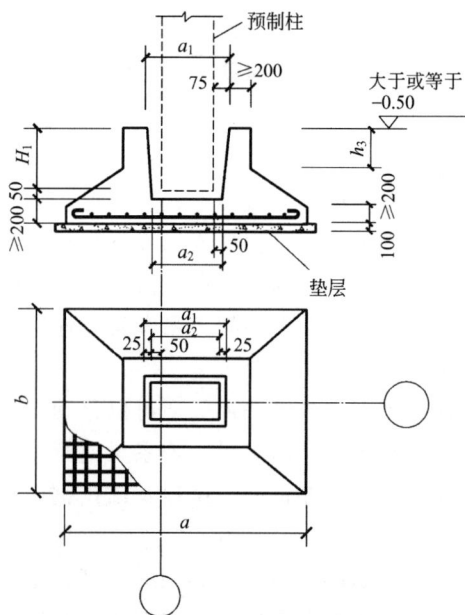

图 2.55　预制柱下杯形基础

3. 基础梁

当厂房采用钢筋混凝土排架结构时，由于墙与柱所承担荷载的差异大，为防止基础产生不均匀沉降，一般厂房将外墙或内墙砌筑在基础梁上，基础梁两端搁置在柱基础的杯口上（图 2.56）。

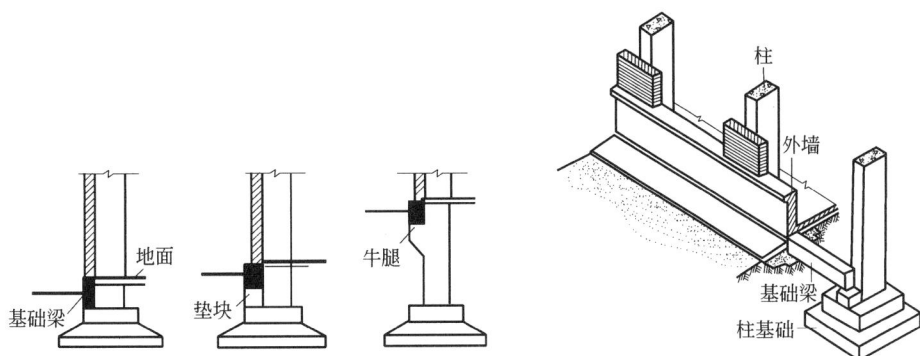

图 2.56　基础梁与基础的连接

基础梁的顶面标高通常比室内地面低 50 毫米，以便门洞口处的地面做面层保护基础梁。基础梁与柱的连接与基础埋深有关，当基础埋深较浅时，可将基础梁直接或通过混凝土垫块搁置在基础顶面。当基础埋置较深时，用牛腿支承基础梁。

基础梁下面的回填土一般不需夯实，应留有不少于 100 毫米的空隙，以利于沉降。在寒冷地区为避免土壤冻胀引起基础梁反拱而开裂，在基础梁下面及周围填≥300 毫米厚的砂或炉渣等松散材料。

（三）吊车梁、连系梁及圈梁

1. 吊车梁

要求吊车梁满足强度、抗裂度、刚度、疲劳强度的要求。

（1）吊车梁的类型　吊车梁按截面形式分，有等截面 T 形、工字形吊车梁及变截面的鱼腹式吊车梁等（图 2.57）。

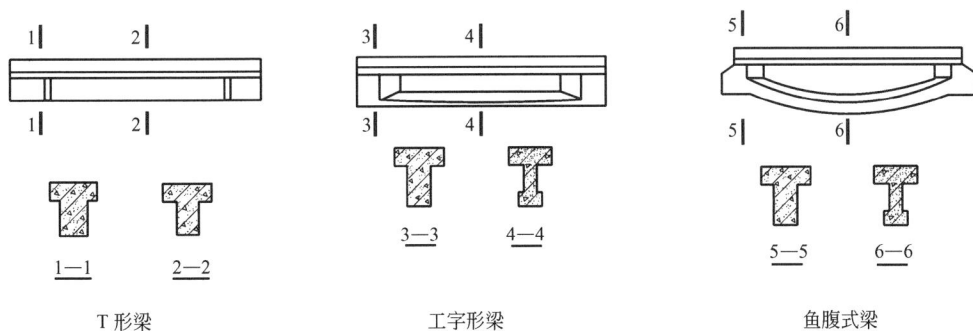

T 形梁　　　　　　　工字形梁　　　　　　　鱼腹式梁

图 2.57　吊车梁的类型

（2）吊车梁与柱的连接　吊车梁上翼缘与柱间用钢板或角钢焊接；吊车梁底部安装前应焊接上一块垫板与柱牛腿顶面预埋钢板焊接牢；吊车梁的对接头以及吊车梁与柱之间的缝隙用 C20 混凝土填实（图 2.58）。

（3）吊车梁与吊车轨道、车挡的连接　吊车梁与吊车轨道的连接如图 2.59 所示。为防

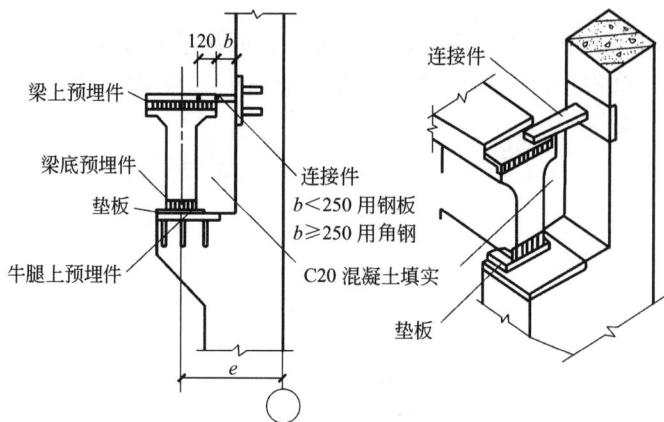

图 2.58　吊车梁与柱的连接

止吊车在行驶中与山墙冲撞，在吊车梁的尽端应设车挡，如图 2.60 所示。

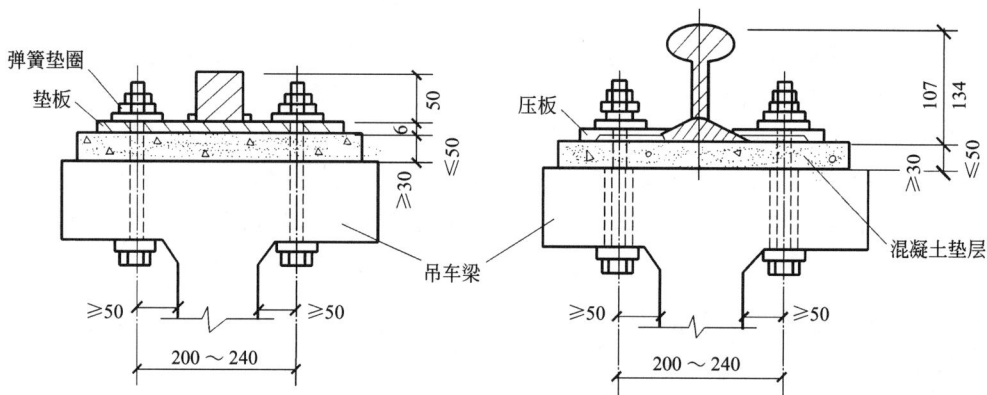

图 2.59　吊车梁与吊车轨道连接

2. 连系梁

连系梁分承重和非承重两种，它的设置位置有设在墙内和不在墙内的两种，前者也称墙梁。

3. 圈梁

圈梁有预制和现浇两种，圈梁与柱的连接要符合构造要求。

(四) 支撑

在装配式单层厂房结构中，支撑的主要作用是保证厂房结构和构件的承载力、稳定性和刚度，并传递部分水平荷载。厂房的支撑必须按结构要求合理布置。支撑有屋盖支撑和柱间支撑两种。

屋盖支撑包括横向水平支撑（上弦或下弦横向水平支撑）、纵向水平支撑（上弦或下弦纵向水平支撑）、垂直支撑和纵向水平系杆（加劲杆）等（图 2.61）。

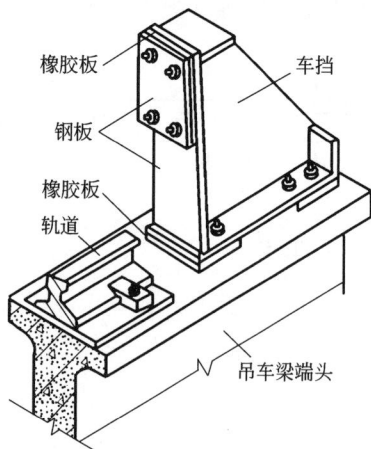

图 2.60　车挡

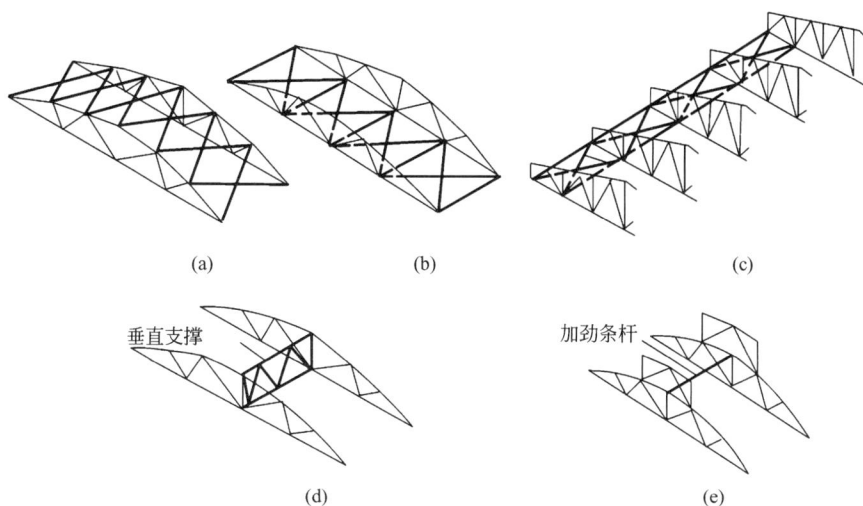

图 2.61 屋盖支撑的种类

(a) 上弦横向水平支撑；(b) 下弦横向水平支撑；(c) 纵向水平支撑；

(d) 垂直支撑；(e) 纵向水平系杆（加劲杆）

柱间支撑按吊车梁位置分为上部和下部两种。柱间支撑布置在伸缩缝区段的中央柱间，一般用型钢制作（图 2.62）。

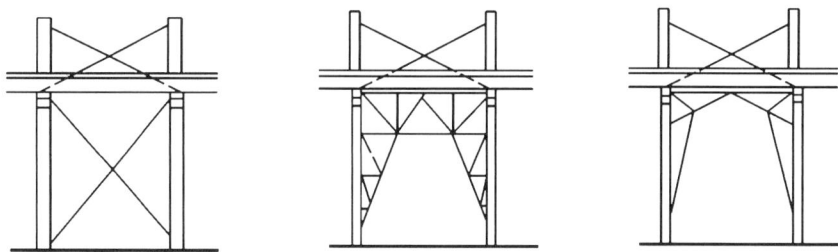

图 2.62　柱间支撑形式

四、单层工业厂房的外墙、地面、天窗及屋面

（一）单层工业厂房外墙

单层工业厂房的外墙按承重方式可分为承重墙、承自重墙和框架墙等。高大厂房的上部墙体及厂房高低跨交接处的墙体，采用架空支承在排架柱上的墙梁（连系梁）来承担，这种墙称框架墙。

单层工业厂房的外墙按材料分有砖墙、板材墙、开敞式外墙等。

采用砖砌外墙时，墙与柱的相对位置有四种方案；外墙与柱的连接做法是，沿柱子高度方向每隔 500～600 毫米预埋两根 φ6 钢筋，砌墙时把伸出的钢筋砌在墙缝里；纵向女儿墙与屋面板之间的连接采用钢筋拉结措施。

（二）单层工业厂房地面

厂房地面为了满足生产及使用要求，往往需要具备特殊功能，如防尘、防爆、防腐蚀等，同一厂房内不同地段要求往往不同，这些都增加了地面构造的复杂性。另外，单层厂房地面面积大，所承受的荷载大，如汽车载重后的荷载，因此，地面厚度也大，材料用量也多。

（三）单层工业厂房的门窗及天窗

单层厂房通常设有侧窗，侧窗的位置不同，室内的采光效果也不同。窗台的高度从通风、采光要求讲，一般以低些为好。在有吊车梁的厂房中，因吊车梁会遮挡部分光线，在该段范围内通常不设侧窗。

单层厂房侧窗的布置形式有两种，一种是被窗间墙隔开的单独的窗口形式，另一种是厂房整个墙面或墙面大部分做成大片玻璃墙面或带状玻璃窗。

单层厂房的分类及其构造与民用建筑相同，但厂房侧窗一般将悬窗、平开窗或固定窗等组合在一起。厂房侧窗高度和宽度较大，窗的开关常借助于开关器。开关器分手动和电动两种。

单层厂房的大门主要用于生产运输和人流通行。因此，大门的尺寸应根据运输工具的类型、运输货物的外形尺寸及通行高度等因素确定，一般大门的尺寸比装满货物时车辆宽出600～1000毫米，高出400～600毫米。

单层厂房的大门类型及其构造方式与民用建筑基本相同。厂房大门的门框有钢筋混凝土和砖砌两种。

单层厂房矩形天窗沿厂房纵向布置，为简化构造并留出屋面检修和消防通道，在厂房两端和横向变形缝的第一柱间通常不设天窗。在每段天窗的端壁应设置天窗屋面的消防检修梯。

矩形天窗主要由天窗架、天窗屋顶、天窗端壁、天窗侧板及天窗扇等组成。

（四）单层工业厂房屋面

单层工业厂房的屋面排水方式分为无组织排水、有组织排水两种。选择排水方式应以当地降雨量、气温、车间生产特征、厂房高度和天窗宽度等因素综合考虑。

无组织排水与民用建筑相似。有组织排水的形式有檐沟外排水、长天沟外排水、内排水、内落外排水等。

第三章

建筑设计与规划

■■■ **第一节　建筑设计基本知识** ■■■

一、基本建设程序与从业单位

（一）基本建设程序与阶段

基本建设须履行三个程序：①主管部门对计划任务书的批文；②规划管理部门同意用地批文；③房屋设计。其中，房屋设计含有初步设计和施工图设计两个阶段。

基本建设的阶段划分：①工程建设前期阶段；②工程建设准备阶段；③工程建设实施阶段；④工程验收与保修阶段；⑤终结阶段。房屋的施工过程与设备安装又分为准备阶段、主体工程阶段和装修阶段。

（二）建筑活动中的从业单位

建设单位：国际上统称业主，是指拥有相应的建设资金，办妥项目建设手续，以建成该项目达到其经营或使用目的的政府部门、事业单位、企业单位和个人。

房地产开发企业：指在城市或者村镇从事土地开发、房屋及基础设施和配套设施开发及经营业务的、具有法人资格的经济实体，包括专营和兼营两种。

工程承包企业：指对工程从立项到交付使用的全过程进行承包的企业，包括房地产企业、建筑企业、设计院、设备采购或提供企业等。

工程勘察设计单位：指依法取得资格、从事工程勘察、工程设计的单位。

工程监理单位：指取得工程监理资格证书，具有法人资格的单位。

建筑企业：指从事建筑工程、市政工程、各种设备安装工程、装修工程的新建及改扩建活动的企业。

工程咨询与服务单位：指主要向业主提供工程咨询和管理等智力型服务的单位。

二、建筑设计程序

建筑设计程序包括建设项目决策，即可行性研究咨询、设计任务书编制、项目建设地点的论证选择等；编制设计文件；施工与验收；工程总结。

（一）设计任务书

设计任务书是业主对工程项目设计提出的要求，是工程设计的主要依据。进行可行性研究的工程项目，可以用获批的可行性研究报告代替设计任务书。设计任务书一般应包括以下几方面内容：①设计项目名称、建设地点；②批准设计项目的文号、协议书文号及其有关内容；③设计项目的用地情况，包括建设用地范围地形、场地内原有建筑物、构筑物、要求保留的树木及文物古迹的拆除和保留情况等，还应说明场地周围道路及建筑等环境情况；④工程所在地区的气象、地理、建设场地的工程地质条件；⑤水、电、气、燃料等能源供应情况，公共设施和交通运输条件；⑥用地、环保、卫生、消防、人防、抗震等要求和依据资料；⑦材料供应及施工条件情况；⑧工程设计的规模和项目组成；⑨项目的使用要求或生产工艺要求；⑩项目的设计标准及总投资；⑪建筑造型及建筑室内外装修方面要求。

（二）设计周期

根据有关设计深度和设计质量标准所规定的各项基本要求完成设计文件所需要的时间称为设计周期。设计周期是工程项目建设总周期的一部分。根据有关建筑工程设计法规、基本建设程序及有关规定和建筑工程设计文件深度的规定制定设计周期定额。设计周期定额考虑了各项设计任务一般需要投入的力量。对于技术上复杂而又缺乏设计经验的重要工程，经主管部门批准，在初步设计审批后可以增加技术设计阶段。技术设计阶段的设计周期根据工程特点具体议定。设计周期定额一般划分为方案设计、初步设计、施工图设计三个阶段，每个阶段的周期可在总设计周期的控制范围内进行调整。

三、建筑设计的内容

建筑设计是指为满足特定建筑物的建造目的（包括人们对它的环境角色的要求、使用功能的要求、对它的视觉感受的要求）而进行的设计，它使具体的物质材料依其在所建位置的历史、文化文脉、景观环境，在技术、经济等方面可行的条件下形成能够成为审美对象或具有象征意义的产物。它包括了建筑行为中，一切具有功能及意义之设计，也是建筑由设想到建筑完成之间设计者的心智活动及表现的总结。

（一）建筑设计内容

建筑设计内容可以归纳为：

1. 设计文本

由设计师发挥想象的创意过程，通常借由设计师的逻辑及经验做创意的展开，在研究的领域内设计方法或建筑史也都是建筑设计必须学习的。

2. 技术性的设计

包含建筑结构设计、建筑物理设计（建筑声学设计、建筑光学设计、建筑热学设计）、建筑设备设计（建筑给排水设计，建筑供暖、通风、空调设计，建筑电气设计）等。在狭义上是专指建筑的方案设计和施工图设计。

3. 外部空间的规划

可将空间扩大范围到城市规划、城市设计、敷地计划等领域。

① 城市规划，又叫都市计划或都市规划，是指对城市的空间和实体发展进行的预先考虑。

② 城市设计，又称都市设计，其具体定义在建筑界通常是指以城市作为研究对象的设计工作，介于城市规划、景观建筑与建筑设计之间的一种设计。相对于城市规划的抽象性和数据化，城市设计更具有具体性和图形化。由于 20 世纪中叶以后实务上的都市设计，多是

为景观设计或建筑设计提供指导、参考架构，因而与具体的景观设计或建筑设计有所区别。

③ 敷地计划是在土地上安排结构物，并用来形成空间样式的一种艺术，为结合建筑学、工程学、景园建筑学与城市规划学的一门艺术。

4. 内部空间的设计

包含合理的空间规划及室内装修计划。

早期的建筑设计，不管中外其实都是结合雕塑、工学、营造、符号学甚至神学或神秘学的各领域，所以早期的建筑师都被视作才智者或哲学家，具有崇高的地位，直到近代才开始有各种专业的分工。

（二）建筑设计阶段

建筑设计通常分三个阶段，即方案设计，技术设计和施工图绘制。

1. 方案设计

了解设计要求，获得必要设计数据，绘制出各层主要平面、剖面和立面，有必要时甚至要画出效果图来。要标出房屋的主要尺寸、面积、高度、门窗位置和设备位置等，以充分表达出设计意图、结构形式和构造特点。这阶段和业主、使用该房屋相关人员接触比较多，如果方案确定，就可以进入下一步的技术设计阶段。

2. 技术设计

一般要是不太复杂的工程，这个阶段就省掉了。这一阶段主要是和其他建筑工种互相提供资料，提出要求，协调与各工种（比如结构、水电、暖通、电气等）之间的关系，为后续编制施工图打好基础。在建筑设计上，这一步骤就是要求建筑工种标明与其他技术工种有关的详细尺寸，并编制建筑部分的技术说明。

3. 施工图绘制

这是建筑设计中，劳动量最大，也是完成成果的最后一步，主要功能就是绘制出满足施工要求的施工图纸，确定全部工程尺寸、用料、造型。在建筑设计上就是要完成建筑施工图的全套图纸。

最后建筑施工图完成后，审核，盖注册建筑师章、设计院出图章，设计人员审核人员等相关人员签字，并配合其他结构施工图、水电施工图、电气施工图等，这套图纸就可以出图了，这份建筑图就具有法律效力，相关人员就要为这设计的房屋承担相应责任。

建筑设计的依据文件有：主管部门有关建设任务使用要求、建筑面积、单方造价和总投资的批文，以及国家有关部门、委或各省、市、地区规定的有关设计定额和指标。

（三）建筑热工设计

建筑热工设计的宗旨即为建筑节能。为了贯彻国家节约能源的政策，扭转我国严寒和寒冷地区居住建筑采暖能耗大、热环境质量差的状况，需要在建筑热工设计中采用有效的技术措施，以降低建筑能耗，达到建筑节能的目的。

建筑节能是当今人类面临的生存与可持续发展重大问题，生态节能是世界建筑发展的基本趋向。因此，建筑设计应该按照我国最新颁布的各种建筑节能标准，针对我国的地域环境和建筑特点，进行与节能相关的热工计算。

中华人民共和国国家标准《民用建筑热工设计规范》（GB 50176—2016）将建筑热工设计区划分为两级，建筑热工设计一级区划指标及设计原则应符合表 3.1 的规定。建筑热工设计二级区划指标及设计要求应符合表 3.2 的规定。

表 3.1　建筑热工设计一级区划指标及设计原则

一级区划名称	区划指标		设计原则
	主要指标	辅助指标	
严寒地区（1）	$t_{min \cdot m} \leqslant -10℃$	$145 \leqslant d_{\leqslant 5}$	必须充分满足冬季保温要求,一般可以不考虑夏季防热
寒冷地区（2）	$-10℃ < t_{min \cdot m} \leqslant 0℃$	$90 \leqslant d_{\leqslant 5} < 145$	应满足冬季保温要求,部分地区兼顾夏季防热
夏热冬冷地区（3）	$0℃ < t_{min \cdot m} \leqslant 10℃$ $25℃ < t_{max \cdot m} \leqslant 30℃$	$0 \leqslant d_{\leqslant 5} < 90$ $40 \leqslant d_{\geqslant 25} < 110$	必须满足夏季防热要求,适当兼顾冬季保温
夏热冬暖地区（4）	$10℃ < t_{min \cdot m}$ $25℃ < t_{max \cdot m} \leqslant 29℃$	$100 \leqslant d_{\geqslant 25} < 200$	必须充分满足夏季防热要求,一般可不考虑冬季保温
温和地区（5）	$0℃ < t_{min \cdot m} \leqslant 13℃$ $18℃ < t_{max \cdot m} \leqslant 25℃$	$0 \leqslant d_{\leqslant 5} < 90$	部分地区应考虑冬季保温,一般可不考虑夏季防热

注:$t_{min \cdot m}$($t_{max \cdot m}$)指最冷(热)月平均气温;$d_{\leqslant 5}$指气温低于5℃的天数;$d_{\geqslant 25}$指气温高于25℃的天数。

表 3.2　建筑热工设计二级区划指标及设计要求

二级区划名称	区划指标		设计要求
严寒A区(1A)	$6000 \leqslant HDD18$		冬季保温要求极高,必须满足保温设计要求,不考虑防热设计
严寒B区(1B)	$5000 \leqslant HDD18 < 6000$		冬季保温要求非常高,必须满足保温设计要求,不考虑防热设计
严寒C区(1C)	$3800 \leqslant HDD18 < 5000$		必须满足保温设计要求,可不考虑防热设计
寒冷A区(2A)	$2000 \leqslant HDD18 < 3800$	$CDD26 \leqslant 90$	应满足保温设计要求,可不考虑防热设计
寒冷B区(2B)		$CDD26 > 90$	应满足保温设计要求,宜满足隔热设计要求,兼顾自然通风、遮阳设计
夏热冬冷A区(3A)	$1200 \leqslant HDD18 < 2000$		应满足保温、隔热设计要求,重视自然通风、遮阳设计
夏热冬冷B区(3B)	$700 \leqslant HDD18 < 1200$		应满足隔热、保温设计要求,强调自然通风、遮阳设计
夏热冬暖A区(4A)	$500 \leqslant HDD18 < 700$		应满足隔热设计要求,宜满足保温设计要求,强调自然通风、遮阳设计
夏热冬暖B区(4B)	$HDD18 < 500$		应满足隔热设计要求,可不考虑保温设计,强调自然通风、遮阳设计
温和A区(5A)	$CDD26 < 10$	$700 \leqslant HDD18 < 2000$	应满足冬季保温设计要求,可不考虑防热设计
温和B区(5B)		$HDD18 < 700$	宜满足冬季保温设计要求,可不考虑防热设计

注:HDD18为采暖度日数;CDD26为空调度日数。

（四）建筑设计图

建筑设计图纸包括底图和蓝图,根据图纸大小又分为不同图号$0^{\#} \sim 5^{\#}$,$0^{\#}$规格尺寸为841毫米×1189毫米,其他依次为对折后尺寸。设计图对图线、字体及图例符号的要求比较高，原为设计人员利用绘图工具手工绘图，现在多采用计算机绘图，如 CAD 及其他绘图软件。

（五）建筑设计术语

开间：指房屋建筑图中，在水平方向编号的轴线墙之间的标志尺寸。通常房屋开间尺寸都要符合建筑模数，如 3 米，3.3 米，3.6 米等。

进深：指房屋建筑图中，在一个房间垂直方向编号的轴线墙之间的标志尺寸。房屋的进深尺寸通常也要符合建筑模数。

层高：楼房本层地面到相应上一层地面垂直方向的尺寸。

净高：楼房房间内地面上表皮到天花板下表皮的垂直尺寸。

地坪：也称室外地坪，指室外自然地面。

建筑红线：指规划部门批给建设单位的占地范围，一般用红笔画在总图上，具有法律效力。

四、建筑设计风格

建筑设计风格有建筑物设计和室内装饰设计两个方面。在世界经济、信息、科技、文化高度发展时期，社会的物质和精神生活都会提升到一个新高度，人们对自身所处的生活、生产活动环境的质量，也在安全、健康、舒适、美观等方面有了更高的要求。因此，创造更具科学性、艺术性建筑作品，既能满足功能要求，又有文化内涵，以人为本、合情合理，是未来建筑设计的发展趋势。

（一）建筑设计风格与文化

建筑设计风格的形式，具有不同的时代思潮和地区特点，通过创作构思和表现，逐渐发展成为具有代表性的室内设计形式。一种典型风格的形式，通常和当地的人文因素和自然条件密切相关，又需有创作中的构思和造型的特点。风格虽然表现于形式，但风格具有艺术、文化、社会发展等深刻的内涵，从这一深层含义来说，风格又不停留或等同于形式。

在建筑设计历史上，不同的地域和人文环境、不同的功能需要、不同的风格和文化内涵，都有不同的建筑表现形式。建筑设计师们在体现艺术特色和创作个性的同时，对主要表现的建筑风格进行了探索和研究。将风格的外在因素（民族特性、社会体制、生活方式、文化潮流、科技发展、风俗习惯、宗教信仰、气候物产、地理位置）和风格形成的内在因素（个人或群体创作构思，其中包括创作者的专业素质和艺术素质）相结合，从而赋予建筑作品视觉愉悦感和文化内涵；将体现艺术特点和创作个性的各种风格融入建筑设计中，运用物质技术手段和建筑美学原理，创造出功能合理、舒适优美、满足人们物质和精神生活需要的居住生活环境。

下面列举较为典型的工程实例，以剖析、鉴赏建筑风格与文化的完美结合，从而了解优秀建筑设计师如何创造出理想的文化氛围、使人震撼的视觉冲击和愉悦舒适的居住空间。

（二）建筑设计风格及实例

1. 贝聿铭的建筑作品

贝聿铭作为最后一个现代主义建筑大师，一直都坚持着现代主义风格，反对在建筑上的随波逐流、趋于流行。在追逐潮流的现代建筑界中，贝聿铭体现出一种自信、坚定、明确的设计立场，被人描述成为一个注重于抽象形式的建筑师。贝聿铭喜好的材料只包括石材、混凝土、玻璃和钢。

贝聿铭被称为20世纪世界最成功的建筑师之一，设计了大量的划时代建筑。贝聿铭属于实践型建筑师，作品很多，论著则较少，他的工作对建筑理论的影响基本局限于其作品本身。贝聿铭被称为"美国历史上前所未有的最优秀的建筑家"。1983年，他获得了建筑界的"诺贝尔奖"——普利兹克建筑奖。

在世界许多国家和地区，都有贝聿铭的建筑作品。他设计的波士顿肯尼迪图书馆，被誉为美国建筑史上最杰出的作品之一；丹佛市的国家大气研究中心、纽约市的议会中心，也使很多人为之倾倒；费城社交山大楼的设计，使贝聿铭获得了"人民建筑师"的称号；美国国家美术馆东馆更是令人叹为观止，美国前总统卡特称赞说："这座建筑物不仅是首都华盛顿和谐而周全的一部分，而且是公众生活与艺术之间日益增强联系的艺术象征"；贝聿铭设计的北京西山的香山饭店，集中国古典园林建筑之大成，设计构思别具一格；贝聿铭设计的香港中银大厦，曾经引发了建筑界广泛争议；贝聿铭设计的苏州博物馆（新馆），独特、大气，保留了东方特色和江南水乡风格，是现代与传统建筑的完美融合（图3.1）；贝聿铭还应前法国总统密特朗的邀请，完成了法国巴黎拿破仑广场卢浮宫的扩建设计，使这个拥有埃菲尔铁塔等世界建筑奇迹的国度也为之倾倒，这项工程完工后，卢浮宫成为世界上最大的博物馆（图3.2），人们赞扬这位东方民族设计师的独到设计"征服了巴黎"。

图3.1　苏州博物馆（新馆）

图3.2　法国巴黎卢浮宫

2. 墨尔本郊外的外太空建筑

由澳大利亚建筑设计师 McBride Charles Ryan 设计，位于澳大利亚摩林顿半岛，外形像一艘坠毁的太空船，或者隐形战机。设计师的意图是模糊建筑体"内部表面"和"外部表面"的概念，给人一种身处外太空的感觉。此建筑曾获2009年度世界建筑节"最佳住宅"提名奖（图3.3）。

图 3.3　墨尔本郊外的外太空建筑

3. 莫斯科圣巴索大教堂

莫斯科圣巴索大教堂建于 1555—1561 年，是为纪念 1552 年"伊凡雷帝"胜利攻占喀山和阿斯特拉罕市，并将其并入俄国版图而建。教堂的建筑风格独特：由九座洋葱头型的教堂所组成的建筑群，修建在高大的台基上，主教堂高约 47 米。以富丽堂皇而著名于世，为当地标志性建筑，也是世界著名建筑之一（图 3.4）。

图 3.4　莫斯科圣巴索大教堂

4. 法国卢瓦尔河香波城堡

法国卢瓦尔河香波城堡，古典主义风格，举世闻名，风景优美宜人，曾是法国国王行宫。香波城堡是卢瓦尔河谷所有城堡中最宏伟的一个，已有五百多年的历史。古堡长宽各有 100 多米，气势磅礴。城河环绕四周，背靠大森林面倚大花园，绿树、鲜花、雕塑和清澈的湖水，给人以极佳的视觉享受。与我国古代皇家园林相似，宫堡是王权的象征，是为了炫耀和享受，它体现的是华丽夸张的皇家园林风格，是皇权和艺术的完美结合。香波城堡充满浓厚的法国贵族生活气息，被法国人视为国宝，1981 年被列入世界文化遗产名录（图 3.5）。

5. 标新立异的现代建筑

建筑师摆脱传统建筑形式的束缚，大胆创造适应当代社会的崭新建筑。现代风格建筑时尚大气，追求标新立异的设计风格，彰显独特建筑魅力及其独特新颖的设计（图 3.6）。

图 3.5　法国卢瓦尔河香波城堡

图 3.6　现代建筑

（三）室内装饰设计风格

室内设计的风格和流派，属室内环境中的艺术造型和精神功能范畴，往往和建筑以至家具的风格、流派紧密结合，有时也以相应时期的绘画、造型艺术，甚至文学、音乐等的风格和流派为其渊源和相互影响。因此，建筑室内设计艺术除了具有与物质材料、工程技术紧密联系的特征之外，也还和文学、音乐以及绘画、雕塑等门类艺术之间相通。

在体现艺术特色和创作个性的同时，相对地说，可以认为风格跨越的时间要长一些，包含的地域会广一些。室内设计的风格主要可分为：传统风格、现代风格、后现代风格、自然风格以及混合型风格。

1. 传统风格

传统风格的室内设计，是在室内布置、线形、色调，以及家具、陈设的造型等方面，吸取传统装饰"形""神"的特征。例如我国传统木构架建筑室内的藻井天棚、挂落、雀替的构成和装饰，明、清家具造型和款式特征。又如西方传统风格中仿罗马式、哥特式、文艺复兴式、巴洛克、洛可可、古典主义等，其中如仿欧洲英国维多利亚或法国路易式的室内装潢和家具款式。此外，还有日本传统风格、印度传统风格、伊斯兰传统风格、北非城堡风格等。传统风格常给人们以历史延续和地域文脉的感受，它使室内环境突出了民族文化渊源的形象特征。

2. 现代风格

现代风格起源于1919年成立的包豪斯学派，该学派处于当时的历史背景，强调突破旧传统，创造新建筑，重视功能和空间组织，注意发挥结构构成本身的形式美，造型简洁，反对多余装饰，崇尚合理的构成工艺，尊重材料的性能，讲究材料自身的质地和色彩的配置效果，发展了非传统的以功能布局为依据的不对称的构图手法。包豪斯学派重视实际的工艺制作操作，强调设计与工业生产的联系。现在，广义的现代风格也可泛指造型简洁新颖，具有当今时代感的建筑形象和室内环境。

3. 后现代风格

20世纪50年代美国在所谓现代主义衰落的情况下，逐渐形成后现代主义的文化思潮。受60年代兴起的大众艺术的影响，后现代风格是对现代风格中纯理性主义倾向的批判，后现代风格强调建筑及室内装潢应具有历史的延续性，但又不拘泥于传统的逻辑思维方式，探索创新造新手法，讲究人情味，常在室内设置夸张、变形的柱式和断裂的拱券，或把古典构件的抽象形式以新的手法组合在一起，即采用非传统的混合、叠加、错位、裂变等手法和象征、隐喻等手段，以其创造一种融感性与理性、集传统与现代、揉大众与行家于一体的即"亦此亦彼"的建筑形象与室内环境。对后现代风格不能仅仅以所看到的视觉形象来评价，需要我们透过形象从设计思想来分析。

4. 自然风格

自然风格倡导"回归自然"，美学上推崇自然、结合自然，才能在当今高科技、高节奏的社会生活中，使人们能取得生理和心理的平衡，因此室内多用木料、织物、石材等天然材料，显示材料的纹理，清新淡雅。此外，由于其宗旨和手法同类，也可把田园风格归入自然风格一类。田园风格在室内环境中力求表现悠闲、舒畅、自然的田园生活情趣，也常运用天然木、石、藤、竹等材质质朴的纹理。巧于设置室内绿化，创造自然、简朴、高雅的氛围。

此外，也有把70年代反对千篇一律的国际风格的如砖墙瓦顶的英国希灵顿市政中心以及耶鲁大学教员俱乐部，室内采用木板和清水砖砌墙壁、传统地方窗造型及坡屋顶等称为"乡土风格"或"地方风格"，也称"灰色派"。

5. 混合型风格

近年来，建筑设计和室内设计在总体上呈现多元化、兼容并蓄的状况。室内布置中也有既趋于现代实用，又吸取传统的特征，在装潢与陈设中融古今中西于一体，例如传统的屏风、摆设和茶几，配以现代风格的墙面及门窗装修、新型的沙发；欧式古典的琉璃灯具和壁画装饰，配以东方传统的家具和埃及的陈设、小品等。混合型风格虽然在设计中不拘一格，运用多种体例，但设计中仍然是匠心独具，深入推敲形体、色彩、材质等方面的总体构图和视觉效果。

（四）室内设计技法

室内设计是在以人为本的前提下，满足其功能实用，运用形式语言来表现题材、主题、情感和意境，形式语言与形式美则可通过以下方式表现出来。

1. 对比

对比是艺术设计的基本定型技巧，把两种不同的事物、形体、色彩等作对照就称为对比。如方圆、新旧、大小、黑白、深浅、粗细等。把两个明显对立的元素放在同一空间中，经过设计，使其既对立又谐调，既矛盾又统一，在强烈反差中获得鲜明对比，求得互补和满足的效果。

2. 和谐

和谐包含谐调之意。它是在满足功能要求的前提下，使各种室内物体的形、色、光、质等组合得到谐调，成为一个非常和谐统一的整体。和谐还可分为环境及造型的和谐、材料质感的和谐、色调的和谐、风格样式的和谐等。和谐能使人们在视觉上、心理上获得宁静、平和的满足。

3. 对称

对称是形式美的传统技法，是人类最早掌握的形式美法则。对称又分为绝对对称和相对对称。上下、左右对称，同形、同色、同质对称为绝对对称。而在室内设计中采用的是相对对称。对称使人感受到秩序、庄重、整齐及和谐之美。

4. 均衡

生活中金鸡独立、演员走钢丝，从力的均衡上给人稳定的视觉艺术享受，使人获得视觉均衡心理，均衡是依中轴线、中心点不等形而等量地配置形体、构件、色彩。均衡和对称形式相比较，有活泼、生动、和谐、优美之韵味。

5. 层次

一幅装饰图，要分清层次，使画面具有深度、广度而更加丰富，缺少层次，则感到平庸。室内设计同样要追求空间层次感。如色彩从冷到暖，明度从亮到暗，纹理从复杂到简单，造型从大到小、从方到圆，构图从聚到散，质地从单一到多样等，都可以看成富有层次的变化。层次变化可以取得极其丰富的视觉效果。

6. 呼应

呼应如同形影相伴，在室内设计中，顶棚与地面桌面与其他部位，采用呼应的手法、形体的处理，会起到对应的作用。呼应属于均衡的形式美，是各种艺术常用的手法，呼应也有"相应对称""相对对称"之说，一般运用形象对应、虚实气势等手法求得呼应的艺术效果。

7. 延续

延续是指连续伸延。人们常用"形象"一词指一切物体的外表形状。如果将一个形象有规律地向上或向下、向左或向右连续下去就是延续。这种延续手法运用在空间之中，使空间获得扩张感或导向作用，甚至可以加深人们对环境中重点景物的印象。

8. 简洁

简洁或称简练。指室内环境中没有华丽的修饰和多余的附加物。以少而精的原则，把室内装饰减少到最小程度。"少就是多，简洁就是丰富。"简洁是室内设计中特别值得提倡的手法之一，也是近年来十分流行的趋势。

9. 独特

独特也称特异。独特是突破原有规律，标新立异引人注目。在大自然中，万绿丛中一点红、荒漠中的绿地，都是独特的体现。独特是在陪衬中产生出来的，是因相互比较而存在的。在室内设计中特别推崇有突破的想象力，以创造个性和特色。

10. 色调

色彩是构成造型艺术设计的重要因素之一。不同颜色能引起人视觉上不同的色彩感觉。如红、橙、黄温暖感很强烈，被称作暖色系，青蓝绿具有寒冷、沉静的感觉，称作冷色系。在室内设计中，可选用各类色调构成，色调有很多种，一般可归纳为"同一色调""同类色调""邻近色调""对比色调"等，在使用时可根据环境不同灵活运用。

（五）室内设计实例

1. 欧式古典风格

欧式古典风格在空间上追求连续性，追求形体的变化和层次感。室内外色彩鲜艳，光影变化丰富。室内多用带有图案的壁纸、地毯、窗帘、床罩、帐幔以及古典式装饰画或物件；为体现华丽的风格，家具、门、窗多漆成白色，家具、画框的线条部位饰以金线、金边。古典风格是一种追求华丽、高雅的欧洲古典主义，典雅中透着高贵，深沉里显露豪华，具有很强的文化感受和历史内涵（图 3.7）。

图 3.7　欧式古典风格

2. 地中海风格

地中海风格具有独特的美学特点。一般选择自然的柔和色彩，在组合设计上注意空间搭配，充分利用每一寸空间，集装饰与应用于一体，在组合搭配上避免琐碎，显得大方、自然，散发出的古老尊贵的田园气息和文化品位；其特有的罗马柱般的装饰线简洁明快，流露出古老的文明气息。在色彩运用上，常选择柔和高雅的浅色调，映射出它田园风格的本义。地中海风格多用有着古老历史的拱形状玻璃，采用柔和的光线，加之原木的家具，用现代工艺呈现出别有情趣的乡土格调。

地中海式装饰陈设风格是一种地域性很强的室内装饰样式。在地中海地区，家具与小装饰物使用自然素材是其一大特征，竹藤、红瓦、窑烧及木板等，从不会受流行左右的摩登设计的影响，代代流传下来的家具被小心翼翼地使用着，都是使用时间越长越能营造出独特风味。至于那明亮而丰富的色彩，总是和自然有着紧密的连接。象征太阳的黄色、天空的蓝色、地中海的青以及橘色，是常见的主要色系，整体上来说不大偏好清淡色彩。而这种和大自然亲近的特征，便是让人们感受到舒适与宁静的最大魅力。在我们常见的"地中海风格"中，蓝与白是比较主打的色彩，所以蓝色的家具是布置的时候多用的，但是崭新感觉的家具是一定不适合"地中海"的，所以很多家具要故意做旧才好用。而且，家具最好是用实木或藤类的天然材质制成，而且要线条简单、圆润，有一些弧度（图 3.8）。

3. 田园风格

室内装饰基调清新素雅，白色成为空间色彩的主调，墙面和顶棚都统一在浅浅的具有不同冷暖色相的白色之中。起居室的落地长窗间隔而立，宽大的采光面积，使室内沐浴在融融日光的暖意之中。大型的转角沙发配上方形大茶几，占据了室内绝大部分面积。装饰织物多

图 3.8　地中海风格

图 3.9　田园风格

选用棉织品，图案简单素洁，以条纹与小碎花为主，色彩同样是以白色为基调。室内陈设物品多是日常生活用品，质朴随意，没有刻意的雕琢感，开凿在墙面的壁龛成为陈设装饰的重点。田园装饰陈设风格是自然质朴而又富于生活情趣的（图3.9）。

4. 国际式现代风格

国际式的室内设计风格是伴随着建筑风格应运而生的。它的代表人物密斯·凡·德罗、格罗皮乌斯、勒·柯布西耶等，注重建筑功能和建筑工业化的特点，反对虚伪的装饰，对后来的建筑设计的发展做出了重要的贡献。

国际式现代装饰陈设风格的特征：

① 室内空间开放，内外通透，称为流动的空间，不受承重墙限制的自由平面设计。

② 室内墙面、地面、天花板以及家具、陈设、绘画、雕塑乃至灯具、器皿等，均以简洁的造型、纯洁的质地、精细的工艺为其特色。

③ 尽可能不用装饰和取消多余的东西，认为任何复杂的设计，没有实用价值的特殊部件及任何装饰，都会增加建筑造价。强调形式应更多地服务于功能。

④ 建筑及室内部件尽可能使用标准部件，门窗尺寸根据模数制系统设计。

⑤ 室内选用不同的工业产品家具和日用品。

国际式现代装饰陈设风格的缺点是千篇一律、表情冷漠、缺少人情味，其后受到众多非议（图3.10）。

图 3.10　国际式现代风格

第二节　抗震设计与设防

一、地震的种类

根据我国《地震震级的规定》（GB 17740—2017）相关界定，目前地震（大地震动）划分更为细化，分为三类：天然地震（构造地震、火山地震、陷落地震）、诱发地震（矿山采掘活动、水库蓄水等引发的地震）和人工地震（爆破、核爆炸、物体坠落等产生的地震）。

地震按照其成因，主要有以下几种类型。

（一）构造地震

地震指地壳运动引起地壳构造的突然变化、地壳岩层错动破裂而发生的地壳震动。由于地球不停地运动变化，内部会产生巨大的力，这种作用在地壳单位面积上的力，叫地应力。在地应力长期缓慢的作用下，地壳的岩层发生弯曲变形。当地应力超过岩石本身能承受的强度时，便会使岩层断裂错动，巨大的能量突然释放，能量以波的形式传到地面即地震。世界上的90％以上的地震，都属于构造地震。强烈的构造地震破坏力很大，是人类预防地震灾害的主要对象。

（二）火山地震

由火山活动时岩浆喷发冲击或热力作用引起的地震叫火山地震。这种地震一般较小，造成的破坏也极少，火山地震只占地震总数的7％左右。目前世界上大约有500座活火山，每年平均约有50起火山喷发。我国的火山主要分布在东北黑龙江、吉林和西南的云南等省。近代活动喷发的火山在黑龙江省的五大连池、吉林省的长白山、云南省腾冲及海南岛等地。

火山和地震都是源于地壳运动，往往互有关联。火山爆发有时会激发地震的发生，地震若发生在火山地区，也常会引起火山爆发。如1960年5月22日智利地震，48小时后就使沉睡了55年之久的普惠山火山复活喷发，火山云直冲6000米高空，蔚为壮观。

（三）陷落地震

由于地下水溶解了可溶性岩石，使岩石中出现空洞并逐渐扩大，或由于地下开采矿石形成了巨大的空洞，造成岩石顶部和土层崩塌陷落，引起地震，叫陷落地震。这类地震占地震总数的3％左右，震级都很小。矿区陷落地震最大可达5级左右，我国曾发生过4级的陷落地震。虽然陷落地震的震源浅，但对矿井上部和下部仍会造成较严重的破坏。

（四）诱发地震

在特定的地区因某种地壳外界因素诱发而引起的地震，叫诱发地震。如地下核爆炸、陨石坠落、油井灌水等都可诱发地震，其中最常见的是水库地震。如福建省水口电站自 1993 年 3 月底水库开始蓄水，当年 5 月起的 2 年内，共诱发小级别地震近千次，其中最大的 3.9 级。广东河源新丰江水库 1959 年建库，1962 年诱发了最大震级为 6.1 级的地震。究其原因，主要是水库蓄水后改变了地面的应力状态，且库水渗透到已有的断层里，起到润滑和腐蚀作用，促使断层产生新的滑动。但并非所有的水库蓄水后都会发生水库地震，只有当库区存在活动断裂、岩性刚硬等条件，才有诱发的可能性。

二、地震波与震源

地震指地壳的天然震动，同台风、暴雨、洪水、雷电等一样，是一种自然现象。据相关研究，全球每年发生地震约 500 万次，其中能感觉到的地震有 5 万多次，造成破坏性的 5 级以上地震约 1000 次，7 级以上有可能造成巨大灾害的地震约十几次。

（一）纵波和横波

地震波分为纵波和横波。纵波传播速度 5～6 千米每秒，能引起地面上下跳动；横波传播速度较慢，3～4 千米每秒，能引起地面水平晃动。由于纵波衰减快，离震中较远的地方，只感到水平晃动。一般情况下，地震时地面总是先上下跳动，后水平晃动，两者之间有一个时间间隔，可根据间隔的长短判断震中的远近，用 8 千米每秒乘以间隔时间可以估算出震中距离。

（二）震源和震中

地下发生地震的地方叫"震源"。震源正对着的地面叫"震中"。震中附近震动最大，一般也是破坏性最严重的地区，称为"极震区"。从震中到震源的垂向距离，为"震源深度"。在地面上，受地震影响的任何一点，到震中的距离，称"震中距"，到震源的距离，称"震源距"。

通常根据震源的深浅，把地震分为浅源地震（震源深度小于 70 千米）、中源地震（震源深度 70～300 千米）和深源地震（震源深度大于 300 千米）。全世界 95％以上的地震都是浅源地震，震源深度集中在 5～20 千米上下。

三、震级与烈度

（一）地震震级

地震震级是依据地震强度所划分的等级，以震源处释放的能量大小来确定。释放能量越大，震级也越大。我国按照国际通用的里氏分级，把地震震级分为九级。"里氏"用字母 M 表示，地震震级用阿拉伯数字表示。一般小于 2.5 级的地震人无感觉；2.5 级以上人有感觉；5 级以上的地震会造成破坏。

里氏震级是由两位来自美国加利福尼亚理工学院的地震学家里克特和古登堡于 1935 年提出的一种震级标度，是目前国际通用的地震震级标准。它是根据离震中一定距离所观测到的地震波幅度和周期，并且考虑从震源到观测点的地震波衰减，经过公式计算出来的震源处地震（所释放出能量）的大小。里氏震级的主要缺陷在于它与震源的物理特性没有直接的联系，并且由于"地震强度频谱的比例定律"的限制及饱和效应，使得一些强度明显不同的地震在用传统方法计算后得出里氏震级数值却一样。到了 21 世纪初，地震学者普遍认为这些传统的震级表示方法已经过时，转而采用一种物理含义更为丰富，更能直接反映地震过程物理实质的表示方法，即"矩震级"。该标度能更好地描述地震的物理特性，如地层错动的大小和地震的能量等。改进后的里氏震级直接反映地震释放的能量，其中 1 级能量 2.0×10^6 焦耳，按几何级数递加，每级相差 31.6 倍。一次里氏 5 级地震所释放出来的能量，相当于在花岗岩中爆炸 2 万吨 TNT 炸药，每增加一级，释放的能量增加 31.6 倍。

中国通常把地震分为六个级别：1～3 级称为弱震或微震，3～4.5 级为有感地震，中强地震 4.5～6 级，强烈地震 6～7 级，大地震 7～8 级，大于 8 级的为巨大地震。

目前世界上有仪器记录以来测得的最大震级，是 1960 年的智利大地震，为里氏 8.9 级（后修正为里氏 9.5 级）。发生在智利南部瓦尔迪维亚，又称为瓦尔迪维亚大地震。

智利大地震引发了大范围地陷、液化和海啸。1960 年 5 月 21 日下午 3 时至 5 月 30 日智利连续遭受数次地震袭击。6 座死火山重新喷发，3 座新火山出现，并引起了 20 世纪最大的一次巨大海啸。智利沿海建筑物大部分被海浪卷走，破坏房屋 16 万栋，造成智利 2 万人死亡。智利地震，成了世界迄今震级最大的地震。

至今世界上记录的巨大地震还有：1957 年 3 月 9 日美国阿拉斯加大地震，为里氏 9.1 级；1906 年 1 月 31 日南美洲厄瓜多尔大地震，为里氏 8.8 级；2004 年 12 月 26 日引发印度洋海啸的地震，海洋中心震级达里氏 9.2 级，据美国研究机构披露，释放的能量相当于 2.3 万颗原子弹爆炸的能量，地震引发的海啸袭击印度洋沿岸 11 个国家，遇难人数近 23 万人；2010 年 2 月 27 日，智利第二大城市康塞普西翁发生 8.8 级地震，这是智利 1960 年以来最大的一次大地震，有感范围波及智利全境、阿根廷大部、秘鲁南部等地，最大有感半径达到 2400 千米，大地震和海啸造成 525 人死亡，25 人失踪。

（二）地震烈度

地震烈度是指某一地区地面和各类建筑物遭受一次地震影响和破坏的强烈程度，是地震对特定地点破坏程度的度量。同一地震发生后，不同地区受地震影响破坏的程度不同，烈度也不同，受地震影响破坏越大的地区，烈度越高。烈度的大小，可根据人的感觉、家具及物品振动的情况、房屋及建筑物受破坏的程度以及地面出现的破坏现象等判断。

烈度大小与下列因素有关：地震等级、震源深度、震中距离、土壤和地质条件、建筑物的性能类别、震源机制、地貌和地下水等。在其他条件相同的情况下，震级越高，烈度也越大。地震烈度（例如麦加利地震烈度）是表示地震破坏程度的标度，与地震区域的各种条件有关，并非地震的绝对强度。地震烈度可以直接理解为建筑物的破坏程度，一次地震只有一个震级，却有许多烈度区。例如：1976 年唐山大地震 7.8 级，震中区域烈度 11 度，房屋普遍倒塌；唐山市内 10 度；天津 8～9 度；北京 6～7 度；石家庄、太原等只有 4～5 度。

我国《中国地震烈度表》（GB/T 17742—2020）系统规定了地震烈度评定指标以及评定方法，采用 12 级地震烈度表，用罗马数字（Ⅰ～Ⅻ）或阿拉伯数字（1～12）表示。不同烈度的地震，其影响和破坏大致如下：小于 3 度人无感觉，只有仪器才能记录到；3 度在夜深人静时人有感觉；4～5 度睡觉的人会惊醒，吊灯摇晃；6 度器皿倾倒，房屋轻微损坏；7～8 度房屋受到破坏，地面出现裂缝；9～10 度房屋倒塌，地面破坏严重；11～12 度毁灭性的破坏。地震烈度是国家主管部门根据地理、地质和历史资料，经科学勘查和验证，对我国主要城市和地区进行的抗震设防与地震分组的经验数值，是地域概念。根据抗震设防的甲、乙、丙、丁建筑类别，全国大部分地区的房屋抗震设防烈度一般为 8 度。

四、地震灾害及其特点

（一）地震造成灾害的原因

地震发生时产生的地震波，会引起对地面建筑物的破坏，导致人员伤亡，形成地震灾害。地震对建筑物的破坏，主要是由地震力通过地震波发挥作用。即纵波地震力使建筑物上下颠簸，引起建筑物的纵向结构松动，随后横波地震力再使建筑物发生水平晃动，引起横向结构损坏。当先颠后晃的地震力超过建筑物的承受力时，在几秒钟内就可使建筑物破坏。

此外，地震力引起的断层错动开裂、地基不均匀沉降以及沙土液化等地基失效问题，也会间接造成建筑物的倾倒和损坏。

（二）地震的时间分布特征

基于历史地震和现今地震大量资料的统计，表明地震活动在时间上具有一定的周期性。即在一个时间段内发生地震的频次高、强度大，称之为地震活跃期；而在另一个时间段内发生的地震相对频次低、强度小，称之为地震平静期。根据地震发生的特征，又可在活跃期中划出若干"活跃幕"。

地震活跃期是指地震活动相对频繁和强烈的时期，是相对地震平静期而言的。在我国华北地区，出现 6 级地震频繁活动，就标志着华北地区地震活动进入了活跃期。在台湾和喜马拉雅山地区则以 7 级地震频繁活动为活跃期的标志。在东北和华南则以 5 级地震频繁活动为活跃期的标志。地震活跃期在各地经历的时间长短也不一样，华北和华南地区约 200 年，天山地区约 100 年，青藏高原北部约为 150 年，青藏高原南部和中部为几十年。

地震活跃幕是指一个地震活跃期中地震活动相对频繁和强烈的阶段。活跃期中地震活动相对平静的阶段，称为平静幕。例如，据中国华北地区千年以上的历史地震记录，可以明确分出 200 年左右的地震活跃期和间隔近百年的平静期（很少发生达到 6 级的地震）；活跃期内又可分出 10～30 年的地震活跃幕和间隔 10～20 年的平静幕。

根据学者对 1900 年以来中国大陆 7 级以上地震活动特征分析，发现 7.1 级以上地震存在较明显的地震活跃幕和平静幕。1900 年以来中国大陆经历了 1902—1912 年、1920—1934 年、1946—1957 年、1965—1976 年和 1997—2015 年 5 个地震活跃幕。平静幕时间分别为 1912—1920 年、1934—1946 年、1957—1965 年、1976—1997 年。根据地震学者分析，2015 年后的 5～18 年内，中国大陆出现巨大地震的概率较低。期间我国出现 7 级及以上的大地震有：2017 年 8 月 8 日四川省九寨沟县发生 7.0 级地震；2021 年 5 月 22 日青海果洛州玛多县发生 7.4 级地震。

（三）地震灾害的特点

（1）突发性　地震一般是在平静的情况下突然发生的自然现象。强烈的地震可以在几秒或几十秒的短暂时间内造成巨大的破坏，严重者顷刻之间可使一座城市变成废墟。尤其发生在夜间的地震，后果更为严重。

（2）连续性　在一个区域或者一次强烈地震发生后，为调整区域应力场或岩石破裂的延续活动，往往导致某一时间内地震活动连续出现，继续造成灾害。

（3）次生灾害　强烈的地震不仅可以直接造成建筑物、工程设施的破坏和人员的伤亡，而且往往引发一系列次生灾害和衍生灾害，造成更大的破坏。如由地震灾害诱发的火灾、水灾、毒气和化学药品的泄漏污染，以及细菌污染、放射性污染、瘟疫等，还有滑坡、泥石流、海啸等次生灾害。如1923年9月1日的日本关东大地震引起火灾，造成136处起火，烧毁45幢房屋，有5.6万人死亡，其中大部分人死于窒息。

五、中国地震带分布

地震的地理分布受地质构造影响，具有一定的规律，最明显的是呈带状分布。全球的地震主要分布在两个地带，一是环太平洋地震带，这是世界上地震最活跃的地带，全球80％的地震和75％的地震释放能量就集中在这条地震带上。二是欧亚地震带，全球15％左右的地震发生在这条地震带上。

中国地处欧亚板块的东南部，位于世界两大地震带——环太平洋地震带与欧亚地震带之间，受环太平洋地震带和欧亚地震带的影响，是多地震的国家。

中国的地震活动主要分布在五个地区的23条地震带上。这五个地区是：①台湾地区及其附近海域；②西南地区，主要是西藏、四川西部和云南中西部；③西北地区，主要在甘肃河西走廊、青海、宁夏、天山南北麓；④华北地区，主要在太行山两侧、汾渭河谷、阴山-燕山一带、山东中部和渤海湾；⑤东南沿海的广东、福建等地。

中国的台湾地区位于环太平洋地震带上，西藏、新疆、云南、四川、青海等省区位于喜马拉雅-地中海地震带上，其他省区处于相关的地震带上。

中国灾害严重的历次大地震：

中国地震活动频度高、强度大、震源浅、分布广，是一个震灾严重的国家。20世纪以来，我国共发生6级以上地震近800次，遍布除贵州、浙江两省和香港特别行政区以外的所有省、自治区、直辖市。地震及其他自然灾害的严重性构成中国的基本国情之一。

若以地震及其随后冻、瘟疫致死的总数论，死亡人数最多的地震为1556年1月23日（明嘉靖三十四年十二月十二日）子夜发生在陕西华县的8级地震。死亡人数"其奏报有名者八十三万有奇，不知者复不可数计"。1976年7月28日河北唐山7.8级地震，直接死于地震（房屋倒塌砸死、压死）的人数为24.2万人，伤16.4万人。规模最大的地震山崩为1950年西藏察隅、墨脱地区的8.6级地震，在20万平方公里范围内形成大量的山崩塌方，巨石纷飞，村庄被掩埋和毁坏，破坏田地和道路，堵塞江河，引起雪崩，洪水泛滥和大片森林被毁。沿雅鲁藏布江的多雄拉山、南木冬山、金珠山严重山崩，地震时形成的波密西北-加马其美沟的继发性岩崩，至今每年崩塌的土石方量仍达1000立方米，促成了泥石流的活动。规模最大的地震黄土滑坡群，是1920年12月16日宁夏南部海原8.5级地震，震中烈度高达12度，形成大规模黄土滑坡群。据不完全统计，海原、西吉、固原三县9度地震区内的严重滑坡面积即达3800多平方公里，上述三县以外地区，约有657处大滑坡。滑坡堵塞大大小小的河沟，形成星罗棋布的堰塞湖。地震造成28.82万人死亡，约30万人受伤，毁城四座，数十座县城遭受破坏。2008年5月12日中国西南部四川省汶川大地震，为里氏8级，近10万人遇难，1000多万人无家可归。经济损失超过8000亿元，灾害面积达44万平方千米。

六、抗震设防

抗震设防是为了使建筑物免于地震破坏或减轻地震破坏，在工程建设时对建筑物进行抗震设计并采取抗震措施。

抗震设计主要包括地震作用计算和抗力计算；抗震措施指除地震作用计算和抗力计算以外的抗震设计内容，包括抗震构造措施。我国《建筑抗震设计规范（2016 年版）》（GB 50011—2010）规定，烈度在 6 度及以上地区的建筑，必须进行抗震设防。

抗震设防通常包括三个环节：①确定抗震设防要求，即确定建筑物必须达到的抗御地震灾害的能力；②抗震设计，采取基础、结构等抗震措施，达到抗震设防要求；③抗震施工，严格按照抗震设计施工，保证建筑质量。上述三个环节相辅相成密不可分，都必须认真进行。

抗震设防要求是经国务院地震行政主管部门制定或审定，对建设工程抗震设防要求制定的必须达到的抗御地震破坏的准则和技术指标。它是在综合考虑地震环境、建设工程的重要程度、允许的风险水平及要达到的安全目标和国家经济承受能力等因素的基础上确定的，主要以地震烈度或地震动数表述的，新建、扩建、改建建设工程所应达到的抗御地震破坏的准则和技术指标。

抗震设计中，根据使用功能的重要性把建筑物分为四个抗震设防类别：

（1）特殊设防类　指使用上有特殊设施，涉及国家公共安全的重大建筑工程和地震时可能发生严重次生灾害等特别重大灾害后果，需要进行特殊设防的建筑，简称甲类。包括：①中央级、省级的电视调频广播发射塔建筑，国际电信楼，国际海缆登陆站，国际卫星地球站，中央级的电信枢纽（含卫星地球站）；②研究、中试生产和存放剧毒生物制品、天然人工细菌与病毒（如鼠疫、霍乱、伤寒等）的建筑；③三级特等医院的住院部、医技楼、门诊部。

（2）重点设防类　指地震时使用功能不能中断或需尽快恢复的生命线相关建筑，以及地震时可能导致大量人员伤亡等重大灾害后果，需要提高设防标准的建筑，简称乙类。

（3）标准设防类　指大量的除（1）、（2）、（4）款以外按标准要求进行设防的一般建筑，简称丙类。

（4）适度设防类　指使用上人员稀少且震损不致产生次生灾害，允许在一定条件下适度降低要求的建筑，简称丁类。丁类建筑应属于抗震次要建筑。

各抗震设防类别建筑的抗震设防标准，应符合下列要求：

（1）标准设防类　应按本地区抗震设防烈度确定其抗震措施和地震作用，达到在遭遇高于当地抗震设防烈度的预估罕遇地震影响时不致倒塌或发生危及生命安全的严重破坏的抗震设防目标。

（2）重点设防类　应按高于本地区抗震设防烈度一度的要求加强其抗震措施；但抗震设防烈度为 9 度时应按比 9 度更高的要求采取抗震措施；地基基础的抗震措施，应符合有关规定。同时，应按本地区抗震设防烈度确定其地震作用。

（3）特殊设防类　应按高于本地区抗震设防烈度一度的要求加强其抗震措施；但抗震设防烈度为 9 度时应按比 9 度更高的要求采取抗震措施。同时，应按批准的地震安全性评价的结果且高于本地区抗震设防烈度的要求确定其地震作用。

（4）适度设防类　允许比本地区抗震设防烈度的要求适当降低其抗震措施，但抗震设防烈度为 6 度时不应降低。一般情况下，仍应按本地区抗震设防烈度确定其地震作用。

对于划为重点设防类而规模很小的工业建筑，当改用抗震性能较好的材料且符合抗震设计规范对结构体系的要求时，允许按标准设防类设防。

七、国际先进建筑抗震技术

（一）日本抗震技术

日本是一个地震多发的国家。每年发生有感地震 1000 多次，全球约 10％ 的地震发生在日本及其周边地区。因此，日本在建筑抗震、防火等方面有严格的法律与规定，其大城市在防震减灾新技术研发方面也较为领先。日本提高建筑物抗震性能的设计思路和发明主要在如下几个方面。

① 高层建筑通过提高结构的刚性设计，增加其抗震性能。如在结构中使用直径和厚度较大的钢管，钢管中注入数倍于普通混凝土强度的高强混凝土。若遇到高级别地震发生，柔性结构建筑一般摆幅在 1 米左右，而刚性结构建筑摆幅仅 30 厘米。

② 建筑结构中使用橡胶提高抗震性能，即所谓"弹性建筑"。日本东洋橡胶工业和熊谷组两公司，1988 年 10 月 20 日共同研制开发出可将地震振动减至 1/5～1/3 的"基础减震积层橡胶"和"地板减震系统"。在高层、超高层建筑物上使用高强度的基础减震积层橡胶，这种积层橡胶以天然橡胶为基础，具有 60 年以上超耐久性。当烈度为 6 度的地震发生时，可将建筑物的受力减少 50％。如日本在东京建造了 12 座"弹性建筑"，经里氏 6.6 级地震的考验，减灾效果显著。另有用于超高层楼房的抗震装置，使用类似橡胶的黏弹性体，可将强风造成的摇动减轻 40％，同时也可提高抗震能力。

日本的免震结构建筑初期普及较慢，1995 年阪神大地震时，千叶县八千代台仅有的 2 栋免震大楼完好无损，证明了免震用积层橡胶的有效性。因此，免震积层橡胶建筑由大地震前每年建设数栋，增加为震后每年建设超过百栋。

③ 研发出"局部浮力"的抗震系统。这种称为"局部浮力"的抗震系统，是在传统抗震构造基础上，借助于水的浮力支撑整个建筑物。"局部浮力"系统是在建筑上层结构与地基之间设置贮水槽，水的浮力承担建筑物约一半重量。地震发生时，由于浮力作用延长了固有振荡周期，建筑物晃动的加速度得以降低。如 6～8 层建筑的振荡周期最大可以达到 5 秒以上，在城市海湾沿岸等地层柔软地带，建筑可以获得较好抗震效果。此外，贮水槽内贮存的水在发生火灾时可用于灭火，地震发生后可作为临时生活用水。

④ 借助"滑动体"基础提高建筑物抗震性能。独户建筑、古旧建筑与高层楼房相比整体重量轻，积层橡胶不起作用。日本采用的抗震方法是在建筑物与基础之间加上球形轴承或是滑动体，形成一个滚动式支撑结构，以减轻地震造成的摇动。在建筑下面装上了一套类似于滑板的结构，即使房子摇动得厉害，也能够进行缓冲。日本对一些古旧建筑实施了这样的抗震补修工程。

日本从 1970 年开始研究隔震技术。这个在灾害面前总是扮演悲剧角色的国度，拥有两个世界之最：世界最大的地震灾害风险国、世界最先进的地震调查研究国。在进入 2000 年后，日本遭遇了 6 次震度 M7（日本气象厅设定的地震等级，相当于中国 6 级）以上的强震。除引发大海啸的 2011 年日本东京大地震死者超万之外，其余 5 次强震累加起来，死者不足百人，更无一所校舍倒塌以及有遇难的学生。据日本文科省最新数据显示，日本公立中小学校舍的抗震化率达到了 99.7％，公立幼儿园达到了 97.7％，公立高中达到了 99.4％，特别支援学校达到了 99.9％；屋内运动场所天花板等落下防止对策实施率，公立中小学是 99.5％，高中是 99.0％，特别支援学校是 99.8％，幼儿园是 100％。

（二）发达国家先进的抗震技术

近年许多国家在高层建筑的抗震设计方面，运用现代科技不断研发新的抗震结构，设计建造了许多新型抗震建筑。如：美国纽约一座42层建筑物，是建在与基础分离的98个橡胶弹簧上的；在硅谷，工程师们建造了防震性能良好的"滚珠大楼"（电子工厂大厦），即在建筑物每根柱子或墙体下安装不锈钢滚珠，由滚珠支撑整个建筑。建筑物与地基用纵横交错的钢梁固定，发生地震时，富有弹性的钢梁会自动伸缩，大楼在滚珠上会轻微地前后滑动，可以大大减弱地震的破坏力。苏联有些建筑物，利用主体结构与基础分离的沙垫层来抗震。还有一些已获美国、中国和英国发明专利权的抗震技术，在工程实践中采用隔震、减震、消震等刚柔并用技法，都十分成功。先进国家的抗震建筑，都尽量避免使用危害较大的插入式钢箍的结构体系，改变了建筑结构受力体系，对"以刚克刚"的设计规范形成冲击。

目前国际上最先进的抗震技术，就是在建筑物底部和基础之间设置隔震层。即在建筑物与基础之间设置柔性隔震系统，把建筑物与基础隔开。隔震层由橡胶支座和阻尼器组成，由于这种隔震系统是柔性的，可以吸收地震释放出的巨大能量，阻止地震波向建筑物上部传递，从而有效地保护建筑物。

建筑隔震技术的研发与推广应用，带来了显著的效果。使用隔震橡胶支座的建筑物，部分已经受住了强地震的考验。如1994年美国洛杉矶发生里氏6.8级地震，采用橡胶支座的南加利福尼亚大学8层高的医院即未遭受破坏，而震区其余几座医院均因地震破坏而关闭；1995年日本阪神地震，西部邮政大楼由于采用了橡胶隔震技术，不仅整体结构良好，其设备、仪器也完好无损；2008年我国汶川地震中，甘肃陇南武都区3栋6层民用住宅使用了隔震技术，地震后完好无损，附近建筑物则普遍出现破坏。

（三）我国的抗震设计

我国在抗震法律法规、国家标准方面相对比较完备。发布有《建筑工程抗震设防分类标准》（GB 50223—2008）、《城市抗震防灾规划管理规定》（第117号）等国家标准及规定，对建筑物抗震设防分类、责任划归、防灾规划均有具体划分。在《城市抗震防灾规划管理规定》中规定：当遭受多遇地震时，城市一般功能正常；当遭受相当于抗震设防烈度的地震时，城市一般功能及生命线系统基本正常，重要工矿企业能正常或者很快恢复生产；当遭受罕遇地震时，城市功能不瘫痪，要害系统和生命线工程不遭受严重破坏，不发生严重的次生灾害。

我国地震抗震标准，不同地区有所不同，主要依据国家的抗震设防烈度图，分6～9级不同的抗震设防标准，不同地区的建筑物须执行相应地震级别的建筑物抗震标准。这些标准多为强制性的，如烈度在6度以上的地区，所有的建筑物都必须执行地震抗震设防标准，否则建筑物不予以验收。

2008年"5·12"汶川大地震之后，我国重新对《建筑抗震设计规范》局部进行了修订，其中对四川等地区的设防烈度，以及所有需抗震设防的建筑的分类等方面，做了调整和修改，使得《建筑抗震设计规范》进一步完善。如在建筑的选址方面，新增了针对山区房屋选址和地基设计的抗震要求；在建筑物的选材方面，推荐优先采用整体性和安全性较高的现浇混凝土板；在建筑的设计方面，要求对造型不规则建筑设计的方案进行专门研究和论证等。此外，还加强了对房屋一些重要"生命通道"的安全指标要求，如，要求在楼梯间设计更多的构造柱防止倒塌，更大限度地保证逃生时的安全。对于医院、学校等重点建筑，也相应提高了设防指标。之后又多次对《建筑抗震设计规范（2016 年版）》（GB 50011—2010）进行了局部修订。

一、城市与建筑规划知识

城市是人类社会经济文化发展到一定阶段的产物。城市起源的原因、时间及其作用，学术界尚无定论。一般认为，城市的出现，以社会生产力除能满足人们基本生存需要外，尚有剩余产品为基本条件。城市是一定地域范围内的社会政治经济文化的中心。城市的形成是人类文明史上的一个飞跃。

城市的发展是人类居住环境不断演变的过程，也是人类自觉和不自觉地对居住环境进行规划安排的过程。如中国陕西省临潼区城北的新石器时代聚落姜寨遗址，是先人在村寨选址、土地利用、建筑布局和朝向安排、公共空间的开辟以及防御设施的营建等方面，运用原始的技术条件，巧妙经营，建成了适合于当时社会结构的居住环境。因而可以认为，这是居住环境规划的萌芽。

（一）城市规划的发展

随着社会经济的发展、城市的出现、人类居住环境的复杂化，产生了城市规划思想并得到不断发展。特别是在社会变革时期，旧的城市结构不能适应新的社会生活要求的情况下，城市规划理论和实践往往出现飞跃。

中国古代城市规划强调战略思想和整体观念，强调城市与自然结合和严格的等级观念。这些城市规划思想和中国古代各个历史时期城市规划的成就，集中体现在作为"四方之极""首善之区"的都城建设上。

产业革命前的欧洲城市，除罗马等少数城市外，一般规模较小。多数城市是自然形成的，城市功能和基础设施都比较简单，卫生条件也差。城市规划多侧重于防御功能和政治需要，封闭性强。城市规划的内容主要着眼于道路网和建筑群的安排，因而是建筑学的组成部分。

产业革命导致世界范围的城市化，大工业的建立和农村人口向城市集中促使城市规模扩大。城市的盲目发展，贫民窟和混乱的社会秩序造成城市居住环境的恶化，严重影响居民生活。人们开始从各个方面研究对策，现代城市规划学科就是在这种情况下形成的。

现代城市规划学科主要由城市规划理论、城市规划实践、城市建设立法三部分组成。

现代城市规划理论始于人们从社会改革角度对解决城市问题所做的种种探索。19 世纪上半叶，一些空想社会主义者继空想社会主义创始人莫尔等人之后提出种种设想，把改良住房、改进城市规划作为医治城市社会病症的措施之一。他们的理论和实践对后来的城市规划理论颇有影响。

19 世纪影响最广的城市规划实践，是法国官吏奥斯曼 1853 年开始主持制定的巴黎规划。巴黎改建规划对道路、住房、市政建设、土地经营等做了全面的安排，为城市改建做出了有益的探索。

（二）住宅及其环境问题

住宅及其环境问题是城市的基本问题之一。美国社会学家佩里通过研究邻里社区问题，在 20 年代提出居住区内要有绿地、小学、公共中心和商店，并应安排好区内的交通系统。他最先提出"邻里单位"概念，被称为社区规划理论的先驱。

邻里单位理论本是社会学和建筑学结合的产物。从 60 年代开始，一些社会学家认为它不尽符合现实社会生活的要求，因为城市生活是多样化的，人们的活动不限于邻里，邻里单位理论又逐渐发展成为社区规划理论。

人们流动自由度的增大反映了社会的进步。城市规划家应当考虑不断变化的交通要求。产业革命后，城市的规模越来越大，市内交通问题成为城市发展中最大难题之一。交通技术的进步同旧城市结构的矛盾日益明显。

英国警察总监特里普的《城市规划与道路交通》一书提出了许多切合实际的见解。他的关于"划区"的规划思想是在区段内建立次一级的交通系统，以减少地方支路的干扰。这种交通规划思想后来同邻里单位规划思想相结合，发展成为"扩大街坊"概念，试行于英国英格兰西米德兰郡考文垂，直接影响了第二次世界大战后的大伦敦规划。

此后，学者们提出了树枝状道路系统、等级体系道路系统等多种城市交通网模式。发展公共交通的原则现已被广泛接受。

城市交通规划与城市结构、城市其他规划问题息息相关，已成为城市规划中的一项基本内容。

（三）自然生态环境保护

自然环境是由气候、地貌、水文、土壤、植物和动物界有机结合而成的综合体，是人类赖以生存的基础。人类都在追求健康舒适、优美和谐的生活环境。

城市的急剧发展，人工建筑对自然环境的破坏，促使人们日益重视保持自然和人工环境的平衡，以及城市和乡村协调发展的问题。

最先提出人类居住环境现代理论的是希腊科学家萨蒂斯，他在 20 世纪 50 年代末期，首创"人类聚居学"的理论。但由于此时正处于二战刚结束时期，所以没有认识和重视这一理论对"可持续发展"的重要性。一直到 20 世纪 80 年代，国际社会才意识到这一个问题，并迅速形成一股思潮。

事实表明，人类在建筑规划选址时，应考虑其自然生态环境的结构功能和对人类的各种影响，从而合理利用、调整改造和顺应其建筑生态环境。有城市规划学者对"大地景观"的概念作了系统的阐述，引申出把大城市地区看作人类生态系统的组成部分等观念。现在，各国的城市规划与建筑规划都会考虑保护自然环境问题。

二、城市生态环境

（一）城市化

1. 城市化概念

城市化是由农业为主的传统乡村社会向以工业和服务业为主的现代城市社会逐渐转变的历史过程。狭义地看，城市化一般是指人口向城市集聚和乡村地区转变为城市地区的过程。城市化进程使大量农村人口向城镇人口转移，村镇逐渐发展成为城市。在交通、服务、基础设施等更为发达的同时，聚集效应使城市越来越大，并且出现了产业结构的调整。

2. 城市化发展模式

① 初期发展：城市规模不断扩大，形成大城市连绵区——城市圈，吸纳劳动力；

② 过城市化现象：农村人口过度涌向大城市，超过城市的容量，形成贫民窟；

③ 逆城市化现象：非城市地区的生活环境和生活方式接近或超过城市水平，城市人口向郊区发展。

3. 现代城市问题

21世纪是城市的世纪，一方面人们尽情地享受着城市化所带来的文明与舒适，另一方面，人们也感受到城市发展过快所带来的切肤之痛。

现代城市尤其是发展中国家的城市，都面临着城市化进程带来的矛盾与诸多问题，如：交通量急剧增加，车速提高，交通堵塞；能量大量消耗，城市环境恶化；信息技术大幅度改进，信息量快速增加；大众消费社会形成，生产与生活产生矛盾等。

① 城市问题的具体表现：城市环境污染，包括空气、垃圾、污水、噪声、电磁波等污染；居住环境恶化，如住宅密度过高，宜居性和舒适性差；交通状况堪忧，堵塞、事故日趋严重；城市灾害加剧，破坏耕地开发建设及温室效应带来生态环境破坏，气候异常、地震、火灾、洪水等自然灾害频发；社会问题增多。

② 城市问题的复杂性和相互作用：发展经济会带来城市污染；发展汽车会带来交通堵塞；解决住宅问题会带来生态问题；解决交通问题会带来噪声问题；生活环境舒适会使城市规模增加、耕地减少。

（二）新的城市建设理念——生态城市

1. 生态城市理念

持续的经济高速发展对生态环境造成了难以逆转的破坏，规划学界运用生态学原理进行生态城市规划设计成为必然。

生态城市的建设就是坚持可持续发展战略，建立生态良好、景观优美、人际和谐的城市环境，实现区域经济社会和人口资源环境的协调和可持续发展。

生态城市建设是一种渐进、有序的系统发育和功能完善过程。生态城市在世界各地有不同做法，但任何一种做法都要跨越五个阶段：即生态卫生、生态安全、生态整合、生态景观和生态文化。

（1）生态卫生　通过鼓励采用生态导向、经济可行和与人友好的生态工程方法，处理和回收生活废物、污水和垃圾，减少空气和噪声污染，以便为城镇居民提供一个整洁健康的环境。生态卫生系统是由技术和社会行为所控制，自然生命支持系统所维持的人与自然间一类生态代谢系统，它由相互影响、相互制约的人居环境系统、废物管理系统、卫生保健系统、农田生产系统共同组成。

（2）生态安全　为居民提供安全的基本生活条件：清洁安全的饮水、食物、服务、住房及减灾防灾等。

生态城市建设中的生态安全包括水安全（饮用水、生产用水和生态系统服务用水的质量和数量）、食物安全（动植物食品、蔬菜、水果的充足性、易获取性及其污染程度）、居住区安全（空气、水、土壤的面源、点源和内源污染）、减灾（地质、水文、流行病及人为灾难）、生命安全（生理、心理健康保健，社会治安和交通事故）。

（3）生态整合　强调产业通过生产、消费、运输、还原、调控之间的系统耦合。从产品导向的生产转向功能导向的生产；企业及部门间形成食物网式的横向耦合；产品生命周期全过程的纵向耦合；工厂生产与周边农业生产及社会系统的区域耦合；具有多样性、灵活性和适应性的工艺和产品结构，硬件与软件的协调开发，进化式的管理，增加研发和售后服务业的就业比例，实现增员增效而非减员增效，人格和人性得到最大程度的尊重等。

（4）生态景观　强调通过景观生态规划与建设来优化景观格局及过程，减轻热岛效应、水资源耗竭及水环境恶化、温室效应等环境影响。

生态景观是包括地理格局、水文过程、生物活力、人类影响和美学上的和谐程度在内的复合生态多维景观。生态景观规划是一种整体论的学习、设计过程，旨在达到物理形态、生态功能和美学效果上的创新，遵循整合性、和谐性、流通性、活力、自净能力、安全性、多样性和可持续性等科学原理。

（5）生态文化　生态文化是物质文明与精神文明在自然与社会生态关系上的具体表现，是生态建设的原动力。它具体表现在管理体制、政策法规、价值观念、道德规范、生产方式及消费行为等方面的和谐性，将个体的动物人、经济人改造为群体的生态人、智能人。其核心是如何影响人的价值取向、行为模式，启迪一种融合东方天人合一思想的生态境界，诱导一种健康、文明的生产消费方式。生态文化的范畴包括认知文化、体制文化、物态文化和心态文化。

2. 生态城市研究的几个层面

生态城市是一种系统环境观，其研究涵盖如下几个层面。

① 空间层面：城市环境观与区域环境观的有机结合；

② 时间层面：历史环境观与现实环境观的有机结合；

③ 功能层面：城市经济环境观、社会环境观及生态环境观的结合。

3. 国际生态城市建设案例

从 20 世纪 70 年代生态城市的概念提出至今，世界各国对生态城市的理论进行了不断的探索和实践。美国、巴西、新西兰、澳大利亚、南非以及欧盟的一些国家都已经成功地进行了生态城市建设。这些生态城市，从土地利用模式、交通运输方式、社区管理模式、城市空间绿化等方面，为世界其他国家的生态城市建设提供了范例。

（1）巴西库里蒂巴　库里蒂巴是南美国家巴西东南部的一个大城市，为巴西第 7 大城市，环境优美，在 1990 年被联合国命名为"巴西生态之都""城市生态规划样板"。该市以可持续发展的城市规划受到世界的赞誉，尤其是公共交通发展受到国际公共交通联合会的推崇，世界银行和世界卫生组织也给予库里蒂巴极高的评价。该市的废物回收和循环使用措施以及能源节约措施也分别得到联合国环境署和国际节约能源机构的嘉奖（图 3.11）。

（2）美国伯克利　国际生态城市运动的创始人，美国生态学家理查德·雷吉斯特于 1975 年创建了"城市生态学研究会"，随后他领导该组织在美国西海岸的伯克利，开展了一系列的生态城市建设活动。在其影响下美国政府非常重视发展生态农业和建设生态工业园，这有力地促进了城市可持续发展，伯克利也因此被认为是全球"生态城市"建设的样板（图 3.12）。

根据理查德·雷吉斯的观点，生态城市应该是三维的、一体化的复合模式，而不是平面的、随意的。同生态系统一样，城市应该是紧凑的，是为人类而设计的，而不是为汽车设计的，而且在建设生态城市中，应该大幅度减少对自然的"边缘破坏"，从而防止城市蔓延，使城市回归自然。

图 3.11 巴西库里蒂巴

图 3.12 美国伯克利

（3）澳大利亚阿德莱德 世界著名杂志《经济学人》的经济学人智库（EIU）公布了2021年度全球宜居城市排行榜，阿德莱德跃升成为本次榜单上全澳排名第一、全球第三的城市。作为南澳大利亚的首府，阿德莱德是一座注重生态环保建设的城市。这座城市各种花草树木、绿意盎然，街道干净整洁、建筑典雅精致、空气清新宜人，这些都成了阿德莱德的城市特色。这座城市被冠以各种美名。如"拥抱自然的绿色之都""幸福享乐的休闲之都"和"启人灵思的创新之城"等。

澳大利亚阿德莱德有个世界闻名的"影子规划"，是在理查德·雷吉斯特思想的基础上提出的。1992年他在阿德莱德参加第二次生态城市会议的时候，提出了"影子规划"的设想。"影子规划"向我们展示了在非常清楚的城市生态规划，以及在其发展框架情况下应该如何创建生态城市。

阿德莱德这座城市里的公园、自然保护区和城市景观都被用来保护该地区的生物多样性和生态安全。市政当局为了减少城市路网的拥堵，提高城市交通效率，发展了许多针对该地区的公共交通服务和运输系统；还制定了鼓励车主使用公共交通的奖励计划，以减少城市交通拥堵和降低排放大气污染物的负荷；阿德莱德不断地推进投资和建设相关基础设施，这为城市发展创造了良好的环境，使得自然生态系统得到充分保护；市政府还开发出新的垃圾管理和回收方案，助力减轻城市的废弃物处理负担以及促进资源循环利用；阿德莱德市制定了《2015—2025碳中和战略》，减少碳排量，城市能源力推太阳能（图3.13）。

（4）瑞典马尔默 马尔默是瑞典第三大城市，很早就是一个工业和贸易城市，但是由于受到了高科技产业的冲击，旧有工业面临关停并转，使得整个马尔默面临城市转型。基于马

图 3.13　澳大利亚阿德莱德

图 3.14　瑞典马尔默

尔默市政府和瑞典政府对"生态可持续发展和未来福利社会"的共同认识，他们希望通过改造，使马尔默西部滨海地区成为世界领先的可持续发展地区。

马尔默是从工业城市成功转型为生态城市的典范。这个城市最大特点就是 100％的能源来自可再生能源，包括太阳能、风能，还有用垃圾来发电。市内公园绿荫成片，娱乐、体育设施及场所举目可见，因而许多国际性商品交易会和博览会经常在此举办。马尔默市集海港、工业、商业、科技、娱乐于一体，是有名的多方面发展、工作效率高和生活条件舒适的生态之城（图 3.14）。

（5）日本北九州　日本北九州市从 20 世纪 90 年代开始以减少垃圾、实现循环型社会为主要内容的生态城市建设，提出了"从某种产业产生的废弃物为别的产业所利用，地区整体的废弃物排放为零"的生态城市建设构想，其具体规划包括：环境产业的建设（建设包括家电、废玻璃、废塑料等回收再利用的综合环境产业区）、环境新技术的开发（建设以开发环境新技术、并对所开发的技术进行实践研究为主的研究中心）、社会综合开发（建设以培养环境政策、环境技术方面的人才为中心的基础研究及教育基地）。

市民积极参与，政府鼓励引导，是北九州生态建设的经验之一。为了提高市民的环保意识，北九州开展了各种层次的宣传活动，例如，政府组织开展的汽车"无空转活动"，制作宣传标志，控制汽车尾气排放；家庭自发的"家庭记账本"活动，将家庭生活费用与二氧化硫的削减联系起来；开展了美化环境为主题的"清洁城市活动"等（图 3.15）。

（6）新加坡　新加坡是世界瞩目的"花园城市"，新加坡人具有很强的关爱自然、人与自然的和谐共处、追求天人合一的理念。"园林城市"和"花园城市"的本质应是"天人合一"，而非人为第一位，无限制地向自然索取。人类社会的繁荣发展应同自然界物种的繁衍进化协调进行，最终创造一个人与自然相和谐的城市。新加坡人深深地感到，城市化高度发

图 3.15　日本北九州

图 3.16　新加坡

达的新加坡留给自然的空间越来越少，因此更要珍视自然，让他们的后代能够看到真正的动植物活体而不仅仅是标本。

新加坡城市规划中专门有一章"绿色和蓝色规划"，相当于我国的城市绿地系统规划。该规划为确保在城市化进程飞速发展的条件下，新加坡仍拥有绿色和清洁的环境，充分利用水体和绿地提高新加坡人的生活质量。在规划和建设中特别注意到建设更多的公园和开放空间，将各主要公园用绿色廊道相连，重视保护自然环境，充分利用海岸线并使岛内的水系适合休闲的需求。在这个蓬勃发展的城市，是植物创造了凉爽的环境，弱化了钢筋混凝构架和玻璃幕墙僵硬的线条，增加了城市的色彩，新加坡城市建设的目标就是让人们在走出办公室、家或学校时，感到自己身处于一个花园式的城市之中（图 3.16）。

三、规划案例分析

（一）新加坡城市规划

新加坡共和国（简称新加坡），是东南亚的一个热带岛国，位于马来半岛南端，马六甲海峡出入口，北隔柔佛海峡与马来西亚相邻，南隔新加坡海峡与印度尼西亚相望。由一个本岛和 60 个小岛组成，东西约 42 公里，南北约 27 公里，总面积 719.9 平方公里，总人口 564 万（2022 年）。

1965 年新加坡建立独立的共和国时就提出建设花园城市的思想。从 60 年代到 90 年代，新加坡为提高花园城市的建设水平，在不同的发展时期都有新的目标提出。60 年代提出绿化净化新加坡，大力种植行道树，建设公园，为市民提供开放空间；70 年代制定了道路绿化规划，加强环境绿化中的彩色植物的应用，强调特殊空间（灯柱、人行过街天桥、挡土墙等）的绿化，绿地中增加休闲娱乐设施，对新开发的区域植树造林，进行停车场绿化；80年代提出种植果树，增设专门的休闲设施，制定长期的战略规划，实现机械化操作和计算机化管理，引进更多色彩鲜艳、香气浓郁的植物种类；90年代提出建设生态平衡的公园，发展更多各种各样的主题公园，引入刺激性强的娱乐设施，建设连接各公园的廊道系统，加强人行道的遮阴树的种植，减少维护费用，增加机械化操作。新加坡政府较早地认识到城市环境的重要性，使建设"花园城市"与广大民众达成共识。这一切都给新加坡"花园城市"的建设注入活力。

新加坡城市绿化的点线面处理有着独到之处。其花园城市的面貌很大程度上反映在城市的道路上：街道、城市快速路两旁宽阔的绿化带中种植着形态各异、色彩缤纷的热带植物，体现着赤道附近热带城市的特色。新加坡从90年代着手建立的连接各大公园、自然保护区、居住区公园的廊道系统，则为居民不受机动车辆的干扰，通过步行、骑自行车游览各公园提供了方便。

新加坡的城市规划可谓是全世界的典范，其显著特点是，重视打造独特的花园城市形象，主要表现在道路、水系、建筑、绿化等的规划风格上。

1. 道路交通规划

新加坡道路骨架为蜂窝状，综合了放射状路网和方格网路网的优点，按照路网密度排名，其在全世界位于第3位。为了解决日益增长的交通压力，新加坡政府努力完善道路网建设，但实践证明，光靠修路并不能解决交通问题。新加坡从1970年起，就不断出台新的或改进老的交通管理措施。包括以下几方面：

① 通过大力发展公共交通，建设贯穿全国的地铁、轻轨系统及发达的陆地公交汽车网络系统，来解决市民的出行；通过GPS自动调动系统提高出租车效率。

② 以电子收费系统限制公交车以外的车辆在高峰时间进入闹市区。

③ 每年有一定限量的轿车购买指标，以防止车辆增长的速度过猛。

④ 大力进行道路系统、停车场、停车楼的建设。新加坡国内的道路用地已占其国土面积的12％。从1999年以来，对闹市区进行减少停车设施来限制交通流量。

2. 水资源保护规划

新加坡面临着严重的水资源短缺问题，作为一个缺水的城市国家，新加坡在水管理方面同样创造了奇迹。

① 建立科学的供水、节水体系：一是和马来西亚签订买水协议；二是建立了全面覆盖的水资源收集体系；三是污水处理后的新生水。新加坡宾馆、酒店、商场、机场等公共场所自来水龙头均装有自动感应系统，且出水时间很短，其科学发展、勤俭节约的理念深入人心。

② 建立全面的水环境法律法规体系：新加坡明确规定，水是公共财产。制定环境污染控制法、环境公共健康（有毒工业废物）条例及废水和排水系统法等。

③ 根据土地规划来实施污染控制、河流减污和工业区的建立。水资源管理与土地规划紧密联系是新加坡水管理的显著特点。

3. 土地规划

土地售卖计划与新加坡市区重建行动计划紧密相连，通过土地售卖，将新加坡概念规划指导下的重建行动计划变为现实。

① 强行征地：新加坡是一个土地资源极其匮乏的岛国，为加强政府对土地的有效控制，

政府通过强行征地的手段，把大部分土地收为国有，将私人土地加以合并，使小地块整合为大地块，为大宗发展提供用地；

② 在土地开发的同时，大力建设组屋，以容纳因发展而迁移原址的居民；

③ 投资建设基础设施；

④ 在公布投标结果后，密切关注施工与建设，直到完工为止；

⑤ 在土地售卖计划里，政府寻求的不单是土地购买者，而是需要土地发展的伙伴，其必须与政府配合，积极提供资金、人力与专业知识，吸引投资，使国家建设能够推展。

4. 绿化规划

为营造舒适惬意的人居环境，新加坡建造了大小 300 多个公园，包括组团之间的大型公园和生态观光带，每个镇区有 10 公顷的公园，居民住宅每隔 500 米建有 1.5 公顷的公园。在新加坡，无论是在街道、商场、机场、宾馆，目光所及都是树木花草和茵茵的绿地。新加坡的园林绿化理念深入人心，它的垂直绿化、室内绿化、广场绿化和街道绿化理念、设计和效果是世界一流的，真正做到了见缝插绿、土不露天，足见其重视绿化的环保理念。

5. 城市组屋规划

新加坡于 1960 年成立了建屋发展局，建屋发展局的目标即是为中低收入居民提供低价房屋——组屋。新加坡在 1964 年就开始实行"居者有其屋"计划，并大量建造组屋，目前新加坡 85％以上人口居住在组屋中。

新加坡的组屋大部分是十至二十层左右的高层建筑，分塔式和板式两种，一般设计成开敞的外廊式住宅，以保持通风良好。房子的外立面并不华丽，外墙装饰基本采用涂料，很少镶贴面砖。组屋的户型很多，从一室两厅到五室两厅都有，以提供给不同人口结构的家庭。

组屋小区规模都不是很大，基本上以街坊为规划单元。新加坡的街坊一般都很小，而且平面不十分规则，城市空间形态的构成是靠城市道路来限定的。所以组屋小区的规划布局基本都是将建筑沿城市道路周边布置。在小区内部，住宅楼多为南北朝向，采用类似行列式的布局。组屋住宅楼的底层都处理成架空空间，一是为了通风，二是为了遮阳、避雨和防潮，三是给居民提供日常交流的聚会场所。在炎热多雨的新加坡，这种底层架空的设计手法十分方便居民。

新加坡的组屋建设已经持续了几十年，但整个城市仍然面貌一新，丝毫不显得破旧。原因在于政府不间断地对年久的组屋加以维修，基本上是 5 年一小修，10 年一大修。小修是指外立面和室外铺地的更新，大修则是指增加面积或改善功能，使居民住宅不断适应社会进步和人们生活水平提高带来的变化。组屋的更新改造所需资金基本上是政府投入，加少量的个人出资。改造的过程充分发扬民主，因而得到了市民的积极响应。

(二) 奥地利维也纳环境保护规划

维也纳位于奥地利东北部阿尔卑斯山北麓维也纳盆地之中，以"音乐之都"闻名遐迩，也是世界上森林面积最多的花园城市。这座城市面积 414.65 平方公里，人口 198.2 万（2023 年 1 月 1 日，中华人民共和国外交部）。在市区的西部和南部环绕着著名的维也纳森林，树木参天，苍翠欲滴；东部有洼地森林，珍禽奇兽栖息活动其间，可谓世界城市中的奇景。多瑙河由北拐向东流经市区、贯穿全城，沿河两岸林木葱郁，花草繁茂，四季飘香。维也纳南面还有深幽的山谷和开阔的平原，加上大大小小多处公园，市区内处处林木苍翠、绿草如茵，景色宜人。多瑙河、维也纳森林和绿地、沼泽、遍布山坡的葡萄园，都是这座城市不可缺少的财富，它们使维也纳成为一座典雅、美丽、清洁的花园城市。

联合国和石油输出国组织都在维也纳设有办公机构。维也纳是欧洲最古老、最重要的文化、艺术和旅游城市之一。维也纳也是享誉世界的文化名城，以精美绝伦、风格各异的建筑，赢得了"建筑博览会"的美称。二次世界大战之后，维也纳人把满目疮痍的城市重建起来，并重新整修了所有历史建筑。维也纳市内有许多巴洛克式、哥特式和罗马式建筑，以及众多宫殿、宅第和博物馆。城市西面还有幽雅的公园、美丽的别墅以及一些宫殿建筑。

维也纳从 1999 年开始制定环境保护十年规划，其中关于大气保护的减排项目，计划到 2010 年减排 200 多万吨二氧化碳，结果在 2006 年提前达标。维也纳环保局每十年都会对城市绿地进行监测，根据相关数据，维也纳 2009—2019 这十年间绿地面积从 51% 上升到 53%，全市共有 990 处绿地。

1. 维也纳森林保护与经营

维也纳森林与多瑙河一样，是大自然赐予的一份礼物。这是一片保持了原始风貌的天然森林，主要由混合林和丘陵草地组成，共 1250 平方公里，其中一部分延伸进入维也纳市。维也纳森林旁倚美伦河谷，水清林翠，对城市起到了很好的洁净空气作用，拥有"城市的肺"美誉。

从 11 世纪到 1925 年约 900 年间，维也纳森林一直是皇家的狩猎场。1905 年制定的《维也纳建设条例》中，维也纳市周围地带被宣布为"森林-草地保护区"。1925 年奥地利国家林务局接收了这片森林，采纳了"近自然林业"理论作为经营维也纳的指导思想。1955 年，奥地利政府把森林地区划为"维也纳景观保护区"。下奥地利州的 56 个乡以及维也纳市的 8 个镇，都独立参与森林的保护和经营。森林中国有林占 45%，乡镇林占 10%，私有林占 45%。

森林里有许多清流小溪、温泉古堡以及中世纪建筑的遗址和古老的寺院，最吸引人的是一些美丽而幽静的小村庄。几个世纪以来，许多音乐家、诗人、画家在此度过漫长的时光，创作不少名扬后世的不朽之作。如小施特劳斯的《维也纳森林的故事》圆舞曲、贝多芬的《第六（田园）交响曲》、舒伯特创作《美丽的磨坊姑娘》的灵感，都诞生于此（图 3.17）。

图 3.17　维也纳森林

2. 环境保护

（1）前瞻的环保理念与政府的倡导、实施　维也纳能保持清新优美的环境，其环保理念和经验，堪称典范并且具有很好的借鉴意义。

① 城市发展规划注重并服从于环保。根据考察，维也纳市人均二氧化碳年排放量是全欧洲最低的，这得益于维也纳制定的环境保护规划。城市发展服从于环保，用规划来引导并

加强环保，是维也纳的成功之处。例如，维也纳常年刮西风，在做城市规划及产业布局时，该市将有污染的工厂或对环境有影响的企业，统一规划建设在城市东部，以最大限度降低有污染企业对城市环境的影响。

② 政府对节能减排、环境保护大力投入。根据国际货币基金组织 2023 年 4 月发布的 2022 年欧洲国家 GDP 及人均 GDP 排名，奥地利在欧洲国家中很靠前，可以说是欧盟及全球最富有的国家之一。汽车是奥地利家庭的必需品，据有关统计，奥地利平均每两人拥有一辆小轿车，全国二氧化碳总排放量的 30% 来自汽车废气。维也纳是奥地利汽车密度最大的城市之一，在郊区居住、市区工作的人有 2/3 每天开车上班。为降低二氧化碳排放量，维也纳市政府设法减少私家车数量，鼓励自行车代步或步行，并对私家车在城市中心区停放时间实行限制等。与此同时，政府斥巨资大力建设发达便捷的公共交通。为鼓励市民多乘公交出行，维也纳市政府在年度预算中，对公交票价实行大力度补贴。自 2008 年奥地利出台购车鼓励措施，购买二氧化碳排放少的新型节能轿车，可获政策奖励。在维也纳，购买天然气轿车亦可享受补助。

维也纳市政府斥巨资投资垃圾处理厂，在每天密封燃烧垃圾的同时，利用焚烧产生的蒸汽直接向市民家庭供热。多年来，维也纳建成的大型垃圾焚烧厂，同时也是远程供热中心，向许多家庭、单位用户供热。由于维也纳市政府多年来的大量投入，维也纳 99% 以上的家庭实现了集中远程供热。

③ 与邻国友好城市携手保护环境。位于中欧南部的奥地利毗邻八国，近年来不仅在国内积极推行可持续发展战略，同时加强了与邻国的环保合作。维也纳政府认为，环保不能一个城市关起门来自己做，而要敞开门与周边城市开展合作。基于这一理念，维也纳市在邻国的一些友好城市设立办事处，派出包括环保专家在内的工作人员，与邻国友好城市在大气保护、垃圾与污水治理等涉及环保的多领域展开合作。在一些环保特别区内，不允许游人进入，力求保持当地的原生态环境。同新加坡一样，奥地利环境保护深入人心。他们认为，应保证当代人和子孙后代能有一个不依赖于自然资源消耗的高质量经济增长，享有更多与更好的工作岗位和社会福利保障，以及拥有一个健康的未受破坏的环境。

(2) 良好的环境保护习惯与规定

① 维护生态平衡。奥地利政府与维也纳市政府都对环境保护非常重视。华经产业研究院数据显示，截至 2020 年，奥地利森林覆盖率（占土地面积的比例）为 47.25%。尽管森林覆盖已近国土面积的一半，但政府仍然规定，每砍一棵树就必须补种一棵，以维持生态平衡。

② 节约用水。维也纳的饮用水，是从阿尔卑斯山上通过维也纳一号（全长 150 公里）、二号（全长超过 180 公里）高山引水系统管道引进的，水源充沛。但从环保角度出发，维也纳市还是另外建有工业用水及非饮用水系统，供给球场与公共绿地浇水、冲洗街道等使用。

③ 垃圾分类。在维也纳街头，到处可见排放整齐的 6 种不同颜色盖子的垃圾桶；在居民门前，也能看到 2 种不同颜色盖子的垃圾桶。这是维也纳推行的垃圾分类处理"6+2"模式，用于严格的垃圾分类，以更好地保护环境。垃圾桶盖子颜色虽然多，但统一规划设计的桶身图案与颜色、文字说明等标识，让人一眼就能识别出每个垃圾桶对应的不同垃圾。它引导人们养成垃圾分类的好习惯，也方便垃圾焚烧厂进一步回收处理。

④ 声控灯照明。维也纳的酒店、饭店等场所，卫生间等基本上都采用声控照明灯。人来便亮，人走即灭，既方便使用，又节能环保。细节之中体现了环保理念与意识。

（3）先进的环保技术　奥地利在可持续发展战略中，对"可持续性产品与服务"的描述为：可持续性产品与服务是指，在其整个生命周期（设计、生产、使用、利用和弃置）中，对环境的影响将保持在最低限度。因此从一开始，就应尽可能地避免排放二氧化碳和出现废料，并避免采用昂贵的事后环境处理措施。也就是说，要充分运用先进的环保科技最大限度地降低并减少污染，对环境实现最佳保护。基于此目标，奥地利在环境技术和环境管理方面非常成功。

①　焚烧处理垃圾的废气污染降至最低。维也纳从 20 世纪 70 年代就开始实行垃圾分类制度。在维也纳的普发费努垃圾焚烧处理厂，垃圾运抵后被分拣，密封燃烧，热能通过锅炉产生蒸汽，其中 2/3 直接向居民家中供热。产生的废气经过严格过滤，排放时几乎与外部空气差不多。沉淀下来的粉尘，与水泥混合用于建筑，剩下 5%～10% 左右的重金属，则送走集中密封填埋。这座技术现代化的垃圾焚烧处理厂，从垃圾分拣、喷水控制粉尘、焚烧、废气过滤、排放、供热等全程由电脑控制，几乎听不到噪声，也闻不到臭味。先进的处理方式，有效控制了焚烧垃圾对环境的二次污染。

②　扶持生态农业、改善水源水质。在欧洲各国中，奥地利的生态农业比重最高。奥地利政府对生态农业用地进行补贴，采用生态农业技术进行种植、养殖，以有效改善土壤环境，保护水资源。

包括维也纳在内的各州，经营农业须符合奥地利的环境保护纲领，不得使用化肥。农地过量施用化肥，将造成地下水中的硝酸盐含量超标，从而影响水质。此外，含有莠去津（一种除草剂）的植物保护剂，会损害地下水。从 1995 年开始，奥地利就禁止在植物保护剂中使用莠去津。随着生态农业规模的日益扩大，以及不断扩建净化和排水设备来处理污水，奥地利几乎所有河流湖泊的水都可以直接饮用。

③　其他领域。对如何减少污染、保护环境，奥地利在众多领域获得了领先技术。如加紧研制并推广天然气轿车，以降低二氧化碳排放量；公路两旁加紧修建隔声墙，防止居民区噪声污染等。有关资料显示，奥地利专利局受理本国专利，与环保技术相关的约占总数的一半。环保专利发明的高比例，表明奥地利企业与机构以较高的科研投入，把握了世界环保技术的发展趋势，保证了奥地利在世界环保领域的领先地位。

奥地利包括维也纳处处风景如画，青山叠翠、水质优良、空气清新、土壤洁净，这是自然景观的完美体现。工业和经济的发展并未对环境造成实质性危害，通过一系列环保措施，环境质量极大改善，农业与环境和谐共存、相得益彰，这是令人惊叹的事实。

（三）北京市规划方案

近年来政府高度重视名城的保护，采取的保护措施主要有如下几种：一是保护名城的核心内容。北京城中轴建筑南起永定门往北，穿正阳门，进入皇城故宫，穿越景山，最后直达钟鼓楼。中轴线上分布了很多名城重要建筑，在全城当中起建筑均衡作用。二是保护北京现在的城市轮廓，"凸"字形城市轮廓就是城墙城市轮廓，现在城墙不在了，为了体现城墙的位置，在南部有护城河，能反映出旧城所在的位置，在城的北部通过绿松墙方式，显示城墙原来的位置，使世人看到城市原来的轮廓。三是保护北京的皇城，皇城的面积有 8.6 平方公里，是北京城的核心内容，中间有故宫和皇家的一系列园林建筑，这是名城保护的核心。四是保护北京成片的四合院和胡同，一共划定了 33 片历史文化街区，这 33 片街区以皇城、故宫四周为中心，景山四周为中心，再有城北部，总面积是 1974 公顷，再加上 440 公顷的一般的平房区，这样使北京城目前保护下来的四合院要超过 20 平方公里。五是保护旧城里的文物建筑，城中有将近 1000 处的文物保护单位，都采取了保护维修的措施。很多文物建筑是名城建筑，本身标示着名城所在的位置，如东南城角楼、正阳门等，这些文物建筑是城市的组成部分，是保护的重点。

四、建筑群与外部空间环境

从城市设计入手，运用隐喻与象征的手法，将室内外建筑环境与建筑相结合，创造宜人的外部空间，对建筑群与外部景观做出规划，是建筑规划的重要内容。

（一）城市设计

20 世纪 40 年代中期，美国城市规划师伊·沙里宁明确地提出城市设计的概念。这个概念在 60 年代开始广泛地被接受，如纽约在 1964 年大力推行城市设计，以此作为一项新的政策来改善城市环境。近年各国都在强调城市设计问题以提高城市的特色形象，改善城市环境，促进人与城市及环境的协调发展。

城市设计的概念有两种提法：一种认为城市设计是一种环境设计；另一种认为城市设计是一种空间布局、空间设计或各物质要素的空间关系设计。此外，对城市设计的理解还有如下的表述：城市设计也是一种社会干预和行政管理手段；城市设计是造型设计，但不是个体建筑造型，而是把城市的多种要素排列得有秩序，所谓城市设计也就是建立秩序，使之符合现代社会人们的生活；城市设计的目标是为人们创造舒适、方便、卫生、优美的物质空间环境，也就是通过对一定地域空间内各种物质要素的综合设计，使城市达到各种设施功能相互配合和协调，以及空间形式的统一，综合效益的最优化。

城市设计的基本原则：①遵循总体规划所制定的指导精神。城市设计是城市规划的组成部分，应在总体规划指导精神下进行工作，包括城市性质的制约、城市规模的制约、城市发展方向的制约、城市经济能力的制约。②满足人类生产、生活各项活动要求。人的需求有生理需求、安全需求、社会需求、心理需求、自我完善的需求。城市设计应充分考虑人类活动的多样性和复杂性，并把满足这些活动的要求作为出发点和最终检验标准。③保持环境特征。每一地区在自然环境方面、历史传统方面、地域气候方面都有自己的特色，城市设计应突出特色，以加强识别性，用特色促进地区发展。它包括：a. 自然环境如地理位置、地形地貌、气候等；b. 人工环境如建筑形式、建筑色彩、建筑风格等；c. 人文环境如历史传统、民俗民习、社会风尚。④提供多样性服务的可能。⑤按功能要求和美学原则组织各项物质要素。城市设计是各种物质要素的综合设计。重点应考虑平面布局的清晰，空间展开的序列，以及形体、色彩、质感的处理。

综上五个方面，城市设计的根本原则可归纳为协调、多样和特色。城市的形象与空间布局问题是近代城市发展的重要内容，也是近代城市设计的重要研究内容。各国都在逐步完善它的设计理论和设计实践。从其发展看有如下趋向：①从着眼于视觉艺术环境扩展到整个社会环境的研究。②从热衷于大规模大尺度的规划到从事"小而活"的规划，更面向人们生活。③从热衷于"自觉"设计到重视"不自觉"设计。"自觉"设计是设计师刻求而成，"不自觉"设计是从人们的需要出发逐渐发展而加以认定。其相对完善，并随时间的推移，长期积淀而成，如徽州民居的形成。④从园林绿化、美化环境到对城市生态环境的重视和保护。

城市设计最根本的问题，就是人与建筑及环境之间的关系研究，其中人是核心，建筑师和规划师都需关注这一问题。要重新认识建筑物之间、建筑与城市之间、城市与大自然之间、历史与现实之间的相互关系。针对具体地域，明确城市设计的具体目标和具体内容。目前城市规划和建筑设计之间缺少中间环节，城市设计作为一项中间环节如何开展，如何与规划设计及建筑设计接轨，如何评估，成果如何表达都在积极地研究和实践中。城市设计的发展促使建筑师必须涉及城市规划和城市设计的领域，也促使规划师做城市规划必须有着眼于整体设计的建筑师参加。城市设计涉及多学科领域，运用各学科的科研成果，运用多种工具和手段，深化城市设计，是设计师们的责任。城市设计的工作对象是城市构成的所有物质要素，包括建筑物、道路、广场、绿化、建筑小品、人工环境、自然环境等。城市设计的服务对象是人的物质要求和精神需求。

（二）景观规划

现代景观环境规划设计包括三方面的内容，即视觉景观设计、生态环境设计和行为场所设计。

视觉景观设计主要是从人类视觉形象感受要求出发，根据美学规律，利用空间实体景物，研究如何创造赏心悦目的环境形象。

生态环境设计主要是根据自然界生物学原理，利用阳光、气候、动植物、土壤、水体等自然和人工材料，研究如何创造令人舒适的良好的物理环境。

行为场所设计主要是从人类的行为心理的需求出发，利用空间设计及其文化内容的引导，创造出能满足人们行为心理规律，使人赏心悦目、积极上进的环境。

现代景观环境设计强调立体化设计，"立体化"包含四层含义：①在有限的基地上，提供尽可能多的活动场地，如多层造房占天不占地、变平地为起伏地、设置多层活动平台等立体化的景观环境；②提高绿化用地效率，在同一地块上，采用地被植物、灌木、乔木立体化的种植布局；③解决绿化和人们活动争地的矛盾，采用绿化与人们活动空间上立体交叉的布局；④增加景观环境视觉形象的可看性，采用上下左右、四面八方的立体化观看方位。

（三）景观设计

1. 强调精神内涵

景观设计特别强调精神内涵。在这方面，与建筑和城市相比，景观更为突出。尽管建筑与城市也强调精神文化，但它们最基本的还是偏重于使用功能，偏重于技术，偏重于解决人类生存问题。景观则要上一个层次，它要解决人类精神享受的问题。

2. 面向大众

景观设计要面向大众，而古代的景观园林相对而言服务的人数较少，园林精品只为少数人所享受。面向群体，正是现代景观最大的特点，由此，引发了一系列的规划设计上的变革，现代景观之所以有别于传统园林，也正是由此而生的。

3. 遵循行为规律

景观设计要遵循人类的户外行为规律。行为景观策划，是当代景观设计的一个崭新课题。可以说，一个景观规划设计的成败、水平的高低，归根结底，就看它在多大程度上满足了人类户外环境活动的需要，是否符合人类的户外行为需求。

4. 景观行为与交往距离

在20～25米见方的空间，人们感觉比较亲切，人们的交往是一种朋友、同志式的关系，大家可以比较自由的交流，这是因为超出这个范围，人们便很难辨出对方的脸部表情和声音。这是创造景观空间感的尺度。

距离一旦超出 110 米, 肉眼就认不出是谁, 只能辨出大略的人形和大致的动作。这个尺寸就是我们所说的广场尺寸。即超过 110 米之后才能产生广阔的感觉。这是形成景观场所感的尺度。最后一个尺寸是 390 米左右, 超过这一尺寸, 会看不清东西, 如果要创造一种很深远、宏伟的感觉, 就可以运用这一尺寸。这是形成景观领域感的尺度。

(四) 外部空间的景观构成

1. 自然景观因素

是指在城市中含有一些特殊的自然地理条件。在城市化的进程中, 人们充分利用这些自然地理条件, 因地制宜地创建了不同特色的城市景观。

(1) 地形与地势因素　它既是城市发展的依托, 又给予城市发展一定的制约, 形成了不同的城市风貌。如: 平原城市——上海、丘陵城市——重庆、盆地城市——吐鲁番、水乡城市——绍兴等。

(2) 水岸因素　世界上许多城市都是紧贴水岸发展起来的, 水源孕育着城市的成长。良好的城市水区可以调节城市的小气候, 平衡城市中的人工环境, 孕育野生动植物, 提升城市游息区的品质, 增加城市的田园气氛。

(3) 山岳因素　城市靠山、环山、含山不仅可以为市民提供休闲活动的场地, 而且有特色的地形起伏, 山峦造型还可以成为方向指认的标志。山岳的自然植被为城市增添了生气, 增加了城市的绿地面积。山区的鸟瞰据点是俯视市容及远眺风景的地方, 也常常就是风景区的焦点所在, 应配合游息设施加强鸟瞰远眺的开发经营。

2. 人工景观要素

(1) 城市空间结构　它是城市实质景观的主体框架。不同的公共空间结构表现在城市形态上也有很大的区别。

① 城市的平面结构: 有集落结构。这是一种以水路、街道为骨骼的线型街廊结构, 有面背之分, 正面沿街整齐, 背面呈不规则的进深, 这是一种自然状态的结构, 如上海市区的平面结构。另一种宇宙观结构是根据一定的意识来设定的城市平面结构。城中官衙、庙宇、城门各有其位序及方向, 最典型的是北京古城的平面结构。有几何线型结构, 如方格棋盘式、圆环放射式, 这在现代的一些城市中并不少见。

② 城市的高度结构: 它影响着城市空间的量感、天际线、空间比例以及空间的感觉品质。其形式有主从、排比、混合等多种。

③ 城市的空间结构: 它包括建筑的内部空间与城市的开放空间。城市中的开放空间指的是城市中的公共外部空间, 包括自然风景、硬质景观、道路及公园、娱乐空间等非建筑实体的公共空间, 如广场、公园、道路、开敞空间等。

(2) 建筑形态　建筑的形态是形成城市景观特征的极重要的因素。不同的自然地理条件、不同的建筑材料和技术以及人们各不相同的建筑观, 带来了丰富多彩的建筑形态, 从而也形成了各不相同的城市风貌。城市空间环境中的建筑形态至少有以下特征:

① 建筑形态与气候、日照、风向、地形地貌、开放空间都有密切关系;

② 建筑形态具有支持城中运转的功能;

③ 建筑形态具有表达特定环境和历史文化特点的美学含义;

④ 建筑形态与人们的社会和生活活动行为相关;

⑤ 建筑形态与环境一样，具有文化的延续性和空间关系的相对稳定性。

城市景观与建筑形态有着极其密切的关系。我们可以从构成建筑形象的视觉要素和关系要素入手进行建筑形态控制。视觉要素是指建筑的形体、色彩、肌理等物质性的实体要素。建筑实体要素具有类型学的含义，它既是抽象的，可以理解为点、线、面、体诸元素进行的形体构成；又是具象的，可以把建筑形体化解为屋顶、墙面、出挑、柱式、台阶、地面等各种构件，进行形体的组合。

关系要素指的是各视觉要素本身。它们之间以及它们与环境之间存在量、相、比的关系。

量：主要体现在积聚与分离方面的数量关系。如：面积、尺度、间隔、韵律、密度等。

相：主要体现在空间地位方面的相位关系。如：位置、方向、层次、重心、主从、重复、序列、对位、位移、旋转、反射等。

比：主要体现在量或相方面的对比关系。如：比例、分割、对称、对比等。

（3）密度、纹理和质地　城市的密度不是均匀的，所以最好将城市分成不同地段进行密度的研究。密度数值指示出建筑与空地的关系，形象地说明了某地段是一个市郊居住区还是市内联排式住宅区。把密度、地形和建筑形式、粗细成分的混合程度称作质地，例如，在大小相似的小块土地上的小住宅区，可形容为具有细致的纹理和均匀的质地；在大小不同的地块上的小住宅区，可形容为具有细致纹理的和不均匀的质地；有不同尺度建筑的大街区，可形容为粗糙的纹理和不均匀的质地；有大建筑物的尺度相似的街区，可形容为粗糙的纹理和均匀的质地。肌理与观察的距离层次有关。从宏观的角度来看，城市的空间结构就是一个肌理层次。从微观的角度来看，建筑的表面材料组成也是一个肌理层次。无论从哪一个层次来进行观察，都要对构成肌理的基本形、骨骼、粒度来进行研究。

（4）实体与轮廓　地面、建筑物和城市中的各种物体组成了城市设计的又一个基本要素：城市实体、各种尺度的实体可以组成城市空间和组织不同的城市活动形式。

我们的眼睛和光的条件，构成观看体量的方法。当视角为45度时，我们倾向于看建筑的细部而不是建筑的整体。当视角为30度时，倾向于去看建筑物的整个立面构图，以及它的细部。当为18度角时，倾向于看建筑与周围物体的关系，在14度角时倾向于把建筑看成是突出于整个背景的轮廓线。

地面的图景是城市的舞台。不同的地面质感可引导人快速或慢步行走。在大的和开阔的广场内，地面设计成一些小块时可产生亲切感；一条小的、微微突起的边缘所造成的阴影，能给广阔的地面以尺度感。

地面的竖向轮廓线也应作为设计的重要因素。一个广场或一条长街的地面竖向轮廓如碗形时，比水平的地面可以看到更多的东西，令人有更亲切的感觉。在斜坡地面上用划分台地的方法可表现景物的不同重要性，例如，对不需表示出崇高的建筑物，用缓坡的小踏步更为合适。通常，向上爬坡时有助于表现兴高采烈的气氛，下坡则表现安全和松弛感。

（5）道路与标志　道路：当我们沿着道路运动时，我们看到绿化、建筑以及其他目标的连续景物。一条路对它所经过的部分城市的面貌有非常大的影响，是决定城市形象的主要因素。

有很多道路与它服务的地区的关系是十分微弱的，它不是有助于限定地区，而经常将地区割裂开来，实际上成了破坏和瓦解的因素。

进入城市的道路是接待来访者并给他第一个主要印象的媒介，使整个城市呈现在人们眼前，它应该良好地表现建筑与城市景观，与此同时，要方便地引导人们到达目的地。

标志：如果城市的结构是合理的，布局是明确有力的，那么它的方位感也是强烈的。如果只是合理的，但在视觉上不明确甚至混乱时，城市也会受到损害。

城市的标志是方位的主要指示物。在整个城市范围内，显著的标志是高的垂直物，如位于中心区摩天楼，自然界中的河岸、区边界、狭长的远景、从著名的地点进出的道路等都是城市的标志。

方位设计对城市以外的来访者特别重要。航空港、闹市区或购物中心等建筑群都有研究方位问题的必要。布置合理、外观鲜明是方位设计的重要方法。广告标志是次要的方法，如果大量依靠广告、指路牌就会增加混乱感。

（6）城市街道设施　街道设施是指城市中除了建筑物之外的一切地上物。就其功能而言可以分为：具实用性的路栅、路障、路灯、路钟、座椅、电话亭、邮筒、垃圾桶、烟灰缸、公交站亭、地下道口、人行天桥等；具审美性的行道树、花坛、喷泉、雕塑、华表、户外艺术品、地面艺术铺装等；具视觉传达性的交通标志、路标、路牌、海报、地面标志等。

当然，这些街廓设施的功能并不是独立的，往往是复合的，从城市景观的要求出发，它们都具有审美性的要求。通过对街廓设施的整体考虑与设计，可以使城市景观更加丰富怡人。

（7）色彩与光的运用　色彩：建筑的色彩在某种情况下更容易营造城市景观特色，它比建筑形体更容易引起人们的注意，因而在市容整顿工作中，经常有人用色彩来创造焕然一新的面貌。人们对色彩的感受，一种是生理性的，它与人眼的生理构造和人类长期生活经验的共同积累有关。如色彩的冷暖感、距离感、轻重感等；另一种是心理性的，它与每个人的文化素养、个人的爱好、审美情趣有关。不同的色相、明度、彩度以及色彩组合，会唤起人们心中不同的联想，产生不同的感受。

例如：橘黄是一个"前进"的颜色，看上去是向前的。比起蓝色来，橘黄色的建筑物更富有立体感，而蓝色是透明的。橘黄色作为有丰富雕刻的白色教堂的前景时，使其立面看上去似乎更远，而且引导我们去欣赏雕刻的细部。橘黄色建筑非常适合作罗马纪念性建筑的前景。这里通过一个单色的选择，说明色彩对城市美的重要意义。

光：另一个视觉要素是自然光的特性。有些建筑师对此很动脑筋。古埃及建筑师面临着如何在强烈的阳光下使纪念性建筑更有气派的挑战。他们创造了排列着狮身人面像的大街，显示了沙漠中的秩序。塔楼入口是巨大的广告牌，是这个神秘地区的暗示。在灿烂的阳光下看这些塔楼入口时，其光照强度如同看天空和沙漠一样。为抵消这种感觉，古埃及建筑师用巨大的、有明亮色彩的人形雕刻装饰塔门，并且在塔楼的四角用四分之三圆的凸出的线脚勾画出轮廓线，并在顶部有一个突出物，因此造成了一个永恒的阴影线，它经常标志出以天空为背景的塔门的形式。

五、住宅小区建筑规划

（一）常用规划概念与术语

① 用地性质：指规划用地的使用功能。

② 建筑用地：是有关土地管理部门批准划定为建筑使用的土地。建筑用地面积，指城市规划行政主管部门确定的建设用地位置和界线所围合的用地之水平投影面积，不包括代征用地面积。

③ 用地红线：经城市规划行政主管部门批准的建设用地范围的界线。

④ 建筑面积：各建筑物各层外墙线（或墙外柱子外缘线）的水平投影面积之和。层高在2.2米以下的技术层不计入建筑面积。

⑤ 占地面积：也称建筑基底面积，指建筑物首层建筑面积。

⑥ 容积率：反映和衡量建筑用地使用强度的一项重要指标。指一定地块内建筑物的总建筑面积与地块面积的比值，即：容积率＝总建筑面积/建筑用地面积。地下停车库、架空开放的建筑底层等建筑面积，可不计入容积率。

其中，总建筑面积是地上所有建筑物的建筑面积之和；建筑用地面积以城市规划行政主管部门批准的建设用地面积为准。

⑦ 建筑控制高度：又称建筑限高，指一定地块内建筑物地面部分最大高度限制值。一般地区，其建筑高度平顶房屋按女儿墙高度计算；坡顶房屋按屋檐和屋脊的平均高度计算。

⑧ 建筑密度：一定地块内所有建筑物的基底总面积与地块面积的比率（％），即：建筑密度＝建筑基底总面积/建筑用地面积。

⑨ 绿地率：城市一定地区内各类绿化用地总面积占该地区总面积的比率（％）。

⑩ 绿地面积：能够用于绿化的土地面积，不包括屋顶绿化、垂直绿化和覆土小于2米的土地。

⑪ 建筑覆盖率：建筑基底面积占建设用地面积的比率（％）。

⑫ 交通出入口方位：规划地块内允许设置机动车和行人出入口的方向和位置。

⑬ 停车泊位：地块内应配置的停车位数量。

⑭ 道路红线：指城市道路用地的规划控制线，即城市道路用地与两侧建筑用地及其他用地的分界线。一般情况下，道路红线即为建筑红线，任何建筑物（包括台阶、雨篷）不得越过道路红线。根据城市景观的要求，沿街建筑物可以从道路红线外侧退后建设。

⑮ 建筑线：一般称建筑控制线，是建筑物基底位置的控制线。

⑯ 建筑红线后退距离：是指建筑物最外边线后退道路红线的距离。

⑰ 建筑间距：是指两栋建筑物外墙之间的水平距离。建筑间距主要是根据所在地区的日照、通风、采光、防止噪声和视线干扰、防火、防震、绿化、管线埋设、建筑布局形式，以及节约用地等要求，综合考虑确定。住宅的布置，通常以满足日照要求作为确定建筑间距的主要依据。

⑱ 日照标准：根据各地区的气候条件和居住卫生要求确定，居住建筑正面向阳房间，在规定的日照标准日获得的日照量，是编制居住区规划，确定居住建筑间距的主要依据。

⑲ 日照间距系数：根据日照标准确定的房屋间距与遮挡房屋檐高的比值。

⑳ 城市绿线：指城市各类绿地范围的控制线。城市要按规定标准确定绿化用地面积，分层次合理布局公共绿地，确定防护绿地、大型公共绿地等的绿线。城市绿线范围内的用地不得改作他用；在城市绿线范围内，不符合规划要求的建筑物、构筑物及其他设施应当限期迁出。

㉑ 城市紫线：指国家历史文化名城内的历史文化街区和省、自治区、直辖市公布的历史文化街区的保护范围界线，以及历史文化街区外经县级以上人民政府公布保护的历史建筑的保护范围界线。

㉒ 地形图：按照一定的投影方法、比例和专用符号，把地面上的地形和地物通过测量绘制而成的图形，是规划和总平面设计的一项重要依据资料。

㉓ 风玫瑰图：根据某一地区气象台观测的风气象资料，绘制出的图形称风玫瑰图。分为风向玫瑰图和风速玫瑰图两种，一般多用风向玫瑰图。风向玫瑰图表示风向和风向的频率，风向频率是在一定时间内各种风向出现的次数占所有观察次数的比例。

㉔ 建筑总平面布置：根据建设项目的性质、规模、组成内容和使用要求，因地制宜地结合当地的自然条件、环境关系，按国家有关方针政策、规范和规定，合理布置建筑、组织交通线路、布置绿化，使其满足使用功能或生产工艺要求，做到技术经济合理、有利发展、方便生活，称为建筑总平面布置。

㉕ 竖向布置：根据建设项目的使用要求，结合用地地形特点和施工技术条件，合理确定建筑物、构筑物道路等标高，做到充分利用地形，少挖填土石方，使设计经济合理。

㉖ 管线综合：在建筑总平面设计的同时，根据有关规范和规定，综合解决各专业工程技术管线布置及其相互间的矛盾。使各种管线布置合理、经济，最后将各种管线统一布置在管线综合平面图上。

（二）居住区设计原则

居住区的规划布局，要综合考虑路网结构、公建与住宅布局、群体组合、绿地系统及空间环境等的内在联系，构成一个完善的、相对独立的有机整体。同时需遵循下列原则：

① 方便居民生活，有利组织管理；

② 组织与居住人口规模相对应的公共活动中心，方便经营、使用和社会化服务；

③ 合理组织人流、车流，有利安全防卫；

④ 布置合理，空间丰富，环境美，体现地方特色。

居住区的空间与环境设计应遵守下列原则：

① 合理布置公共服务设施，避免烟、气、味、尘及噪声对居民的污染和干扰；

② 建筑应体现地方风格、突出个性，群体建筑与空间层次应在协调中求变化；

③ 精心设置建筑小品，丰富与美化环境；

④ 注重景观与空间的完整性，市政公用站点、停车库等小建筑宜与住宅或公建结合安排，供电、电信、路灯等管线宜地下埋设；

⑤ 公共活动空间的环境设计，处理好建筑、道路、广场、院落、绿地和建筑小品之间及其与人活动之间的相互关系。

居住区住宅建筑和规划设计，应综合考虑用地条件、选型、朝向、间距、绿地、层数与密度、布置方式、群体组合和空间环境等因素确定。居住区公共服务设施包括教育、医疗卫生、文化体育、商业服务、金融邮电、市政公用、行政管理等设施。公共服务设施项目指标应按有关规范规定确定。居住区内绿地应包括公共绿地、宅旁绿地、配套公建所属绿地和道路绿地等。绿地率新区建设不应低于30%；旧区改造不宜低于25%。居住区道路可分为居住区道路、小区路、组团路和宅间小路四级，其道路规划设计应符合有关规范规定。

（三）建筑场地条件分析及设计要求

1. 地形条件

（1）布局　地形的形态往往直接影响场地设计的总体布局、平面结构和空间布置。如河谷地带，水网地区等，将导致总体布局呈线状结构。地形的起伏有利于形成生动的空间和变化丰富的建筑轮廓线。

（2）竖向　地面的高程和用地各部位的高差，是场地设计中对不同高程的利用、竖向空间、景观组织、地面排水及防洪水等方面考虑的重要依据。

（3）小气候 地形与小气候的形成有关，分析不同地形及与之相伴的小气候特点，将可更合理地布置建筑、绿地等设施。如在山地利用向阳坡面布置居住建筑，可获得良好的日照。

（4）坡度 充分利用和结合自然地面坡度，可减少土石方工程量，降低施工难度和建设成本。在项目用地选择和总体布局上，需了解各项建设用地适用坡度。

2. 工程地质条件

工程地质的好坏直接影响建筑的安全、投资量和建设进度，因此，场地设计必须考虑建设项目对地基承力和地层稳定性的要求。建筑物对土壤允许承载力的要求为：一层建筑 $60\sim100kPa$；二、三层建筑 $100\sim120kPa$；四、五层建筑 $120kPa$。当地基承载力小于 $100kPa$ 时，应注意地基的变形问题。同时，场地内的项目建设一般不应位于地下矿藏上面，或有崩塌、滑坡、断层、岩溶等地段。以下是几种不良的地质现象及其防治措施：

（1）冲沟 冲沟是土地表面较松软的岩层被地面水冲刷而成的凹沟。冲沟的防治措施包括生物措施和工程措施两个方面。前者指植树、植草皮、封山育林等工作；后者为斜坡上做鱼鳞坑、梯田、开辟排水渠道或填土以及修筑沟底工程等。

（2）崩塌 崩塌是山坡、陡岩上的岩石，受风化、地震、地质构造变动或施工等影响，在自重作用下，突然从悬崖、陡坡跌落下来的现象。对于可能出现小型崩塌的地带，应实施加固防治措施。

（3）滑坡 滑坡是斜坡上的岩层或土体在自重、水或震动等的作用下，失去平衡而沿着一定的滑动面向下滑动的现象。场地设计时，应明确滑坡地带与稳定地段边界的距离，项目和建筑应尽量避开。也可通过降低地下水位、减少地表水浸蚀或修筑保护坡脚的措施予以防治。

（4）断层 断层是岩层受力超过岩石体本身强度时，破坏了岩层的连续整体性，而发生的断裂和显著位移现象。在选择建筑用地时，必须避免把场地选择在地区性大断层和大的新生断层地带。

（5）岩溶 岩溶是石灰岩等可溶性岩层被地下水侵蚀成溶洞，产生洞顶塌陷和地面漏斗状陷穴等一系列现象的总称。

（6）地震 地震是一种具有很大危害性的自然现象。用以衡量地震发生时震源处释放出能量大小的标准称为震级。里氏震级共分 9 个等级，震级越高，强度越大。表示地震发生后造成对建筑物、构筑物影响或破坏程度的指标为地震烈度，共分 12 度。

从防震层面看，建设用地可分为 3 类：①对建筑抗震有利的地段：一般是稳定岩石、坚实均匀土、开阔平坦地形或平缓坡地等地段；②对建筑抗震不利的地段：一般是软弱土层（饱和松沙、淤泥和淤泥质土、冲填土、松软的人工填土）和复杂地形（条状突出的山脊、高耸孤立的山丘、非岩质的陡坡）等地段；③对建筑抗震危险的地段：一般是活动断层，以及地震时可能发生滑坡、山崩、地陷等地段。

场地设计的防震措施如下：①人员较集中的建筑物，适当远离高耸烟囱或易倾倒、脱落的设备，以及易燃、易爆的建筑物；②考虑防火、防爆、防有毒气体扩散措施；③建筑物间距适当放宽；④基地内通道最好不采用水泥混凝土路面，以便于地下管道发生断裂时及时开挖抢修；⑤场地内的一切管道，采用抗震强度较高的材料；⑥架空管道和管道与设备连接处或穿墙体处，既要连接牢固以防滑落，又要采用软接触以防管道拉断。

3. 基础设施条件

场地周围和场地内已有的基础设施，如道路、铁路、水路运输和供电、给水、排水管网线路的相对位置、标高、引线方向、接线地点等，对场地中的交通流线组织、出入口位置选择以及动力设施和用水用电量大的建筑物、构筑物布置具有很大影响。因此，与现有设施的关系应处理得当，做到敷设简便、线路短捷、使用方便、投资低。场地设计之初，首先应了解的基础设施条件一般包括：

（1）交通状况　含有：①城市道路：包括城市道路的性质，即是交通性道路还是生活性道路；是城市主干道还是城市次干道；城市道路红线宽度和断面形式。另外，还有道路转折点、变坡点、交叉口的标高与坐标。②铁路：编组站的位置、标高，专用线接线位置的坐标、标高和引线方式。③水路：码头的位置及其标高，海、河、湖水的枯水期、丰水期水位等。④交通：车流量与人流量的情况以及城市交通组织的要求。

（2）给水　场地内的供水方式一般有两种：一种是由城市供水系统管网供给，需了解城市供水管网布置情况，与场地连接点的管径、坐标、标高、保证供水的压力等；另一种是自备水源，需了解是水井、泉水、河流取水还是湖泊、港湾取水，了解水量大小和水质的物理性能、化学成分和细菌含量是否符合国家规定的饮用水标准卫生条件，还要考虑枯水季节水量的供应问题，以及排水季节防洪和净化问题。

（3）排水　场地内的排水有三种方式：第一种是排入河湖，必须是符合国家规定的污水排放标准的污水，要了解并处理好排放口的坐标和标高，避免河湖水倒灌；第二种是排入沟渠，应注意排出口的坐标和标高；第三种方式是最常见的，即排入城市排水管网，需要了解其管径、坐标、标高和坡度，并核对允许排入量的要求。同时，污水排放的标准须经规划、环保部门批准。另外，对于场地的防洪问题，需了解城市的防洪设防标准、洪水多发日期以及持续时间，以及所在地区的防洪工程规划与所采取的工程措施等。必要时也要了解当地的暴雨计算公式。

（4）供电、电信、网络与有线电视广播　需了解电源位置、接线距离、可供电量、电压以及线路敷设方式。一般用电大户可能要增设变压器或自备电源；还要了解场地附近的电信、网络与有线电视广播线路状况以及容量情况，充分利用城市公用系统设施。

（5）供热与供气　了解城市或区域热源、气源位置，以及场地周围供热、供气管网的状况。

（四）城市规划对建筑设计的要求

1. 用地范围及界限

一般在项目建设之初，由规划部门提供的建筑项目选址意见书上划定城市道路中心线、城市道路红线、绿化控制线、用地界线、建筑控制线等控制线。

2. 与城市道路和交通的关系

（1）基地与城市道路红线　项目基地范围由规划部门划定的项目用地界线来确定。基地应与道路红线相连接，否则要设通道与城市道路红线相连接。通道的宽度及与城市道路衔接的位置应符合当地规划部门的要求。基地与城市道路红线连接时，一般以退道路红线一定距离为建筑控制线。主管部门可在城市道路红线以外另划建筑控制线，建筑物一般均不得超出建筑控制线建造。

（2）建筑与道路红线

① 不允许突入道路红线的建筑突出物：建筑物的台阶、平台，地下建筑及建筑基础，

除基地内连接城市管线以外的其他地下管线，均不得突入道路红线。

② 允许突入道路红线的建筑突出物：在人行道地面上空，2 米以上允许突出窗扇、窗罩，其突出宽度不应大于 0.4 米；2.5 米以上允许突出活动遮阳篷，突出宽度不应大于人行道宽度减 1 米，并不大于 3 米；3.5 米以上允许突出阳台、凸形封窗、雨篷、挑檐，突出不应大于 1 米；5 米以上允许突出雨篷、桃檐，突出宽度不应大于人行道宽度减 1 米，并不应大于 3 米。

在无人行道的道路红线内，上空 2.5 米以上允许突出窗扇、窗罩，突出宽度不应大于 0.4 米；5 米以上允许突出雨篷、挑檐，突出宽度不应大于 1 米。

建筑突出物与建筑本身应有牢固的结合，建筑物和建筑突出物不得向道路红线内上空排泄雨水。

③ 骑楼、过街楼、悬挑建筑：骑楼、过街楼和沿道路红线的悬挑建筑，其净高、宽度等应执行当地规划部门的统一规定。

（3）场地出入口

① 基地通道出口位置：车流量较多的基地（包括出租车站、车场），其通道连接城市道路的位置应符合下列规定：距大中城市主干道交叉口的距离，自道路红线交点起不应小于 70 米；距非道路交叉口的过街人行道（包括引道、引桥和地铁出入口）边缘不应小于 5 米；距公共交通站台边缘不应小于 10 米；距公园、学校、儿童及残疾人等建筑物的出入口不应小于 20 米；当基地通道坡度较大时，应设缓冲段与城市道路连接。

② 人员密集的建筑基地：电影院、剧场、文化娱乐中心、会堂、博览建筑物、商业中心等人员密集建筑的基地，在执行当地规划部门的条例和有关专项建筑设计规范时，应同时满足：基地应至少一面直接临接城市道路，其沿城市道路的长度至少不小于基地周长的 1/6；基地至少有 2 个不同方向通向城市道路的通道出口；基地或建筑物的主要出入口，应避免直对城市主要干道的交叉口；建筑物主要出入口前应有供人流、车流集散用的空地，其面积和长宽尺寸应根据使用性质和人数确定；绿化面积和停车场面积应符合当地规划部门的规定。

（4）停车场车位数量　除按建筑规模对停车场车位数量与面积进行估算外，应满足规划部门根据建设项目的性质及场地位置提出的特别要求。

3. 规划控制指标

在进行场地设计时，应满足城市规划规定的一系列控制指标及相应要求，以保证场地设计的经济合理性，并与周围环境和城市公用设施协调统一。这些指标包括容积率、建筑密度、建筑高度（层数）、绿化覆盖率和绿地率等。

4. 其他要求

满足日照、采光、通风、噪声防治、消防和城市景观等要求。

（五）场地总平面设计

1. 功能分区

为了更好地组织生产、生活，创造良好的环境条件，有必要根据建设项目的性质、使用功能、交通运输联系、防火和卫生等要求，将性质相同、功能相近、联系密切、对环境要求一致的建筑物、构筑物及设施分成若干组，结合基地内外的具体条件，形成合理的功能分区。功能分区就是根据项目的生产流程、使用的先后顺序、相互之间的联系紧密程度等要求，来确定各组成部分的相互关系和相互位置。

功能分区要充分结合自然地形起伏和场地的平面形状，合理使用土地，特别是在山区要因地制宜，灵活分区。一般功能分区是以通道作为边界的，因此，基地内通道的组织对于形成合理的功能分区至关重要。另外，河渠、绿化带等也往往作为功能分区的界限。

2. 建筑布局

影响建筑布局的主要因素是日照、通风以及景观，具体表现在建筑朝向、建筑间距以及建筑与城市道路和公共建筑空间的关系等方面。

3. 竖向设计

场地竖向设计就是将建设场地的自然地形加以改造平整，进行竖向布置，使改造后的设计地面能满足建设项目的使用要求。一般来说，要根据建设项目的使用要求，结合用地的地形特点和施工技术条件，研究建筑物、构筑物、道路等相互之间的标高关系，充分利用地形，少开土石方量，经济、合理地确定建筑物、道路等的竖向位置。

▪▪▪▪ 第四节　解决城市矛盾的探索 ▪▪▪▪

工业革命之前，一些建设较好的巴洛克或古典主义城市尚有较好的体形秩序。自18世纪出现了大机器生产的工业城市后，引起了城市结构的根本变化，破坏了原来那种以家庭经济为中心的城市结构与布局。

大工业的生产方式，使人口像资本一样集中起来，城市人口以史无前例的惊人速度猛增。城市中出现了前所未有的大片工业区、交通运输区、仓库码头区、工人居住区。城市规模越来越大，城市布局越来越混乱，城市环境与城市面貌遭到破坏，城市绿化与公共设施严重不足，城市处于失措状态。

城市土地因其所处的地理位置不同而价格悬殊。土地投机商热衷于在已有的土地上建造更多的大街与广场，有些城市开辟了很多的对角线街道，使城市交通更加复杂。在城市改建中，大银行、大剧院、大商店临街建造，后院则留给贫民居住。使城市中心区形成了大量建筑质量低劣、卫生条件恶化、不适合人们居住的贫民窟。

工业革命后的城市矛盾日益激化，引起了一些人的疑惧，为缓解社会矛盾，有些国家曾经做了一些有益的尝试，其中较为著名的有巴黎改建、田园城市、带形城市等。

一、巴黎改建

巴黎于9世纪末成为法兰西王国的首都。在很长一段时期内，巴黎的街道曲折狭窄，到处是木造房屋。文艺复兴时期，巴黎才渐渐脱去旧时的面貌。17世纪以后，法国的国王们致力于对巴黎的改造，低矮破旧的房屋被陆续拆除，代之以多层砖石建筑，开辟了许多马路和广场。路易十四时期（1643—1715年）拆除旧城墙，改为环城马路。著名的星形广场和香榭丽舍大道也是那个时期开始形成的。至19世纪，随着资本主义经济的发展，巴黎人口大增，建造了大量五、六层的楼房，出现了公共马车和煤气街灯。

拿破仑三世时期（1852—1870年），巴黎进行了一次大规模的剧烈改造，即由巴黎市政长官 G. E. 欧斯曼主持的著名巴黎改建工程。欧斯曼对巴黎施行了一次"大手术"，再次拆除城墙，建造新的环城路，在旧城区里开出许多宽阔笔直的大道，建造了新的林荫道、公园、广场、住宅区，督造了巴黎歌剧院。改建后的巴黎被誉为当时世界上最先进、最美丽的城市。

巴黎改建把市中心分散为几个区中心。这在当时是个创举，它适应了因城市结构的改变而产生的分区要求。但是，巴黎改建未能解决城市工业化提出的新要求及城市贫民窟问题，对国内和国际铁路网造成的城市交通障碍也未能解决。

二、田园城市

在 19 世纪末，英国社会活动家埃比尼泽·霍华德基于城市规划的设想，提出了田园城市（花园城市）的概念。20 世纪初以来，田园城市对世界许多国家的城市规划有很大影响。

霍华德认为应该建设一种兼有城市和乡村优点的理想城市，他称之为"田园城市"。田园城市实质上是城和乡的结合体。

1919 年，英国"田园城市和城市规划协会"经与霍华德商议后，明确提出田园城市的含义：田园城市是为健康、生活以及产业而设计的城市，它的规模能足以提供丰富的社会生活，但不应超过这一程度。四周要有永久性农业地带围绕，城市的土地归公众所有，由一个委员会受托掌管。

霍华德设想的田园城市包括城市和乡村两个部分。城市四周为农业用地所围绕，城市居民经常就近得到新鲜农产品的供应。农产品有最近的市场，但市场不只限于当地。田园城市的居民生活、工作于此。所有的土地归全体居民集体所有，使用土地必须缴付租金。城市的收入全部来自租金，在土地上进行建设、聚居而获得的增值仍归集体所有。城市的规模必须加以限制，使每户居民都能极为方便地接近乡村自然空间。

霍华德对他的理想城市作了具体的规划，并绘成简图（图 3.18～图 3.19）。他建议田园城市占地为 6000 英亩（1 英亩＝0.405 公顷）。城市居中，占地 1000 英亩，四周的农业用地占 5000 英亩，除耕地、牧场、果园、森林外，还包括农业学院、疗养院等。农业用地是保

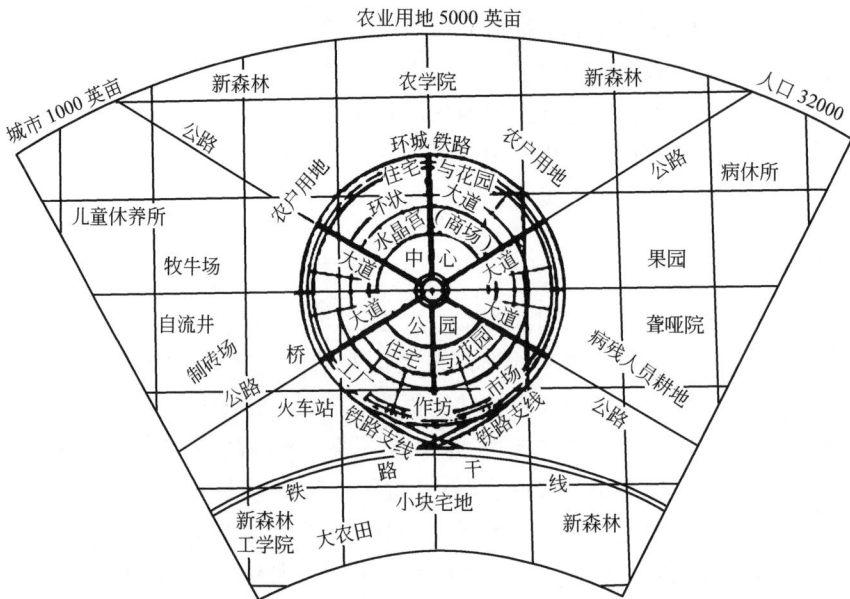

图 3.18　城乡结合的田园城市简图

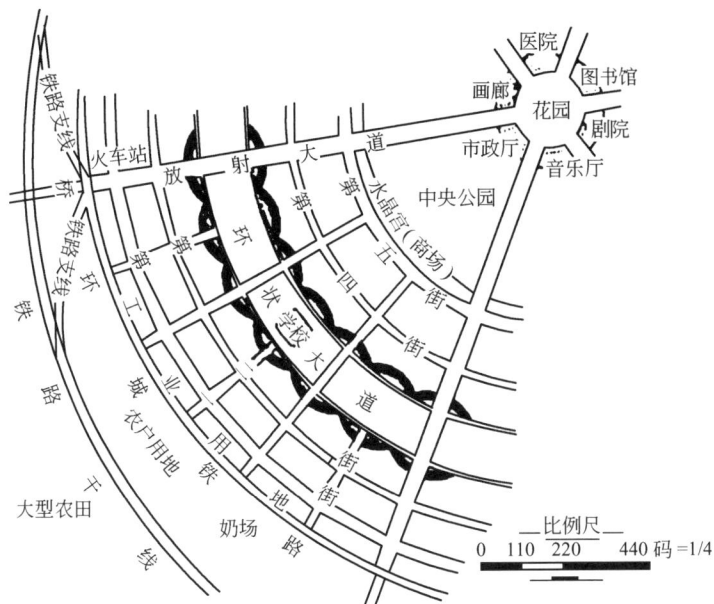

图 3.19　田园城市示意图解方案

留的绿带，永远不得改作他用。在这 6000 英亩土地上，居住 3.2 万人，其中 3 万人住在城市，2 千人散居在乡间。城市人口超过了规定数量，则应建设另一个新的城市。田园城市的平面为圆形，半径约 1240 码（1 码＝0.9144 米）。中央是一个面积约 145 英亩的公园，有 6 条主干道路从中心向外辐射，把城市分成 6 个区。城市的最外圈地区建设各类工厂、仓库、市场，一面对着最外层的环形道路，另一面是环状的铁路支线，交通运输十分方便。霍华德提出，为减少城市的烟尘污染，必须以电为动力源，城市垃圾应用于农业。

霍华德还设想，若干个田园城市围绕中心城市，构成城市组群，他称之为"无贫民窟无烟尘的城市群"。中心城市的规模略大些，建议人口为 5.8 万人，面积也相应增大。城市之间用铁路联系（图 3.20）。

霍华德提出田园城市的设想后，又为实现他的设想作了细致的考虑。对资金来源、土地规划、城市收支、经营管理等问题都提出具体的建议。他认为工业和商业不能由公营垄断，要给私营企业以发展的条件。

霍华德于 1899 年组织田园城市协会，宣传他的主张。1903 年组织"田园城市有限公司"，筹措资金，在距伦敦 56 公里的地方购置土地，建立了第一座田园城市——莱奇沃思。1920 年又在距伦敦西北约 36 公里的韦林开始建设第二座田园城市。田园城市的建立引起社会的重视，欧洲各地纷纷效法，但多数只是袭取"田园城市"的名称，实质上是城郊的居住区。

霍华德针对现代社会出现的城市问题，提出带有先驱性的规划思想。对城市规模、布局结构、人口密度、绿带等城市规划问题，提出一系列独创性的见解，是一个比较完整的城市规划思想体系。

田园城市理论对现代城市规划思想起了重要的启蒙作用，对后来出现的一些城市规划理论，如"有机疏散"论、卫星城镇的理论颇有影响。40 年代以后，在一些重要的城市规划方案和城市规划法规中也反映了霍华德的思想。

无贫民窟无污染 城市群

田园城市 总用地 66000 英亩 病休所 采石场 田园城市

9000 英亩 蓄水池 与瀑布 9000 英亩

人口 32000 蓄水池 人口 32000

市际运河

蓄水池 与瀑布 砖场 癫痫患者农田 公墓 蓄水池 与瀑布

流浪者 住所 新森林 中心 蓄水池 与瀑布

农户 用地 蓄水池 与瀑布 城市 大块农田 农户 用地

面积 人口 58000 公顷 58000

大运河 大运河 蓄水池 与瀑布

酗酒者 收容所 人口 12000 精神病院 新森林 采石场

农学院 蓄水池 与瀑布

工业之家 蓄水池 与瀑布 铁 路 盲人学院

蓄水池与瀑布 蓄水池 与瀑布

田园城市 田园城市

1   2m

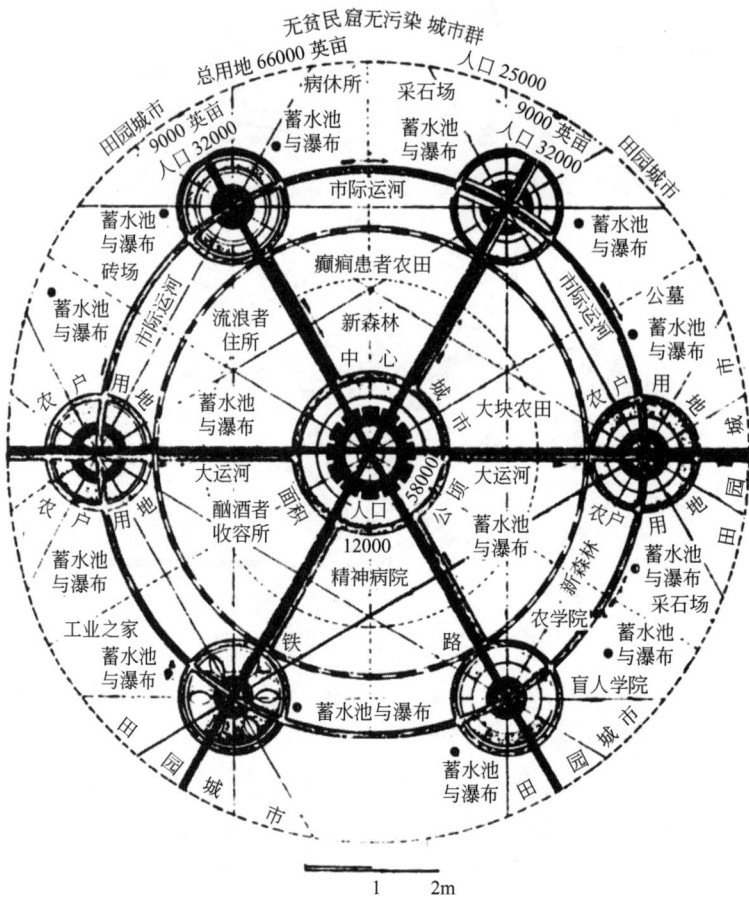

图 3.20　霍华德构思的城市组群

三、带形城市

带形城市是一种主张城市平面布局呈狭长带状发展的规划理论。"带形城市"的规划原则是以交通干线作为城市布局的主脊骨骼，城市的生活用地和生产用地，平行地沿着交通干线布置，大部分居民日常上下班都横向地来往于相应的居住区和工业区之间。交通干线一般为汽车道路或铁路，也可以辅以河道。城市继续发展，可以沿着交通干线（纵向）不断延伸出去。带形城市由于横向宽度有一定限度，因此居民同乡村自然界非常接近。纵向延绵地发展，非常有利于市政设施的建设。带形城市也较易于防止由于城市规模扩大而过分集中，导致城市环境恶化（图 3.21）。

较有系统的带形城市构想，最早是西班牙工程师阿尔图罗·索里亚伊·马塔在 1882 年提出的。他认为有轨运输系统最为经济、便利和迅速，因此城市应沿着交通线绵延地建设。这样的带形城市可将原有的城镇联系起来，组成城市的网络，不仅使城市居民便于接触自然，也能把文明设施带到乡村（图 3.22）。

1892 年，马塔为了实现他的理想，在马德里郊区设计了一条有轨交通线路，把两个原有的镇连接起来，构成一个弧状的带形城市，离马德里市中心约 5 公里。1901 年铁路建成，1909 年改为电车。经过多年经营，到 1912 年约有居民 4000 人。虽然马塔规划建设的带形

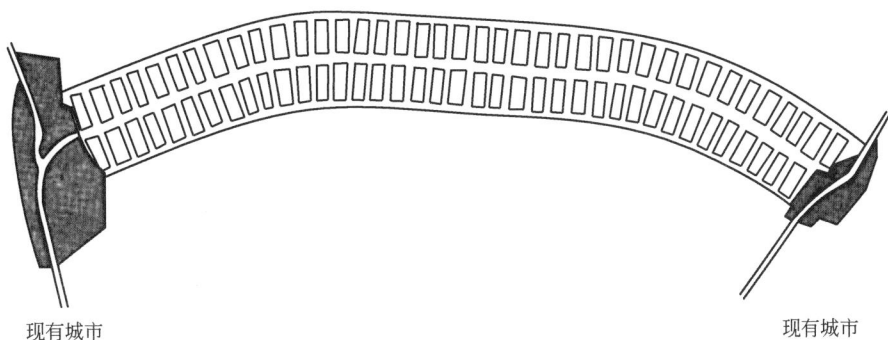

现有城市　　　　　　　　　　　　　　　　　现有城市

图 3.21　弧状的"带形城市"

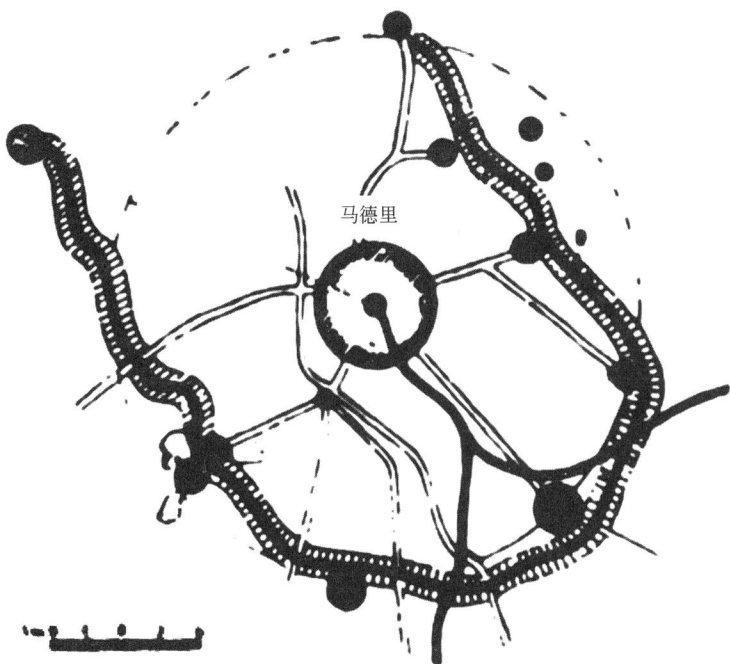

马德里

图 3.22　马塔在马德里周围规划的蹄形带形城市方案

城市，实质上只是一个城郊的居住区，后来由于土地使用等原因，这座带形城市向横向发展，面貌失真；但是，带形城市理论影响却非常深远。

苏联在 20 年代建设斯大林格勒时，采用了带形城市规划方案。城市的主要用地布置于铁路两侧，靠近铁路的是工业区。工业区的另一侧是绿地，然后是生活居住用地。生活居住用地外侧则为农业地带。带形城市理论可以同其他布局结构形式结合应用，取长补短。几十年来，世界各国不少城市汲取带形城市的优点，在城市规划中部分地或加以修正地运用。

四、新协和村

罗伯特·欧文是 19 世纪空想社会主义者之一。他针对资本主义已经暴露出来的各种矛盾进行揭露和批判，认为要获得全人类的幸福，必须建立崭新的社会组织。

根据欧文的社会理想，他提出了一个"新协和村"（共产村）的示意方案，方案中假设居民人数为 300～2000 人，耕地面积每人 0.4 公顷或略多。他认为天井、胡同、小巷与街道易形成许多不便，卫生条件也差，主张采用长方形布局。村中央以房屋围成一个长方形大院，内有食堂、幼儿园、小学等，还有树木、运动、散步空地。住户不设厨房，村外有耕地果树，村内生产消费自给自足，村民共同劳动、劳动成果平均分配，财产公有。

欧文带着自己办企业时所积蓄的钱财，用三万英镑在印第安纳州的协和购买了一块地，共计三万亩。在那里，根据他的设计建造了一个正方形的大公寓，可以容纳1500人居住。里面有食堂、厨房、幼儿园、礼拜堂、讲堂、小学校、图书馆、医院以及各类人员的住房。大公寓四周，是农场、牧场和各类工厂。除老弱病残以外，所有村民都必须参加劳动。生产出来的东西储藏在公共的仓库里，村民平等地享用这些产品。

"共产村"里没有货币，也不记工分。"共产村"由一个十二人的委员会来领导，具体规定每个人的工作和生活，进餐也共同进行。欧文是个慈善家，他并不精通管理。他把自己的财产和别人的钱都放在一起，没有财务核算，不计成本地购买土地、扩建工厂和堂皇的建筑，使"共产村"很快就陷入了财政困难之中。

由于实行了"绝对平均主义"的分配原则，没有体现"多劳多得"，村民们很快就发生了争执，迫使欧文对"共产村"的宪法修改了七次，最终不得不把土地和住房卖给了村民个人，又恢复了私产制度。

经过了三四年"新协和村"的尝试，欧文几乎耗尽了他的全部财产。后来他又打算到墨西哥去进行同样的实验，但已经不可能。

五、工业城市

几乎和霍华德提出田园城市的同时，法国青年建筑师 T. 戛涅也从大工业的发展需要出发，开始了对"工业城市"的规划和探索（图3.23）。他设想的"工业城市"人口为3.5万人，其方案对大工业发展引起的功能分区、城市交通、住宅组群等，都做了精辟的分析。

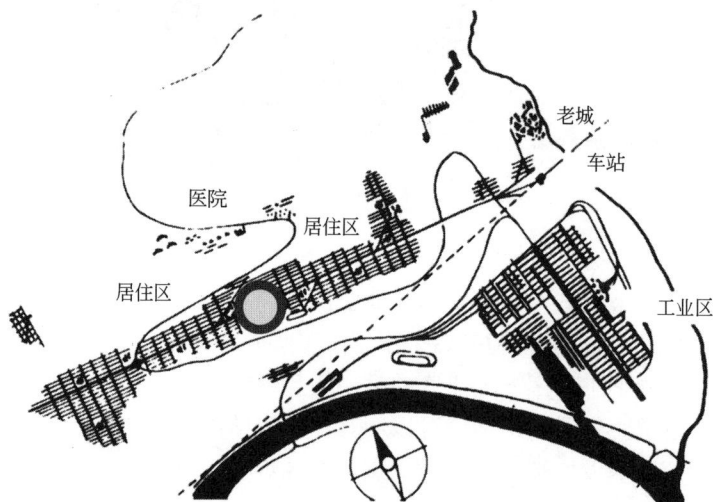

图3.23　工业城市规划方案

戛涅把"工业城市"的要素进行了明确的功能划分，中央为市中心，有集会厅、博物馆、展览馆、图书馆、剧院等。城市生活居住区是长条形的，疗养及医疗中心位于北边上坡向阳面。工业区位于居住区东南。各区间均有绿带隔离。火车站设于工业区附近，铁路干线通过一段地下铁道深入城市内部。城市交通是先进的，设快速干道和供飞机起飞的实验性场地。戛涅还很重视规划的灵活性，给城市各功能要素留有发展余地。

六、方格形城市

18、19 世纪，欧洲殖民者在富饶的北美印第安人土地上建立了工业和城市。城市的开发和建设由地产投机商和律师委托测量工程师做，他们根据不同性质不同地形的城市把道路做方格形划分。开发者为了获得更多的利润，采取了缩小街坊面积、增加道路长度的方格形布局。如：华盛顿、旧金山、纽约等。

方格形道路网由东西向和南北向的平行线和垂直线所组成，美国的华盛顿方格形道路网最具代表性。以国会大厦为坐标原点，通过原点作两条坐标轴，平行于坐标轴南北向基线 5 条，东西向基线 5 条，根据这些基线布置方格形道路，方格形道路网中还穿插一些放射线或对角形线。

我国城市道路网传统形式也为方格形，如以北京、西安为代表的古城是方格形，其他很多城市也都是方格形。

第四章
常用建筑材料

■■■ **第一节　建筑材料的基本性质** ■■■

建筑材料是用于建筑的基础、地面、墙体、屋顶等各部位及各种构件和结构体的材料。任何建筑都由各种材料组成，材料费用一般占建筑工程总造价的 50%～70%。建筑材料包括：结构材料（钢筋、水泥、木材、砖瓦、砂石等）、装饰材料（玻璃、涂料等）、维护材料及各种功能材料（保温、隔热、吸声材料等）、门窗材料及五金材料等。

建筑材料是土建工程的基础，它使得建筑物得以防水、防火、保温隔热、采光通风、防腐防潮等，为人类生产、生活创造安全舒适的空间。未来建筑的发展，对建筑材料的安全、舒适、美观、耐久等提出了更高的要求，因此，了解建筑材料的基本性能，科学地选择建筑材料，对提高工程质量、发挥建筑的功能、降低建造成本，是非常重要的。

一、建筑材料的分类

用于建筑工程的材料总称为建筑材料或土木工程材料。建筑材料种类繁多，其产地、性能均有所不同，建筑材料的分类也有多种方法。

（一）按材料的化学成分分类

按材料的化学成分分类，可以分为有机材料、无机材料、复合材料三大类。

1. 无机材料

主要包括金属材料和非金属材料。

① 金属材料：黑色金属材料——钢、铁；有色金属材料——铝、铜、锌、合金等。

② 非金属材料：天然石材——大理石、花岗石；陶瓷和玻璃——砖、瓦、卫生陶瓷、玻璃；无机胶凝材料——石灰、石膏、水泥、水玻璃；砂浆、混凝土。

2. 有机材料

主要有木材、沥青、塑料、涂料、油漆等。

3. 复合材料

金属与非金属复合——钢筋混凝土、钢纤维混凝土；有机与无机复合——玻璃钢、沥青混凝土、聚合物混凝土。

（二）按用途分类

① 结构材料：砖、石材、砌块、钢材、混凝土；

② 防水材料：沥青、塑料、橡胶、金属、聚乙烯胶泥；

③ 饰面材料：墙面砖、石材、彩钢板、彩色混凝土；

④ 吸声材料：多孔石膏板、塑料吸声板、膨胀珍珠岩；

⑤ 绝热材料：塑料、橡胶、泡沫混凝土；

⑥ 卫生工程材料：金属管道、塑料、陶瓷。

二、建筑材料的发展

建筑材料是随生产力及科学技术而发展起来的。在原始时代，使用的是天然材料木材、岩石、竹、黏土等。在石器、铁器时代，建筑材料的使用有了进一步发展，如金字塔使用了石材、石灰、石膏；万里长城使用的是条石、大砖、石灰砂浆；布达拉宫使用的是石材、石灰砂浆；罗马圆形大剧场使用石材、石灰砂浆等。至 18 世纪中叶，开始大量使用钢材、水泥；19 世纪发明了钢筋混凝土；20 世纪使用预应力混凝土、高分子材料；21 世纪建筑材料发展更为迅猛，已经大量使用轻质、高强、节能、高性能绿色建材等。近年建筑材料除轻质高强、施工便捷外，已经向绿色环保、高寿命、低能耗等方向发展。

三、材料的组成与结构

（一）材料的组成

1. 化学组成

无机非金属建筑材料的化学组成以各种氧化物含量来表示；金属材料以元素含量来表示；化学组成决定着材料的化学性质，影响其物理性质和力学性质。

2. 矿物组成

材料中的元素和化合物以特定的矿物形式存在，并决定着材料的许多重要性质。矿物组成是无机非金属材料中化合物存在的基本形式。

（二）材料的结构与构造

1. 宏观结构（构造）

材料的宏观结构是指用肉眼和放大镜能够分辨的粗大组织。其尺寸约为毫米级大小，以及更大尺寸的构造情况。宏观构造按孔隙尺寸可以分为六类。

① 致密结构：基本上是无孔隙存在的材料。例如钢铁、有色金属、致密天然石材、玻璃、玻璃钢、塑料等。

② 多孔结构：是指具有粗大孔隙的结构。如加气混凝土、泡沫混凝土、泡沫塑料及人造轻质材料等。

③ 微孔结构：是指微细的孔隙结构。如石膏制品、黏土砖瓦等。

④ 纤维结构：是指木材纤维、玻璃纤维、矿物棉纤维所具有的结构。

⑤ 层状结构：采用黏结或其他方法将材料叠合成层状的结构。如胶合板、迭合人造板、蜂窝夹芯板，以及某些具有层状填充料的塑料制品等。

⑥ 散粒结构：是指松散颗粒状结构。比如混凝土骨料、用作绝热材料的粉状和粒状的填充料。

2. 微观结构

微观结构是指材料在原子、分子层次的结构。材料的微观结构，基本上可分为晶体与非晶体。

晶体结构的特征是其内部质点（离子、原子、分子）按照特定的规则在空间内周期性排列。非晶体也称玻璃体或无定形体，如无机玻璃。玻璃体是化学不稳定结构，容易与其他物体发生化学作用。

3. 亚微观结构

亚微观结构也称作细观结构，是介于微观结构和宏观结构之间的结构形式。如金属材料晶粒的粗细及其金相组织、木材的木纤维、混凝土中的孔隙及界面等。

从宏观、亚微观和微观三个不同层次的结构上来研究工程材料的性质，才能深入其本质，对改进与提高材料性能以及创制新型材料都有着重要的意义。

四、材料的状态参数

（一）材料的体积

体积是材料占有的空间尺寸。由于材料具有不同的物理状态，因而表现出不同的体积。

1. 材料的绝对密实体积

干燥材料在绝对密实状态下的体积。即材料内部没有孔隙时的体积，或不包括内部孔隙的材料体积。

2. 材料的表观体积

材料在自然状态下的体积，即整体材料的外观体积（含内部孔隙和水分）。

3. 材料的堆积体积

粉状或粒状材料，在堆积状态下的总体外观体积。根据其堆积状态不同，同一材料表现的体积大小可能不同，松散堆积下的体积较大，密实堆积状态下的体积较小。

（二）材料的密度

材料的密度是指材料在绝对密实状态下单位体积的质量。测试材料密度时，材料必须是绝对干燥状态。含孔材料则必须磨细后采用排开液体的方法来测定其体积。

（三）材料的表观密度

表观密度（俗称"容重"）是指材料在自然状态下单位体积的质量。

（四）材料的堆积密度

堆积密度是指粉状或粒状材料，在堆积状态下单位体积的质量。

（五）材料的密实度

密实度是指材料体积内被固体物质充实的程度。

（六）材料的孔隙率

材料的孔隙率是指材料内部孔隙的体积占材料总体积的比例。

（七）材料的空隙率

空隙率是指散粒材料在其堆集体积中，颗粒之间的空隙体积所占的比例。

五、材料的物理性质

（一）材料与水有关的性质

1. 材料的亲水性与憎水性

与水接触时，有些材料能被水润湿，而有些材料则不能被水润湿，对这两种现象来说，前者为亲水性，后者为憎水性。

材料具有亲水性或憎水性的根本原因在于材料的分子结构。亲水性材料与水分子之间的分子亲合力，大于水分子本身之间的内聚力；反之，憎水性材料与水分子之间的亲合力，小于水分子本身之间的内聚力。

工程实际中，材料是亲水性或憎水性，通常以润湿角的大小划分，润湿角为在材料、水和空气的交点处，沿水滴表面的切线与水和固体接触面所成的夹角。其中润湿角 θ 愈小，表明材料愈易被水润湿。当材料的润湿角 $\theta < 90°$ 时，为亲水性材料；当材料的润湿角 $\theta > 90°$ 时，为憎水性材料。水在亲水性材料表面可以铺展开，且能通过毛细管作用自动将水吸入材料内部；水在憎水性材料表面不仅不能铺展开，而且水分不能渗入材料的毛细管中。

2. 材料的吸水性

材料吸收水分的能力，称为材料的吸水性。吸水的大小以吸水率来表示。

（1）质量吸水率　质量吸水率是指材料在吸水饱和时，所吸水量占材料在干燥状态下质量的比例。

（2）体积吸水率　体积吸水率是指材料在吸水饱和时，所吸水的体积占材料自然体积的比例。材料的吸水率与其孔隙率有关，更与其孔特征有关。因为水分是通过材料的开口孔吸入并经过连通孔渗入内部的。材料内与外界连通的细微孔隙愈多，其吸水率就愈大。

3. 材料的吸湿性

材料的吸湿性是指材料在潮湿空气中吸收水分的性质。干燥的材料处在较潮湿的空气中时，便会吸收空气中的水分；而当较潮湿的材料处在较干燥的空气中时，便会向空气中放出水分。前者是材料的吸湿过程，后者是材料的干燥过程。由此可见，在空气中，某一材料的含水多少是随空气的湿度变化的。

材料在任一条件下含水的多少称为材料的含水率。材料的含水率受所处环境中空气湿度的影响。当空气中湿度在较长时间内稳定时，材料的吸湿和干燥过程处于平衡状态，此时材料的含水率保持不变，其含水率称为材料的平衡含水率。

4. 材料的耐水性

材料的耐水性是指材料长期在饱和水的作用下不破坏，强度也不显著降低的性质。衡量材料耐水性的指标是材料的软化系数。

5. 材料的抗冻性

材料吸水后，在负温作用条件下，水在材料毛细孔内冻结成冰，体积膨胀所产生的冻胀压力造成材料的内应力，会使材料遭到局部破坏。随着冻融循环的反复，材料的破坏作用逐步加剧，这种破坏称为冻融破坏。

抗冻性是指材料在吸水饱和状态下，能经受反复冻融循环作用而不破坏，强度也不显著降低的性能。抗冻性以试件在冻融后的质量损失、外形变化或强度降低不超过一定限度时所能经受的冻融循环次数来表示，或称为抗冻等级。

材料的抗冻性与材料的强度、孔结构、耐水性和吸水饱和程度有关。

6. 材料的抗渗性

抗渗性是材料在压力水作用下抵抗水渗透的性能。土木建筑工程中许多材料常含有孔隙、孔洞或其他缺陷，当材料两侧的水压差较高时，水可能从高压侧通过内部的孔隙、孔洞或其他缺陷渗透到低压侧。这种压力水的渗透，不仅会影响工程的使用，而且渗入的水还会带入能腐蚀材料的介质，或将材料内的某些成分带出，造成材料的破坏。

（二）材料的热工性质

1. 导热性

当材料两面存在温度差时，热量从材料一面通过材料传导至另一面的性质，称为材料的导热性。

2. 热容量和比热容

材料在受热时吸收热量，冷却时放出热量的性质称为材料的热容量。单位质量材料升高或降低单位温度，所吸收或放出的热量称为热容量系数或比热容。

3. 热阻和传热系数

热阻是材料层（墙体或其他围护结构）抵抗热流通过的能力。热阻的倒数称为材料层（墙体或其他围护结构）的传热系数。

4. 温度变形性

材料的温度变形是指温度升高或降低时材料的体积变化。

除个别材料以外，多数材料在温度升高时体积膨胀，温度下降时体积收缩。这种变化表现在单向尺寸时，为线膨胀或线收缩，相应的技术指标为线膨胀系数。

六、材料的力学性质

（一）材料的强度

材料的强度是材料在应力作用下抵抗破坏的能力。通常情况下，材料内部的应力多由外力（或荷载）作用而引起，随着外力增加，应力也随之增大，直至应力超过材料内部质点所能抵抗的极限，即强度极限，材料发生破坏。

根据外力作用方式的不同，材料强度有抗拉、抗压、抗剪、抗弯（抗折）强度等。

（二）弹性和塑性

材料在外力作用下产生变形，当外力取消后能够完全恢复原来形状的性质称为弹性。这种完全恢复的变形称为弹性变形（或瞬时变形）。

材料在外力作用下产生变形，如果外力取消后，仍能保持变形后的形状和尺寸，并且不产生裂缝的性质称为塑性。这种不能恢复的变形称为塑性变形（或永久变形）。

（三）脆性和韧性

材料受力达到一定程度时，突然发生破坏，并无明显的变形，材料的这种性质称为脆性。大部分无机非金属材料均属脆性材料，如天然石材，烧结普通砖、陶瓷、玻璃、普通混凝土、砂浆等。脆性材料的特点是抗压强度高而抗拉、抗折强度低。在工程中使用时，应注意发挥这类材料的特性。

材料在冲击或动力荷载作用下，能吸收较大能量而不破坏的性能，称为韧性或冲击韧性。韧性以试件破坏时单位面积所消耗的功表示。

（四）硬度和耐磨性

1. 硬度

材料的硬度是材料表面的坚硬程度，是抵抗其他硬物刻划、压入其表面的能力。通常用刻划法，回弹法和压入法测定材料的硬度。

刻划法用于天然矿物硬度的划分，按滑石、石膏、方解石、萤石、磷灰石、长石、石英、黄晶、刚玉、金刚石的顺序，分为10个硬度等级。

回弹法用于测定混凝土表面硬度，并间接推算混凝土的强度；也用于测定陶瓷、砖、砂浆、塑料、橡胶、金属等的表面硬度并间接推算其强度。

2. 耐磨性

耐磨性是材料表面抵抗磨损的能力。材料的耐磨性用磨耗率表示。

七、材料的耐久性

材料的耐久性是泛指材料在使用条件下，受各种内在或外来自然因素及有害介质的作用，能长久地保持其使用性能的性质。

材料在建筑物之中，除要受到各种外力的作用之外，还经常要受到环境中许多自然因素的破坏作用。这些破坏作用包括物理、化学、机械及生物的作用。

物理作用可有干湿变化、温度变化及冻融变化等。这些作用将使材料发生体积的胀缩或导致内部裂缝的扩展，久而久之会使材料逐渐破坏。在寒冷地区，冻融变化对材料起着显著的破坏作用。在高温环境下，经常处于高温状态的建筑物或构筑物，所选用的建筑材料要具有耐热性能。在民用和公共建筑中，考虑安全防火要求，须选用具有抗火性能的难燃或不燃的材料。

化学作用包括大气、环境水以及使用条件下酸、碱、盐等液体或有害气体对材料的侵蚀作用。

机械作用包括使用荷载的持续作用，交变荷载引起材料疲劳、冲击、磨损、磨耗等。

生物作用包括菌类、昆虫等的作用而使材料腐朽、蛀蚀而破坏。

砖、石料、混凝土等矿物材料，多是由于物理作用而破坏，也可能同时会受到化学作用的破坏；金属材料主要受到化学作用引起的腐蚀；木材等有机质材料常因生物作用而破坏；沥青材料、高分子材料在阳光、空气和热的作用下，会逐渐老化而使材料变脆或开裂。

材料的耐久性指标是根据工程所处的环境条件来决定的。例如处于冻融环境的工程，所用材料的耐久性以抗冻性指标来表示；处于暴露环境的有机材料，其耐久性以抗老化能力来表示。

▪▪▪▪ 第二节　金属材料 ▪▪▪

一、钢材的分类

（一）按化学成分分类

1. 碳素钢

碳素钢的化学成分主要是铁，其次是碳，故也称铁-碳合金。其含碳量为 0.02%～

2.06%。此外尚含有极少量的硅、锰和微量的硫、磷等元素。

碳素钢按含碳量又分为：低碳钢（含碳量小于 0.25%）、中碳钢（含碳量为 0.25%～0.60%）和高碳钢（含碳量大于 0.60%）。

2. 合金钢

是指在炼钢过程中，有意识地加入一种或多种能改善钢材性能的合金元素而制得的钢种。常用合金元素有：硅、锰、钛、钒、铌、铬等。

按合金元素总含量的不同，合金钢可分为低合金钢（合金元素总含量小于 5%）、中合金钢（合金元素总含量为 5%～10%）、高合金钢（合金元素总含量大于 10%）。

（二）按冶炼时脱氧程度分类

1. 沸腾钢

炼钢时仅加入锰铁进行脱氧，则脱氧不完全。这种钢水浇入锭模时，会有大量的 CO 气体从钢水中外逸，引起钢水呈沸腾状，故称沸腾钢，代号为"F"。沸腾钢组织不够致密，成分不太均匀，硫、磷等杂质偏析较严重，故质量较差。但因其成本低、产量高，故被广泛用于一般建筑工程。

2. 镇静钢

炼钢时采用锰铁、硅铁和铝锭等作脱氧剂，脱氧完全，且同时能起去硫作用。这种钢水铸锭时能平静地充满锭模并冷却凝固，故称镇静钢，代号为"Z"。镇静钢虽成本较高，但其组织致密，成分均匀，性能稳定，故质量好。适用于预应力混凝土等重要的结构工程。

3. 半镇静钢

脱氧程度介于沸腾钢和镇静钢之间，为质量较好的钢，其代号为"b"。

4. 特殊镇静钢

特殊镇静钢是比镇静钢脱氧程度还要充分彻底的钢，故其质量最好，适用于特别重要的结构工程，代号为"TZ"。

（三）按有害杂质含量分类

按照钢中有害杂质磷（P）和硫（S）含量的多少，钢材可分为以下四类：

① 普通钢：磷含量不大于 0.045%；硫含量不大于 0.05%。

② 优质钢：磷含量不大于 0.035%；硫含量不大于 0.035%。

③ 高级优质钢：磷含量不大于 0.03%；硫含量不大于 0.03%。

④ 特级优质钢：磷含量不大于 0.025%；硫含量不大于 0.015%。

二、钢材的技术性质

（一）抗拉性能

抗拉性能是建筑钢材最重要的技术性质。其技术指标为由拉力试验测定的屈服点、抗拉强度和伸长率。

1. 屈服点

在拉力试验中，当试件拉力在一定范围内时，如卸去拉力，试件能恢复原状，应力与应变的比值为常数，因此，该阶段被称为弹性阶段。当对试件的拉伸进入塑性变形的屈服阶段时，屈服下限所对应的应力称为屈服强度或屈服点。设计时一般以屈服点作为强度取值的依据，对屈服现象不明显的钢材，规定以 0.2%残余变形时的应力作为屈服强度。

2. 抗拉强度

拉力试验的试件在屈服阶段以后，其抵抗塑性变形的能力又重新提高，称为强化阶段。对应于最高点的应力称为抗拉强度。

设计中抗拉强度虽然不能利用，但屈强比（屈服点与抗拉强度之比）有一定意义。屈强比愈小，反映钢材受力超过屈服点工作时的可靠性愈大，因而结构的安全性愈高。但屈强比太小，则反映钢材不能有效地被利用。

3. 伸长率

拉力试验中，当曲线到达屈服点后，试件薄弱处急剧缩小，塑性变形迅速增加，产生"颈缩现象"而断裂。量出拉断后标距部分的长度，标距的伸长值与原始标距的比值称为伸长率。

伸长率表征了钢材的塑性变形能力，其值越大越好。由于在塑性变形时颈缩处的变形最大，故原标距与试件的直径之比愈大，则颈缩处伸长值在整个伸长值中的比重愈小，因而计算所得的伸长率会小些。

（二）冷弯性能

冷弯性能是指钢材在常温下承受弯曲变形的能力，是钢材的重要工艺性能。

冷弯性能指标是通过试件被弯曲的角度（90°、180°）及弯心直径对试件厚度（或直径）的比值区分的，试件按规定的弯曲角和弯心直径进行试验，试件弯曲处的外表面无裂断、裂缝或起层，即认为冷弯性能合格。

（三）冲击韧性

冲击韧性是指钢材抵抗冲击荷载的能力。冲击韧性指标是通过标准试件的弯曲冲击韧性试验确定的。以摆锤打击试件，于刻槽处将其打断，试件单位截面积上所消耗的功，即为钢材的冲击韧性指标。

钢材的化学成分、组织状态、内在缺陷及环境温度都会影响钢材的冲击韧性。试验表明，冲击韧性随温度的降低而下降，其规律是开始下降缓和，当达到一定温度范围时，突然下降很多而呈脆性，这种脆性称为钢材的冷脆性。

发生冷脆时的温度称为临界温度，其数值愈低，说明钢材的低温冲击性能愈好。所以在负温下使用的结构，应当选用脆性临界温度较工作温度低的钢材。

随时间的延长而表现出强度提高，塑性和冲击韧性下降的现象称为时效。完成时效变化的过程可达数十年，但是钢材如经受冷加工变形，或使用中经受震动和反复荷载的影响，时效可迅速发展。因时效而导致性能改变的程度称为时效敏感性，对于承受动荷载的结构应该选用时效敏感性小的钢材。

（四）硬度

钢材的硬度是指其表面局部体积内抵抗外物压入产生塑性变形的能力。常用的测定硬度的方法有布氏法和洛氏法。

布氏法的测定原理是利用直径为 D（mm）的淬火钢球，以 P（N）的荷载将其压入试件表面，经规定的持续时间后卸除荷载，即得到直径为 d（mm）的压痕，以压痕表面积 $F(mm^2)$ 除荷载 P，所得的应力值即为试件的布氏硬度值 HB，以数字表示，不带单位。洛氏法测定的原理与布氏法相似，但系根据压头压入试件的深度来表示硬度值，洛氏法压痕很小，常用于判定工件的热处理效果。

（五）耐疲劳性

在反复荷载作用下的结构构件，钢材往往在应力远小于抗拉强度时发生断裂，这种现象称为钢材的疲劳破坏。疲劳破坏的危险应力用疲劳极限来表示，它是指疲劳试验中，试件在交变应力作用下，于规定的周期基数内不发生断裂所能承受的最大应力。

一般认为，钢材的疲劳破坏是由拉应力引起的，因此，钢材的疲劳极限与其抗拉强度有关，一般抗拉强度高，其疲劳极限也较高。由于疲劳裂纹是在应力集中处形成和发展的，故钢材的疲劳极限不仅与其内部组织有关，也和表面质量有关。

（六）焊接性能

钢材的可焊性是指焊接后在焊缝处的性质与母材性质的一致程度。影响钢材可焊性的主要因素是化学成分及含量。如硫产生热脆性，使焊缝处产生硬脆及热裂纹；又如含碳量超过0.3%，可焊性显著下降等。

三、钢材的化学成分及其性能

钢材的化学成分主要是指碳、硅、锰、硫、磷等，在不同情况下，往往还需考虑氧、氮及各种合金元素。

（一）碳

土木工程用钢材含碳量不大于0.8%。在此范围内，随着钢中碳含量的提高，强度和硬度相应提高，而塑性和韧性则相应降低，碳还可显著降低钢材的可焊性，增加钢的冷脆性和时效敏感性，降低抗大气锈蚀性。

（二）硅

当硅在钢中的含量较低（小于1%）时，可提高钢材的强度，而对塑性和韧性影响不明显。

（三）锰

锰是我国低合金钢的主加合金元素，锰含量一般在1%～2%范围内，它的作用主要是使强度提高，锰还能消减硫和氧引起的热脆性，使钢材的热加工性质改善。

（四）硫

硫是有害元素，以非金属硫化物夹杂物存在于钢中，具有强烈的偏析作用，会降低钢的各种机械性能。硫化物造成的低熔点使钢在焊接时易于产生热裂纹，显著降低可焊性。

（五）磷

磷为有害元素，含量提高，钢材的强度提高，塑性和韧性显著下降，特别是温度愈低，对韧性和塑性的影响愈大，磷在钢中的偏析作用强烈，使钢材冷脆性增大，并显著降低钢材的可焊性。

磷可提高钢的耐磨性和耐腐蚀性，在低合金钢中可配合其他元素作为合金元素使用。

（六）氧

氧为有害元素，主要存在于非金属夹杂物内，可降低钢的机械性能，特别是韧性，氧有促进时效倾向的作用，氧化物造成的低熔点亦使钢的可焊性变差。

（七）氮

氮对钢材性质的影响与碳、磷相似，使钢材的强度提高，塑性特别是韧性显著下降。氮可加剧钢材的时效敏感性和冷脆性，降低可焊性。

在有铝、铌、钒等的配合下，氮可作为低合金钢的合金元素使用。

（八）钛

钛是强脱氧剂。它能显著提高强度，改善韧性和可焊性，减少时效倾向，是常用的合金元素。

（九）钒

钒是强的碳化物和氮化物形成元素，能有效提高强度，并能减少时效倾向，但增加焊接时的淬硬倾向。

四、钢材的冷加工和热处理

（一）钢材的冷加工

将钢材在常温下进行冷拉、冷拔或冷轧，使产生塑性变形，从而提高屈服强度，这个过程称为钢材的冷加工强化。

冷加工强化的原理是：钢材在塑性变形中晶格的缺陷增多，而缺陷的晶格严重畸变，对晶格的进一步滑移将起到阻碍作用，故钢材的屈服点提高，塑性和韧性降低。工地或预制厂钢筋混凝土施工中常利用这一原理，对钢筋或低碳钢盘条按一定制度进行冷拉或冷拔加工，以提高屈服强度。

将经过冷拉的钢筋于常温下存放 15～20 天，或加热到 100～200℃并保持一段时间，这个过程称为时效处理。前者称为自然时效，后者称为人工时效。冷拉以后再经过时效处理的钢筋，其屈服点进一步提高，抗拉强度稍见增长，塑性继续有所降低。

（二）钢材的热处理

按照一定的制度，将钢材加热到一定的温度，在此温度下保持一定的时间，再以一定的速度和方式进行冷却，以使钢材内部晶体组织和显微结构按要求进行改变，或者消除钢中的内应力，从而获得人们所需求的机械力学性能，这一过程就称为钢材的热处理。

钢材的热处理通常有以下几种基本方法。

1. 淬火

将钢材加热至 723℃（相变温度）以上某一温度，并保持一定时间后，迅速置于水中或机油中冷却，这个过程称钢材的淬火处理。钢材经淬火后，强度和硬度提高，脆性增大，塑性和韧性明显降低。

2. 回火

将淬火后的钢材重新加热到 723℃以下某一温度范围，保温一定时间后再缓慢地或较快地冷却至室温，这一过程称为回火处理。回火可消除钢材淬火时产生的内应力，使其硬度降低，恢复塑性和韧性。回火温度愈高，钢材硬度下降愈多，塑性和韧性等性能均得以改善。若钢材淬火后随即进行高温回火处理，则称调质处理，其目的是使钢材的强度、塑性、韧性等性能均得以改善。

3. 退火

退火是指将钢材加热至 723℃以上某一温度，保持相当时间后，在退火炉中缓慢冷却。退火能消除钢材中的内应力，细化晶粒，均匀组织，使钢材硬度降低，塑性和韧性提高。

4. 正火

是将钢材加热到 723℃以上某一温度，并保持相当长时间，然后在空气中缓慢冷却，则可得到均匀细小的显微组织。钢材正火后强度和硬度提高，塑性较退火提高较小。

五、建筑钢材的技术标准

（一）建筑钢材的主要钢种

1. 碳素结构钢

按国家标准《碳素结构钢》（GB/T 700—2006）规定，我国碳素结构钢分五个牌号，即 Q195、Q215、Q235、Q255 和 Q275。各牌号钢又按其硫、磷含量由多至少分为 A、B、C、D 四个质量等级。

碳素结构钢的牌号表示按顺序由代表屈服点的字母（Q）、屈服点数值（N/mm²）、质量等级符号（A、B、C、D）、脱氧程度符号（F、b、Z、TZ）等四部分组成。例如 Q235-AF，它表示：屈服点为 235N/mm² 的平炉或氧气转炉冶炼的 A 级沸腾碳素结构钢。当为镇静钢或特殊镇静钢时，则牌号表示"Z"与"TZ"符号可予以省略。

国家标准对碳素结构钢的化学成分，包括 C、Si、Mn、S、P 五大元素，按质量等级及脱氧方法也分别提出了要求。

2. 低合金结构钢

在碳素钢的基础上，加入总量小于 5% 的合金元素炼成的钢，称为低合金高强度结构钢，简称低合金结构钢。常用的合金元素有硅、锰、钛、钒、铬、镍、铜等。

按照《低合金高强度结构钢》（GB/T 1591—2018）规定共分 20 个钢号。牌号由代表钢材屈服强度的字母（Q）、屈服强度数值、质量等级符号（A、B、C、D、E）三个部分按顺序组成。例如：Q295A，表示屈服强度为不小于 295MPa，质量等级为 A 级的低合金结构钢。

（二）钢筋混凝土结构用钢

1. 热轧钢筋

根据表面特征不同，热轧钢筋分为光圆钢筋和带肋钢筋。根据强度的高低，热轧钢筋又分为不同的强度等级。我国热轧钢筋标准，按屈服强度、抗拉强度等力学性能分为Ⅰ～Ⅳ级，四个强度等级的钢筋中，除Ⅰ级钢筋为低碳钢外，其余三级热轧带肋钢筋均为低合金钢。

2. 钢筋混凝土用冷拉钢筋

为了提高钢筋的强度及节约钢筋，工地上常按施工规程，控制一定的冷拉应力或冷拉率，对热轧钢筋进行冷拉。冷拉钢筋的力学性能应符合规范规定的要求。冷拉后不得有裂纹、起层等现象。

3. 预应力混凝土用热处理钢筋

预应力混凝土用热处理钢筋是用 $\phi8$、$\phi10$ 的热轧带肋钢筋经淬火和回火等调质处理而成。

预应力混凝土用热处理钢筋的优点是：强度高，可代替高强钢丝使用；配筋根数少，节约钢材；锚固性好，不易打滑，预应力值稳定；施工简便，开盘后钢筋自然伸直，不需调直及焊接。主要用于预应力钢筋混凝土轨枕，也用于预应力梁、板结构及吊车梁等。

4. 冷轧带肋钢筋

冷轧带肋钢筋是采用由普通低碳钢或低合金钢热轧的圆盘条为母材，经冷轧减径后在其表面冷轧成二面或三面有肋的钢筋。冷轧带肋钢筋是热轧圆盘钢筋的深加工产品，是一种新型高效建筑钢材。

冷轧带肋钢筋按抗拉强度分为 5 级，其代号为 CRB550、CRB650、CRB800、CRB970 和 CRB1170（CRB 为 cold rolling ribbed steel bar），后面的数字表示钢筋抗拉强度等级数值。

5. 冷拔低碳钢丝

冷拔低碳钢丝是将直径为 6.5～8mm 的 Q235 热轧盘条钢筋经冷拔加工而成。冷拔低碳钢丝分为甲、乙两级，甲级丝适用于作预应力筋，乙级丝适用于作焊接网、焊接骨架、箍筋和构造钢筋。其力学性能应符合有关规定。

6. 预应力混凝土用钢丝及钢绞线

大型预应力混凝土构件，由于受力很大，常采用高强度钢丝或钢绞线作为主要受力钢筋。预应力高强度钢丝是用优质碳素结构钢盘条，经酸洗、冷拉或再经回火处理等工艺制成，钢绞线是由 7 根直径为 2.5～5.0mm 的高强度钢丝，绞捻后经一定热处理清除内应力而制成。绞捻方向一般为左捻。

六、建筑钢材防锈蚀

钢材的锈蚀是指其表面与周围介质发生化学反应而遭到的破坏。根据锈蚀作用的机理，钢材的锈蚀可分为化学锈蚀和电化学锈蚀两种。

（一）化学锈蚀

化学锈蚀是指钢材直接与周围介质发生化学反应而产生的锈蚀。这种锈蚀多数是氧化作用，使钢材表面形成疏松的氧化物。

（二）电化学锈蚀

电化学锈蚀是指钢材与电解质溶液接触而产生电流，形成微电池而引起的锈蚀。潮湿环境中的钢材表面会被一层电解质水膜所覆盖，而钢材由铁素体、渗碳体及游离石墨等多种成分组成，这些成分的电极电位不同。首先，钢的表面层在电解质溶液中构成以铁素体为阳极，以渗碳体为阴极的微电池。在阳极，铁失去电子成为 Fe^{2+} 进入水膜；在阴极，溶于水膜中的氧被还原生成 OH^-。随后两者结合生成不溶于水的 $Fe(OH)_2$，并进一步氧化成为疏松易剥落的红棕色铁锈。由于铁素体基体的逐渐锈蚀，钢组织中的渗碳体等暴露出来得越来越多，形成的微电池数目也越来越多，钢材的锈蚀速度也越来越快。

在建筑工地和混凝土预制厂，经常对比使用要求的强度偏低和塑性偏大的钢筋或低碳盘条钢筋进行冷拉或冷拔并时效处理，以提高屈服强度和利用率，节省钢材。同时还兼有调直、除锈的作用。这种加工所用机械比较简单，容易操作，效果明显，所以建筑工程中常采取此法。

第三节　无机胶凝材料与建筑砂浆

无机胶凝材料按照其凝结硬化特性分为气硬性无机胶凝材料和水硬性无机胶凝材料两类。

只能在空气中硬化、保持或继续发展强度的无机胶凝材料称为气硬性无机胶凝材料；不仅能在空气中，而且能更好地在水中硬化、保持或继续发展强度的无机胶凝材料称为水硬性无机胶凝材料。

建筑工程中常用的气硬性无机胶凝材料有石灰、石膏、菱苦土和水玻璃；水硬性无机胶凝材料有水泥。

一、石灰

天然碳酸岩类岩石（石灰石、白云石）经高温煅烧，其主要成分 $CaCO_3$ 分解为以 CaO 为主要成分的生石灰。生石灰一般为白色或黄灰色块灰，块灰碾碎磨细即为生石灰粉。

（一）石灰的熟化与硬化

1. 石灰的熟化和陈伏

工地上使用石灰时，通常将生石灰加水，使之消解为消（熟）石灰——氢氧化钙，这个过程称为石灰的"消化"，又称"熟化"。

生石灰烧制过程中，往往由于石灰石原料的尺寸过大或窑中温度不均匀等原因，生石灰中残留有未烧透的内核，这种石灰称为"欠火石灰"。

若烧制的温度过高或时间过长，使得石灰表面出现裂缝或玻璃状的外壳，体积收缩明显，颜色呈灰黑色，这种石灰称为"过火石灰"。过火石灰表面常被黏土杂质熔化形成的玻璃釉状物包覆，熟化很慢。当石灰已经硬化后，过火石灰才开始熟化，并产生体积膨胀，引起隆起鼓包和开裂。

为了消除过火石灰的危害，生石灰熟化形成的石灰浆应在储灰坑中放置两周以上，这一过程称为石灰的"陈伏"。陈伏期间，石灰浆表面应保有一层水分，与空气隔绝，以免碳化。

2. 石灰的硬化

石灰浆体在空气中逐渐硬化，是由下面两个同时进行的过程来完成的：

① 结晶作用：游离水分蒸发，氢氧化钙逐渐从饱和溶液中结晶。

② 碳化作用：氢氧化钙与空气中的二氧化碳化合生成碳酸钙结晶，释出水分并被蒸发。

碳化作用实际是二氧化碳与水形成碳酸，然后与氢氧化钙反应生成碳酸钙。所以这个作用不能在没有水分的全干状态下进行。

（二）建筑石灰的技术指标

建筑石灰的技术指标有细度、$CaO+MgO$ 含量、CO_2 含量和体积安定性等。并按技术指标分为优等品、一等品、合格品三个等级。

（三）石灰的技术性质

1. 可塑性好

生石灰熟化为石灰浆时，能自动形成颗粒极细（直径约为 $1\mu m$）的呈胶体分散状态的氢氧化钙，表面吸附一层厚的水膜。因此用石灰调成的石灰砂浆其突出的优点是具有良好可塑性。在水泥砂浆中掺入石灰浆，可使前者可塑性显著提高。

2. 硬化慢、强度低

从石灰浆体的硬化过程可以看出，由于空气中二氧化碳稀薄，碳化甚为缓慢。而且表面碳化后，形成紧密外壳，不利于碳化作用的深入，也不利于内部水分的蒸发，因此石灰是硬化缓慢的材料。

同时，石灰的硬化只能在空气中进行，硬化后的强度也不高。受潮后石灰溶解，强度更低，在水中还会溃散。如石灰砂浆（1：3）28 天强度仅为 $0.2 \sim 0.5MPa$。所以，石灰不宜在潮湿的环境下作用，也不宜用于重要建筑物基础。

3. 硬化时体积收缩大

石灰在硬化过程中，蒸发大量的游离水而引起显著的收缩，所以除调成石灰乳作薄层涂刷外，不宜单独使用。常在其中掺入砂、纸筋等以减少收缩和节约石灰。

4. 耐水性差，不易贮存

块状类石灰放置太久，会吸收空气中的水分而自动熟化成消石灰粉，再与空气中二氧化碳作用而还原为碳酸钙，失去胶结能力。所以贮存生石灰，不但要防止受潮，而且不宜贮存过久。最好运到后即熟化成石灰浆，将贮存期变为陈伏期。由于生石灰受潮熟化时放出大量的热，而且体积膨胀，所以，贮存和运输生石灰时，还要注意安全。

（四）石灰的应用

1. 石灰乳和石灰砂浆

将消石灰粉或熟化好的石灰膏加入大量的水搅拌稀释，成为石灰乳，是一种廉价的涂料，主要用于内墙和天棚刷白，增加室内美观和亮度。我国农村也用于外墙。石灰乳可加入各种耐碱颜料，调入少量水泥、粒化高炉矿渣或粉煤灰，可提高其耐水性，调入氯化钙或明矾，可减少涂层粉化现象。

石灰砂浆由石灰膏、砂加水拌制而成，按其用途，分为砌筑砂浆和抹面砂浆。

2. 石灰土（灰土）和三合土

石灰与黏土或硅铝质工业废料混合使用，制成石灰土或石灰与工业废料的混合料，加适量的水充分拌和后，经碾压或夯实，在潮湿环境中使石灰与黏土或硅铝质工业废料表面的活性氧化硅或氧化铝反应，生成具有水硬性的水化硅酸钙或水化铝酸钙，适于在潮湿环境中使用。如建筑物或道路基础中使用的石灰土、三合土、二灰土（石灰、粉煤灰或炉灰）、二灰碎石（石灰、粉煤灰或炉灰、级配碎石）等。

3. 灰砂砖和硅酸盐制品

石灰与天然砂或硅铝质工业废料混合均匀，加水搅拌，经压振或压制，形成硅酸盐制品。为使其获早期强度，往往采用高温高压养护或蒸压，使石灰与硅铝质材料反应速度显著加快，使制品产生较高的早期强度。如灰砂砖、硅酸盐砖、硅酸盐混凝土制品等。

二、建筑石膏

石膏是以硫酸钙为主要成分的矿物质，石膏中含有不同含量的结晶水时，可形成多种性能不同的石膏。

（一）石膏的原料、分类及生产

石膏根据其中结晶水含量不同可分为：

① 无水石膏（$CaSO_4$）：也称硬石膏，它结晶紧密，质地较硬，是生产硬石膏水泥的原料。

② 天然石膏（$CaSO_4 \cdot 2H_2O$）：也称生石膏或二水石膏，大部分自然石膏矿为生石膏，是生产建筑石膏的主要原料。

③ 建筑石膏（$CaSO_4 \cdot \frac{1}{2}H_2O$）：也称熟石膏或半水石膏。它是由生石膏加工而成的，根据其内部结构不同可分为α型半水石膏和β型半水石膏。

建筑石膏通常是由天然石膏经压蒸或煅烧加热而成的。常压下煅烧加热至107～170℃，可产生β型半水石膏；α型半水石膏与β型半水石膏相比，结晶颗粒较粗，比表面积较小，强度高，因此又称为高强石膏。

当加热温度超过170℃时，可生成无水石膏，只要温度不超过200℃，此无水石膏就具有良好的凝结硬化性能。

（二）建筑石膏的水化与硬化

建筑石膏与适量水拌和后，能形成可塑性良好的浆体，随着石膏与水的反应，浆体的可塑性很快消失而发生凝结，此后进一步产生和发展强度而硬化。

建筑石膏与水之间产生化学反应，随着二水石膏沉淀的不断增加，就会产生结晶。结晶体不断生成和长大，晶体颗粒之间便产生了摩擦力和黏结力，造成浆体的塑性开始下降，这一现象称为石膏的初凝。而后随着晶体颗粒间摩擦力和黏结力的增大，浆体的塑性很快下降，直至消失，这种现象为石膏的终凝。

石膏终凝后，其晶体颗粒仍在不断长大和连生，形成相互交错且孔隙率逐渐减小的结构，其强度也会不断增大，直至水分完全蒸发，形成硬化后的石膏结构，这一过程称为石膏的硬化。石膏浆体的凝结和硬化，实际上是交叉进行的。

（三）建筑石膏的技术性质

建筑石膏的技术要求有强度、细度和凝结时间。并按强度和细度分为优等品、一等品和合格品。

建筑石膏的技术性质有如下特点：

1. 凝结硬化速度快

建筑石膏的浆体，凝结硬化速度很快。一般石膏的初凝时间仅为10分钟左右，终凝时间不超过30分钟，这对于普通工程施工操作十分方便。如需要操作时间较长，可加入适量的缓凝剂，如硼砂、动物胶、亚硫酸盐酒精废液等。

2. 凝结硬化时具有膨胀性

建筑石膏凝结硬化是石膏吸收结晶水后的结晶过程，其体积不仅不会收缩，而且还稍有膨胀（0.2%～1.5%）。这种膨胀不会对石膏造成危害，还能使石膏的表面较为光滑饱满，棱角清晰完整、避免了普通材料干燥时的开裂。

3. 硬化后的多孔性，重量轻，但强度低

建筑石膏在使用时，为获得良好的流动性，加入的水分常常比水化所需的水量多，因此，石膏在硬化过程中由于水分的蒸发，使原来的充水部分空间形成孔隙，造成石膏内部的大量微孔，使其重量减轻，但是抗压强度也因此下降。

4. 良好的隔热、吸声和"呼吸"功能

石膏硬化体中大量的微孔，使其传热性显著下降，因此具有良好的绝热能力；石膏的大量微孔，特别是表面微孔对声音传导或反射的能力也显著下降，使其具有较强的吸声能力；大热容量和大的孔隙率及开口孔结构，使石膏具有"呼吸"水蒸气的功能。

5. 防火性好，但耐水性差

硬化后石膏的主要成分是二水石膏，当受到高温作用时或遇火后会脱出 21％左右的结晶水，并能在表面蒸发形成水蒸气幕，可有效地阻止火势的蔓延，具有良好的防火效果。

由于硬化石膏的强度来自晶体粒子间的黏结力，遇水后粒子间连接点的黏结力可能被削弱。部分二水石膏溶解而产生局部溃散，所以建筑石膏硬化体的耐水性较差。

6. 有良好的装饰性和可加工性

石膏表面光滑饱满、颜色洁白、质地细腻，具有良好的装饰性。微孔结构使其脆性有所改善，硬度也较低，所以硬化石膏可锯、可刨、可钉，具有良好的可加工性。

（四）建筑石膏的应用

① 石膏砂浆及粉刷石膏；

② 建筑石膏制品，如石膏板、石膏砌块等；

③ 制作建筑雕塑和模型。

三、水玻璃

水玻璃俗称泡花碱，由碱金属氧化物和二氧化硅组成，属可溶性的硅酸盐类。根据碱金属氧化物的不同，水玻璃有硅酸钠水玻璃（$Na_2O \cdot nSiO_2$）、硅酸钾水玻璃（$K_2O \cdot nSiO_2$）、硅酸锂水玻璃（$Li_2O \cdot nSiO_2$）等品种，最常用的是硅酸钠水玻璃。

$n = \dfrac{SiO_2}{R_2O}$ 称为水玻璃模数。根据水玻璃模数的不同，又分为"碱性"水玻璃（$n < 3$）和"中性"水玻璃（$n \geqslant 3$）。实际上中性水玻璃和碱性水玻璃的溶液都呈明显的碱性反应。

（一）水玻璃的生产

生产水玻璃的方法分为湿法和干法两种。湿法生产硅酸钠水玻璃是将石英砂和苛性钠溶液在压蒸锅内用蒸汽加热，直接反应生成液体水玻璃。干法生产硅酸钠水玻璃是将石英砂和碳酸钠磨细拌匀，在熔炉中于 $1300 \sim 1400℃$ 温度下熔化，反应生成固体水玻璃。固体水玻璃于水中加热溶解而生成液体水玻璃。

（二）水玻璃的硬化

液体水玻璃在空气中吸收二氧化碳，形成无定形硅酸凝胶，并逐渐干燥而硬化。

由于空气中 CO_2 浓度较低，这个过程进行得很慢，为了加速硬化和提高硬化后的防水性，常加入氟硅酸钠（Na_2SiF_6）作为促硬剂，促使硅酸凝胶加速析出。氟硅酸钠的适宜用量为水玻璃重量的 $12％ \sim 15％$。

（三）水玻璃的技术性质

① 黏结力强：水玻璃硬化后具有较高的黏结强度、抗拉强度和抗压强度。另外，水玻璃硬化析出的硅酸凝胶还有堵塞毛细孔隙而防止水分渗透的作用。

② 耐酸性好：硬化后的水玻璃，其主要成分是 SiO_2，具有高度的耐酸性能，能抵抗大多数无机酸和有机酸的作用，但其不耐碱性介质侵蚀。

③ 耐热性高：水玻璃不燃烧，硬化后形成 SiO_2 空间网状骨架，在高温下硅酸凝胶干燥

得更加强烈，强度并不降低，甚至有所增加。

（四）水玻璃的应用

1. 用作涂料，涂刷材料表面

直接将液体水玻璃涂刷在建筑物表面，或涂刷黏土砖、硅酸盐制品、水泥混凝土等多孔材料，可使材料的密实度、强度、抗渗性、耐水性均得到提高。

这是因为水玻璃与材料中的 $Ca(OH)_2$ 反应生成硅酸钙凝胶，填充了材料间空隙。

2. 配制防水剂

以水玻璃为基料，配制防水剂。例如：四矾防水剂是以蓝矾（硫酸铜）、明矾（钾铝矾）、红矾（重铬酸钾）和紫矾（铬矾）各 1 份，溶于 60 份的沸水中，降温至 50℃，投入 400 份水玻璃溶液中，搅拌均匀而成的。这种防水剂可以在 1 分钟内凝结，适用于堵塞漏洞、缝隙等局部抢修。

3. 加固土壤

将模数为 2.5～3 的液体水玻璃和氯化钙溶液通过金属管交替向地层压入，两种溶液发生化学反应，可析出吸水膨胀的硅酸胶体，包裹土壤颗粒并填充其空隙，阻止水分渗透并使土壤固结。用这种方法加固的砂土，抗压强度可达 3～6MPa。

4. 配制水玻璃砂浆

将水玻璃、矿渣粉、砂和氟硅酸钠按一定比例配合成砂浆，可用于修补墙体裂缝。

5. 配制耐酸砂浆、耐酸混凝土、耐热混凝土

用水玻璃作为胶凝材料，选择耐酸骨料，可配制满足耐酸工程要求的耐酸砂浆、耐酸混凝土。选择不同的耐热骨料，可配制不同耐热度的水玻璃耐热混凝土。

四、菱苦土

菱苦土（氯氧镁水泥）是一种镁质胶凝材料，其主要成分是 MgO。

（一）原料及水化、硬化

菱苦土的主要原料是天然菱镁矿，其主要成分是 $MgCO_3$。菱苦土材料一般是将菱镁矿经煅烧磨细而制成。

试验证明，用水调拌菱苦土时将生成 $Mg(OH)_2$，浆体凝结很慢，硬化后强度很低。若以氯化镁水溶液来调制 MgO 时，可以加速其水化反应，并且能形成新的水化产物。这种新的水化产物硬化后的强度较高（40～60MPa）。

（二）菱苦土的应用

菱苦土与植物纤维能很好黏结，而且碱性较弱，不会腐蚀纤维。建筑工程中常用来配制菱苦土木屑浆和菱苦土木屑砂浆。前者可胶结为菱苦土木屑板，用于内墙、天花板和地面，也可压制成各种零件用作窗台板、门窗框、楼梯扶手等。后者掺加砂子可作为地坪耐磨面层。用膨胀珍珠岩代替木屑可制成轻质、阻燃型的室内装饰板材。以菱苦土为胶结料，以玻璃纤维为增强材料，添加改性剂，可制成管材产品。

菱苦土的不足之处是硬化后易吸潮反卤、耐水性差，其原因是硬化产物具有较高的溶解度，遇水会溶解。为提高耐水性，可采用外加剂，或改用硫酸镁作为拌和水溶液，降低吸湿性、改进耐水性。

五、水泥

水泥，指加水拌和成塑性浆体后，能胶结砂、石等适当材料并能在空气和水中硬化的粉状水硬性胶凝材料。土木建筑工程通常采用的水泥主要有：硅酸盐水泥、普通硅酸盐水泥、矿渣硅酸盐水泥、火山灰质硅酸盐水泥、粉煤灰硅酸盐水泥等品种。

（一）硅酸盐水泥

凡由硅酸盐水泥熟料、0～5％石灰石或粒化高炉矿渣、适量石膏磨细制成的水硬性胶凝材料，称为硅酸盐水泥。

硅酸盐水泥在国际上分为两种类型：不掺混合材的称Ⅰ型硅酸盐水泥，其代号为P.Ⅰ；在硅酸盐水泥熟料粉磨时掺入不超过水泥质量5％的石灰石或粒化高炉矿渣混合材料的称Ⅱ型硅酸盐水泥，其代号为P.Ⅱ。

1. 硅酸盐水泥的生产

生产硅酸盐水泥的原料，主要是石灰质和黏土质两类原料。为了补充铁质及改善煅烧条件，还可加入适量铁粉、萤石等。

生产水泥的基本工序可以概括为"两磨一烧"：先将原材料破碎并按其化学成分配料后，在球磨机中研磨为生料。然后入窑煅烧至部分熔融，所得以硅酸钙为主要成分的水泥熟料，配以适量的石膏及混合材料在球磨机中研磨至一定细度，即得到硅酸盐水泥。

2. 硅酸盐水泥熟料的矿物组成

硅酸盐水泥熟料的主要矿物组成有：硅酸三钙、硅酸二钙、铝酸三钙、铁铝酸四钙，这些成分对水泥的性能和强度均有不同的贡献。

3. 硅酸盐水泥的凝结和硬化

硅酸盐水泥遇水后，水泥中的各种矿物成分会很快发生水化反应，生成各种水化物。水泥加水拌和后的剧烈水化反应，一方面使水泥浆中起润滑作用的自由水分逐渐减少；另一方面，水化产物在溶液中很快达饱和或过饱和状态而不断析出，水泥颗粒表面的新生物厚度逐渐增大，使水泥浆中固体颗粒间的间距逐渐减小，越来越多的颗粒相互连接形成了骨架结构。此时，水泥浆便开始慢慢失去可塑性，表现为水泥的初凝。

由于铝酸三钙水化极快，会使水泥很快凝结，为使工程使用时有足够的操作时间，水泥中加入了适量的石膏。水泥加入石膏后，一旦铝酸三钙开始水化，石膏会与水化铝酸三钙反应生成针状的钙矾石。钙矾石很难溶解于水，可以形成一层保护膜覆盖在水泥颗粒的表面，从而阻碍了铝酸三钙的水化，阻止了水泥颗粒表面水化产物的向外扩散，降低了水泥的水化速度，使水泥的初凝时间得以延缓。

当掺入水泥的石膏消耗殆尽时，水泥颗粒表面的钙矾石覆盖层一旦被水泥水化物的积聚物所胀破，铝酸三钙等矿物的再次快速水化得以继续进行，水泥颗粒间逐渐相互靠近，直至连接形成骨架。水泥浆的塑性逐渐消失，直到终凝。

随着水化产物的不断增加，水泥颗粒之间的毛细孔不断被填实，加之水化产物中的氢氧化钙晶体、水化铝酸钙晶体不断贯穿于水化硅酸钙等凝胶体之中，逐渐形成了具有一定强度的水泥石，从而进入了硬化阶段。水化产物的进一步增加，水分的不断丧失，使水泥石的强度不断发展。

随着水泥水化的不断进行，水泥浆结构内部孔隙不断被新生水化物填充和加固的过程，称为水泥的"凝结"。随后产生明显的强度并逐渐变成坚硬的人造石——水泥石,这一过程称为水泥的"硬化"。

实际上,水泥的水化过程很慢,较粗水泥颗粒的内部很难完全水化。因此,硬化后的水泥石是由晶体、胶体、未完全水化颗粒、游离水及气孔等组成的不均质体。

(二)普通硅酸盐水泥

凡以适当成分的生料烧至部分熔融,所得以硅酸钙为主的水泥熟料加入 6%～15% 的混合材料和适量石膏磨细制成的水硬性胶凝材料,称为普通硅酸盐水泥,简称普通水泥。

普通硅酸盐水泥分为 32.5、32.5R、42.5、42.5R、52.5、52.5R 六个强度等级。各等级水泥在不同龄期均有其强度要求。

普通硅酸盐水泥的主要性能特点如下:

① 早期强度略低,后期强度高;

② 水化热略低;

③ 抗渗性好,抗冻性好,抗碳化能力强;

④ 抗侵蚀、抗腐蚀能力稍好;

⑤ 耐磨性较好,耐热性能较好;

普通硅酸盐水泥的应用范围和硅酸盐水泥相同。

(三)矿渣硅酸盐水泥

由硅酸盐水泥熟料和 20%～70% 的粒化高炉矿渣及适量石膏混合磨细而成的水硬性胶凝材料,称为矿渣硅酸盐水泥,简称矿渣水泥。

矿渣硅酸盐水泥的主要性能特点如下:

① 早期强度低,后期强度高,对温度敏感,适宜于高温养护;

② 水化热较低,放热速度慢;

③ 具有较好的耐热性能;

④ 具有较强的抗侵蚀、抗腐蚀能力;

⑤ 泌水性大,干缩较大;

⑥ 抗渗性差,抗冻性较差,抗碳化能力差。

(四)火山灰质硅酸盐水泥

由硅酸盐水泥熟料和 20%～50% 的火山灰质混合材料及适量石膏混合磨细而成的水硬性胶凝材料,称为火山灰质硅酸盐水泥,简称火山灰水泥。

火山灰水泥的主要性能特点如下:

① 早期强度低,后期强度高,对温度敏感,适宜于高温养护;

② 水化热较低,放热速度慢;

③ 具有较强的抗侵蚀、抗腐蚀能力;

④ 需水性大,干缩率较大;

⑤ 抗渗性好,抗冻性较差,抗碳化能力差,耐磨性差。

(五)粉煤灰硅酸盐水泥

由硅酸盐水泥熟料和 20%～40% 的粉煤灰及适量石膏混合磨细而成的水硬性胶凝材料称为粉煤灰硅酸盐水泥,简称粉煤灰水泥。

粉煤灰水泥的主要性能特点如下：

① 早期强度低，后期强度高，对温度敏感，适宜于高温养护；

② 水化热较低，放热速度慢；

③ 具有较强的抗侵蚀、抗腐蚀能力；

④ 需水量低，干缩率较小，抗裂性好；

⑤ 抗冻性较差，抗碳化能力差，耐磨性差。

六、建筑砂浆

砂浆是由胶结料、细骨料、掺加料和水按照适当比例配制而成的建筑材料。建筑砂浆按照其用途分为砌筑砂浆、抹面砂浆和装饰砂浆，按其配料分为水泥砂浆、石灰砂浆和混合砂浆等。

（一）砌筑砂浆

将砖、石、砌块等黏结成为砌体的砂浆称为砌筑砂浆。砌筑砂浆起着胶结块材和传递荷载的作用，是砌体的重要组成部分。

1. 砌筑砂浆的组成材料

（1）胶结料及掺加料 砌筑砂浆常用的胶凝材料有水泥、石灰膏、建筑石膏等。砌筑砂浆所用水泥的强度等级，应根据设计要求进行选择。

为改善砂浆和易性，降低水泥用量，往往在水泥砂浆中掺入部分石灰膏、黏土膏或粉煤灰等，这样配制的砂浆称水泥混合砂浆。这些材料不得含有影响砂浆性能的有害物质，含有颗粒或结块时，应用 3mm 的方孔筛过滤。消石灰粉不得直接用于砌筑砂浆中。

（2）细集料 砌筑砂浆用砂宜选用中砂，其中毛石砌体宜选用粗砂。砂的含泥量不应超过 5%。强度等级为 M2.5 的水泥混合砂浆，砂的含泥量不应超过 10%。

（3）对外加剂的要求 与混凝土中掺加外加剂一样，为改善砂浆的某些性能，也可加入塑化、早强、防冻、缓凝等作用的外加剂。一般应使用无机外加剂，其品种和掺量应经试验确定。

（4）砂浆用水的要求 与混凝土的要求相同。

2. 砌筑砂浆拌和物的技术性质

（1）砂浆的流动性 表示砂浆在自重或外力作用下流动的性能称为砂浆的流动性，也叫稠度。表示砂浆流动性大小的指标是沉入度，它是以砂浆稠度仪测定的，其单位为毫米。工程中，对砂浆稠度选择的依据是砌体类型和施工气候条件。

影响砂浆流动性的因素有砂浆的用水量、胶凝材料的种类和用量、集料的粒形和级配、外加剂的性质和掺量、拌和的均匀程度等。

（2）砂浆的保水性 搅拌好的砂浆在运输、停放和使用过程中，阻止水分与固体料之间、细浆体与集料之间相互分离，保持水分的能力为砂浆的保水性。加入适量的微沫剂或塑化剂，能明显改善砂浆的保水性和流动性。

（3）凝结时间 建筑砂浆凝结时间，以贯入阻力达到 0.5MPa 为评定依据。水泥砂浆不宜超过 8 小时，水泥混合砂浆不宜超过 10 小时，加入外加剂后应满足设计和施工的要求。

3. 砌筑砂浆硬化后的技术性质

（1）强度与强度等级 砂浆以抗压强度作为其强度指标。标准试件尺寸为 70.7mm 立方体，试件一组6块，标养至28天，测定其抗压强度平均值。砌筑砂浆按抗压强度划分为M20、M15、M7.5、M5.0、M2.5等六个强度等级。砂浆的强度除受砂浆本身的组成材料及配比影响外，还与基层的吸水性能有关。

（2）砌筑砂浆的黏结强度　砌筑砂浆必须有足够的黏结力，才能将砖石黏结为坚固的整体，砂浆黏结力的大小，将影响砌体的抗剪强度、耐久性、稳定性及抗震能力。通常黏结力随砂浆抗压强度的提高而增大。砂浆黏结力还与砌筑材料的表面状态、润湿程度、养护条件等有关。

4. 砌筑砂浆的配合比设计

按照相关规范，砌筑砂浆的配合比应满足施工和易性（稠度）的要求，保证设计强度，还应尽可能节约水泥，降低成本。

（二）抹面砂浆

抹面砂浆也称抹灰砂浆，用以涂抹在建筑物或建筑构件的表面，兼有保护基层、满足使用要求和增加美观的作用。

抹面砂浆的主要组成材料仍是水泥、石灰或石膏以及天然砂等，对这些原材料的质量要求同砌筑砂浆。但根据抹面砂浆的使用特点，对其主要技术要求不是抗压强度，而是和易性及其与基层材料的黏结力。为此，常需多用一些胶结材料，并加入适量的有机聚合物以增强黏结力。另外，为减少抹面砂浆因收缩而引起开裂，常在砂浆中加入一定量纤维材料。

工程中配制抹面砂浆和装饰砂浆时，常在水泥砂浆中掺入占水泥质量10%左右的聚乙烯醇缩甲醛胶（俗称107胶）或聚醋酸乙烯乳液等。砂浆常用的纤维增强材料有麻刀、纸筋、稻草、玻璃纤维等。

常用的抹面砂浆有石灰砂浆、水泥混合砂浆、水泥砂浆、麻刀石灰浆（简称麻刀灰）、纸筋石灰浆（简称纸筋灰）等。

（三）装饰砂浆

装饰砂浆是指用作建筑物饰面的砂浆。装饰砂浆饰面是在抹面的同时，经各种加工处理而获得特殊的饰面形式，以满足审美需要的一种表面装饰。

装饰砂浆饰面可分为两类，即灰浆类饰面和石碴类饰面。灰浆类饰面是通过水泥砂浆的着色或水泥砂浆表面形态的艺术加工，获得一定色彩、线条、纹理质感的表面装饰；石碴类饰面是在水泥砂浆中掺入各种彩色石碴作骨料，配制成水泥石碴浆抹于墙体基层表面，然后用水洗、斧剁、水磨等手段除去表面水泥浆皮，呈现出石碴颜色及其质感的饰面。

装饰砂浆所用胶凝材料与普通抹面砂浆基本相同，只是灰浆类饰面更多地采用白水泥和彩色水泥。

▦▦▦ 第四节　混凝土 ▦▦▦

混凝土是由胶凝材料，水和粗、细骨料按适当比例配合、拌制成拌和物，经一定时间硬化而成的人造石材。

建筑工程对混凝土质量的基本要求是：具有符合设计要求的强度；具有与施工条件相适应的和易性；具有与工程环境相适应的耐久性；材料组成经济合理、生产制作节约能源。

一、普通混凝土的组成材料

普通混凝土（简称为混凝土）是由水泥、砂、石和水所组成，另外还常加入适量的掺和料和外加剂。

在混凝土中，砂、石起骨架作用，称为骨料；水泥与水形成水泥浆，水泥浆包裹在骨料表面并填充其空隙。在硬化前，水泥浆起润滑作用，赋予拌和物一定的和易性，便于施工。水泥浆硬化后，则将骨料胶结为一个坚实的整体。

（一）水泥

水泥是混凝土中最重要的组分。水泥品种，应当根据混凝土工程性质与特点，工程的环境条件及施工条件，结合各种水泥特性进行合理的选择。水泥强度等级的选择应当与混凝土的设计强度等级相适应。经验证明，配制 C30（最终强度不低于 30MPa）以下的混凝土，水泥强度等级为混凝土强度等级的 1.1～1.8 倍，配制 C40 以上的混凝土，水泥强度等级为混凝土强度等级的 1.0～1.5 倍，同时宜掺入高效减水剂。

（二）细骨料

由自然风化、水流搬运和分选、堆积形成的，粒径小于 4.75mm 的岩石颗粒（砂）称为细骨料。

砂按技术要求分为三类：Ⅰ类宜用于强度等级 ＞C60 的混凝土；Ⅱ类宜用于强度等级 C30～C60 的混凝土及有抗冻抗渗或其他要求的混凝土；Ⅲ类宜用于强度等级 ＜C30 的混凝土和建筑砂浆。

（三）粗骨料

粒径大于 4.75mm 的骨料为粗骨料（卵石和碎石）。对用于配制普通混凝土的卵石和碎石有相应的技术要求，如石子的最大粒径和颗粒级配要求；粗骨料的强度及坚固性要求；有害杂质的限制等。

（四）混凝土拌和及养护

在拌制和养护混凝土用的水中，不得含有影响水泥正常凝结与硬化的有害杂质，如油脂、糖类等。凡是能饮用的自来水和清洁的天然水，都能用来拌制和养护混凝土。污水、pH 值小于 4 的酸性水、含硫酸盐（按 SO_3 计）超过水重 1% 的水均不得使用。

在对水质有疑问时，可将该水与洁净水分别制成混凝土试块，然后进行强度对比试验，如果用该水制成的试块强度不低于洁净水制成的试块强度，方可用此水来拌制混凝土。

海水中含有硫酸盐、镁盐和氯化物，对水泥石有侵蚀作用，对钢筋也会造成锈蚀，因此不得用海水拌制混凝土。

二、普通混凝土的主要技术性质

混凝土在未凝结硬化以前，称为混凝土拌和物。它必须具有良好的和易性，便于施工，以保证能获得良好的浇灌质量。

混凝土拌和物凝结硬化以后，应具有足够的强度，以保证建筑物能安全地承受设计荷载，并应具有必要的耐久性。

（一）混凝土拌和物的和易性

和易性是指混凝土拌和物易于施工操作（拌和、运输、浇灌、捣实）并能获得质量均匀、成型密实的性能。和易性是一项综合的技术性质，包括有流动性、黏聚性和保水性等三方面的含义。

流动性是指混凝土拌和物在本身自重或施工机械振捣的作用下，能产生流动，并均匀密实地填满模板的性能。流动性的大小取决于混凝土拌和物中用水量或水泥浆含量的多少。

黏聚性是指混凝土拌和物在施工过程中其组成材料之间有一定的黏聚力，不致产生分层和离析的性能。黏聚性的大小主要取决于细骨料的用量以及水泥浆的稠度等。

保水性是指混凝土拌和物在施工过程中，具有一定的保水能力，不致产生严重泌水的性能。保水性差的混凝土拌和物，由于水分分泌出来会形成容易透水的孔隙，从而降低混凝土的密实性。

影响和易性的因素主要有：水泥浆的数量和稠度；砂率（指混凝土中砂的用量占砂、石总用量的比例）；水泥品种；骨料种类、粒形、级配以及外加剂等。

（二）混凝土的强度

1. 混凝土的强度与强度等级

（1）抗压强度标准和强度等级值

① 立方体抗压强度　按照标准的制作方法制成边长为 150mm 的正立方体试件，在标准养护条件（温度 20℃±2℃，相对湿度 95％以上）下，养护至 28 天龄期，按照标准的测定方法测定其抗压强度值，称为混凝土立方体抗压强度（以 f_{cu} 表示，单位为 N/mm^2 即 MPa）。

② 立方体试件抗压强度标准值　立方体抗压强度只是一组混凝土试件抗压强度的算术平均值，并未涉及数理统计和保证率的概念。而立方体抗压强度标准值（$f_{cu,k}$）是按数理统计方法确定，具有不低于 95％保证率的立方体抗压强度。

③ 强度等级　混凝土的强度等级是根据"立方体抗压强度标准值"来确定的。我国现行规范《混凝土物理力学性能试验方法标准》（GB/T 50081—2019）规定，普通混凝土按立方体抗压强度标准值划分为：C7.5、C10、C15、C20、C25、C30、C35、C40、C45、C50、C55、C60 共 12 个强度等级。

（2）轴心抗压强度　为了使测得的混凝土强度接近于混凝土结构的实际情况，在钢筋混凝土结构计算中，计算轴心受压构件（例如柱子、桁架的腹杆等）时，都是采用混凝土的轴心抗压强度作为依据。

按照我国现行标准规定，测定轴心抗压强度采用 150mm×150mm×300mm 棱柱体作为标准试件。试验证明，棱柱体强度与立方体强度的比值为 0.7～0.8。轴心抗压强度用 f_{cp} 表示。

（3）劈裂抗拉强度　我国现行标准规定，采用标准试件 150 毫米立方体，按规定的劈裂抗拉试验装置测得的强度为劈裂抗拉强度，简称劈拉强度，用 f_{ts} 表示。

（4）混凝土抗弯强度　道路路面或机场跑道用混凝土，是以抗弯强度（或称抗折强度）为主要设计指标。水泥混凝土的抗弯强度试验是以标准方法制备成 150mm×150mm×550mm 的梁形试件，在标准条件下养护 28 天后，按三分点加荷，测定其抗弯强度（f_{cf}）。如为跨中单点加荷得到的抗折强度，按断裂力学推导应乘以折算系数 0.85。

2. 影响混凝土强度的因素

影响混凝土强度的主要因素有：

（1）强度与水灰比 水泥是混凝土中的活性组分，其强度大小直接影响着混凝土强度的高低。在配合比相同的条件下，所用的水泥标号越高，制成的混凝土强度也越高。当用同一品种同一标号的水泥时，混凝土的强度主要取决于水灰比。因为水泥水化时所需的结合水，一般只占水泥重量的23%左右，但在拌制混凝土混合物时，为了获得必要的流动性，常需用较多的水（约占水泥重量的40%～70%）。混凝土硬化后，多余的水分蒸发或残存在混凝土中，形成毛细管、气孔或水泡，它们减少了混凝土的有效断面，并可能在受力时于气孔或水泡周围产生应力集中，使混凝土强度下降。

在保证施工质量的条件下，水灰比愈小，混凝土的强度就愈高。但是，如果水灰比太小，拌和物过于干涩，在一定的施工条件下，无法保证浇灌质量，混凝土中将出现较多的蜂窝、孔洞，也将显著降低混凝土的强度和耐久性。试验证明，混凝土强度，随水灰比增大而降低，呈曲线关系，而混凝土强度与灰水比呈直线关系。

水泥石与骨料的黏结情况与骨料种类和骨料表面性质有关，表面粗糙的碎石比表面光滑的卵石（砾石）的黏结力大，硅质集料与钙质集料也有分别。在其他条件相同的情况下，碎石混凝土的强度比卵石混凝土的强度高。

（2）养护的温度和湿度 混凝土强度的增长，是水泥的水化、凝结和硬化的过程，必须在一定的温度和湿度条件下进行。在保证足够湿度的情况下，不同的养护温度，其结果也不相同。温度高，水泥凝结硬化速度快，早期强度高，所以在混凝土制品厂常采用蒸汽养护的方法提高构件的早期强度，以提高模板和场地周转率。低温时水泥混凝土硬化比较缓慢，当温度低至0℃以下时，硬化不但停止，且具有冰冻破坏的危险。水泥的水化必须在有水的条件下进行，因此，混凝土浇筑完毕后，必须加强养护，保持适当的温度和湿度，以保证混凝土不断地凝结硬化。

（3）龄期 在正常养护条件下，混凝土强度的增长遵循水泥水化历程规律，即随着龄期时间的延长，强度也随之增长。最初7～14天内，强度增长较快，28天以后增长较慢。但只要温湿度适宜，其强度仍随龄期增长。

普通水泥制成的混凝土，在标准养护条件下，其强度的发展，大致与其龄期的对数成正比（龄期不小于三天）。

实际工程中利用混凝土的成熟度来估算混凝土强度也是一种有效的方法。混凝土的成熟度是指混凝土所经历的时间和温度的乘积的总和。当混凝土的初始温度在某一范围内，并且在所经历的时间内不发生干燥失水的情况下，混凝土强度和成熟度的对数呈线性关系。

（4）施工质量 施工质量的好坏对混凝土强度有非常重要的影响。施工质量包括配料准确，搅拌均匀，振捣密实，养护适宜等。任何一道工序忽视了规范管理和操作，都会导致混凝土强度的降低。

（5）试验条件 试验条件对混凝土强度的测定也有直接影响。如试件尺寸、表面的平整度、加荷速度以及温湿度等，测定时，要严格遵照试验规程的要求进行，保证试验的准确性。

3. 提高混凝土强度的措施

① 用高强度水泥和低水灰比；

② 掺用混凝土外加剂；

③ 采用机械搅拌和机械振动成型；

④ 采用湿热处理。

（三）混凝土的变形性能

引起混凝土变形的因素很多，归纳起来有两类：非荷载作用下的变形和荷载作用下的变形。

1. 混凝土在非荷载作用下的变形

（1）化学收缩　混凝土在硬化过程中，由于水泥水化产物的体积小于反应物（水和水泥）的体积，引起混凝土产生收缩，称为化学收缩。其收缩量随着混凝土龄期的延长而增加，大致与时间的对数成正比。一般在混凝土成型后40天内收缩量增加较快，以后逐渐趋向稳定。化学收缩是不可恢复的，可使混凝土内部产生微细裂缝。

（2）塑性收缩　混凝土成型后尚未凝结硬化时属塑性阶段，在此阶段往往由于表面失水而产生收缩，称为塑性收缩。新拌混凝土若表面失水速率超过内部水向表面迁移的速率时，会造成毛细管内部产生负压，因而使浆体中固体粒子间产生一定引力，便产生了收缩，如果引力不均匀作用于混凝土表面，则表面将产生裂纹。

预防塑性收缩开裂的方法是降低混凝土表面失水速率，采取防风、降温等措施。最有效的方法是凝结硬化前保持混凝土表面的湿润，如在表面覆盖塑料膜、喷洒养护剂等。

（3）干湿变形　混凝土的干湿变形主要取决于周围环境湿度的变化，表现为干缩湿胀。混凝土在干燥空气中存放时，混凝土内部吸附水分蒸发而引起凝胶体失水产生紧缩，以及毛细管内游离水分蒸发，毛细管内负压增大，也使混凝土产生收缩。如干缩后的混凝土再次吸水变湿后，一部分干缩变形是可以恢复的。

混凝土在水中硬化时，体积不变，甚至有轻微膨胀。这是由凝胶体中胶体粒子的吸附水膜增厚，胶体粒子间距离增大所致。

混凝土的湿胀变形量很小，一般无破坏作用。但干缩变形对混凝土危害较大，干缩可能使混凝土表面出现拉应力而导致开裂，严重影响混凝土的耐久性。

影响混凝土干缩的因素有：水泥品种和细度、水泥用量和用水量等。火山灰质硅酸盐水泥比普通硅酸盐水泥干缩大；水泥越细，收缩也越大；水泥用量多，水灰比大，收缩也大；混凝土中砂石用量多，收缩小；砂石越干净，捣固越好，收缩也越小。

（4）温度变形　混凝土与其他材料一样，也具有热胀冷缩的性质，混凝土的热胀冷缩变形，称为温度变形。温度变形对大体积混凝土极为不利。混凝土在硬化初期，水泥水化放出较多的热量，而混凝土是热的不良导体，散热很慢，使混凝土内部温度升高，但外部混凝土温度则随气温下降，致使内外温差达 50~70℃，造成内部膨胀及外部收缩，使外部混凝土产生很大的拉应力，严重时使混凝土产生裂缝。

因此，对大体积混凝土工程，应设法降低混凝土的发热量，如采用低热水泥，减少水泥用量，采用人工降温措施以及对表层混凝土加强保温保湿等，以减小内外温差，防止裂缝的产生和发展。

对纵向长度较大的混凝土及钢筋混凝土结构，应考虑混凝土温度变形所产生的危害，每隔一段长度应设置温度伸缩缝，以及在结构内配置温度钢筋。

2. 混凝土在荷载作用下的变形

（1）混凝土的受压变形与破坏特征　硬化后的混凝土在未施加荷载前，由于水泥水化造成的化学收缩和物理收缩引起了砂浆体积的变化，在粗骨料与砂浆界面上产生了拉应力，同时混凝土成型后的泌水聚积于粗骨料的下缘，混凝土硬化后形成界面裂缝。混凝土受外力作用时，其内部产生了拉应力，这种拉应力很容易在具有几何形状为楔形的微裂缝顶部形成应力集中，随着拉应力的逐渐增大，导致微裂缝的进一步延伸、汇合、扩大，形成可见的裂缝，致使混凝土结构丧失连续性而遭到完全破坏。

(2) 弹性模量　弹性模量是反映应力与应变关系的物理量，由于混凝土是弹塑性体，随荷载不同，应力与应变之间的比值成为一个变量，也就是说混凝土的弹性模量不是定值。

按我国《混凝土物理力学性能试验方法标准》（GB/T 50081—2019）规定，混凝土弹性模量的测定，是采用 $150mm \times 150mm \times 300mm$ 的棱柱体试件，取其轴心抗压强度值的 40% 作为试验控制应力荷载值，经 4～5 次反复加荷和卸荷后，测得应力与应变的比值，即为混凝土的弹性模量。

(3) 徐变　混凝土在恒定荷载长期作用下，随时间增长而沿受力方向增加的非弹性变形，称为混凝土的徐变。

一般认为，徐变是由于水泥石中凝胶体在外力作用下，黏滞流变和凝胶粒子间的滑移而产生的变形，还与水泥石内部吸附水的迁移等有关。

影响混凝土徐变的因素很多，混凝土所受初应力越大，在混凝土制成后龄期较短时加荷，水灰比越大，水泥用量越多，都会使混凝土的徐变增大；另外混凝土弹性模量大，会减小徐变，混凝土养护条件越好，水泥水化越充分，徐变也越小。

(四) 混凝土的耐久性

混凝土抵抗环境介质作用，并长期保持其良好的使用性能的能力，称为混凝土的耐久性。

1. 混凝土的抗渗性

混凝土的抗渗性是指混凝土抵抗压力水渗透的能力。

混凝土渗水的原因，是由于内部孔隙形成连通的渗水孔道。这些孔道主要来源于水泥浆中多余水分蒸发而留下的气孔、水泥浆泌水所产生的毛细管孔道、内部的微裂缝，以及施工振捣不密实产生的蜂窝、孔洞，这些都会导致混凝土渗漏水。混凝土的抗渗性与水灰比有密切关系，还与水泥品种、骨料级配、施工质量、养护条件，以及是否掺外加剂、掺和料有关。

2. 混凝土的抗冻性

混凝土的抗冻性是指混凝土在水饱和状态下，能经受多次冻融循环作用而不破坏，同时也不严重降低强度的性能。

混凝土抗冻性一般以抗冻等级表示。抗冻等级是采用龄期 28 天的试块在吸水饱和后，承受反复冻融循环，以抗压强度下降不超过 25%、质量损失不超过 5% 时所能承受的最大冻融循环次数来确定的。

影响混凝土抗冻性的因素有：混凝土强度、混凝土密实度、混凝土孔隙构造及数量、混凝土孔隙充水程度、水灰比、外加剂。

3. 混凝土的抗侵蚀性

抗侵蚀性是指混凝土在含有侵蚀性介质环境中遭受到化学侵蚀、物理作用而不破坏的能力。

混凝土的抗侵蚀性主要取决于水泥的品种、混凝土密实度与孔隙特征等因素。

4. 混凝土的碳化作用

混凝土的碳化作用是指空气中的二氧化碳与水泥石中的氢氧化钙作用，生成碳酸钙和水。碳化又叫中性化。

碳化对混凝土性能有明显的影响，首先是减弱对钢筋的保护作用。由于水泥水化过程中生成大量氢氧化钙，使混凝土孔隙中充满饱和的氢氧化钙溶液，其 pH 值可达到 12.6～13。这种强碱性环境能使混凝土中的钢筋表面生成一层钝化薄膜，从而保护钢筋免于锈蚀。碳化作用降低了混凝土的碱度，当 pH 值低于 10 时，钢筋表面钝化膜破坏，导致钢筋锈蚀。

其次，当碳化深度超过钢筋的保护层时，钢筋不但易发生锈蚀，还会因此引起体积膨胀，使混凝土保护层开裂或剥落，进而又加速混凝土进一步碳化。

碳化作用还会引起混凝土的收缩，使混凝土表面碳化层产生拉应力，可能产生微细裂缝，从而降低了混凝土的抗折强度。

5. 混凝土的碱-骨料反应

混凝土的碱-骨料反应是指混凝土中所含的碱（Na_2O 或 K_2O）与骨料的活性成分（活性 SiO_2），在混凝土硬化后潮湿条件下逐渐发生化学反应，反应生成复杂的碱-硅酸凝胶，这种凝胶吸水膨胀，导致混凝土开裂的现象。碱-骨料反应的反应速度很慢，需几年或几十年，因而对混凝土的耐久性十分不利。

6. 提高混凝土耐久性的主要措施

① 合理选择水泥品种；

② 适当控制混凝土的水灰比及水泥用量；

③ 选用质量良好的砂石骨料；

④ 掺入引气剂或减水剂；

⑤ 加强混凝土的施工质量控制。

三、混凝土外加剂

混凝土外加剂是指在拌制混凝土过程中掺入的，用以改善混凝土性能的物质。一般情况掺量不超过水泥质量的 5%。

混凝土中掺入外加剂，是行之有效的改善混凝土性能的措施。随着科学技术的不断进步，外加剂已越来越多地得到发展和使用。因此，外加剂已成为混凝土中除四种基本材料以外的第五种成分。

（一）混凝土外加剂的分类

1. 按化学成分可分成三类

① 无机化合物，多为电解质盐类；

② 有机化合物，多为表面活性剂；

③ 有机无机复合物。

2. 按功能分为四类

① 改善混凝土拌和物流变性能的外加剂，如各种减水剂、泵送剂、保水剂等；

② 调节混凝土凝结时间、硬化性能的外加剂，如缓凝剂、早强剂、速凝剂等；

③ 改善混凝土耐久性能的外加剂，如引气剂、防水剂和阻锈剂等；

④ 改善混凝土其他性能的外加剂，如引气剂、膨胀剂、防冻剂、着色剂、防水剂、碱-骨料反应抑制剂、隔离剂、养护剂等。

（二）常用混凝土外加剂

1. 减水剂

减水剂是指在混凝土坍落度基本相同的条件下，能减少拌和用水量的外加剂。

减水剂多属于表面活性剂，它的分子结构由亲水基团和憎水基团组成，当两种物质接触时（如水—水泥，水—油，水—气），表面活性剂的亲水基团指向水，憎水基团朝向水泥颗粒（油或气）。减水剂能提高混凝土拌和物和易性及混凝土强度的原因，是其表面活性物质间的吸附-分散作用，及其润滑、湿润作用。

掺减水剂的混凝土与未掺减水剂基准混凝土相比，具有如下效果：①在保证混凝土混合物和易性和水泥用量不变的条件下，可减少用水量，降低水灰比，从而提高混凝土的强度和耐久性；②在保持混凝土强度（水灰比不变）和坍落度不变的条件下，可节约水泥用量；③在保持水灰比与水泥用量不变的条件下，可大大提高混凝土混合物的流动性，从而方便施工。

减水剂的常用品种有木质素系减水剂、萘系减水剂、树脂类减水剂和糖蜜类减水剂。

2. 早强剂

能加速混凝土早期强度发展的外加剂，称为早强剂。

较为常用的早强剂有：氯盐类早强剂；硫酸盐类（硫酸钠、硫酸钙、硫代硫酸钠）早强剂；有机胺类（三乙醇胺、三乙丙醇胺）早强剂；其他早强剂如甲酸盐等。

有些减水剂具有早强效果。也有些早强减水剂是由早强剂和减水剂复合而成。

3. 引气剂

引气剂是指在混凝土搅拌过程中能引入大量均匀分布、稳定而封闭的微小气泡的外加剂。

引气剂也是表面活性剂，其憎水基团朝向气泡，亲水基团吸附一层水膜，由于引气剂离子对液膜的保护作用，使气泡不易破裂。引入的这些微小气泡（直径为 20～1000 微米）在拌和物中均匀分布，明显地改善混合料的和易性，提高混凝土的耐久性（抗冻性和抗渗性），使混凝土的强度和弹性模量有所降低。

常用的引气剂有松香热聚物、松香皂、烷基苯磺酸盐类、脂肪醇磺酸盐类等。适宜掺量为水泥质量的 0.005%～0.01% 左右。

4. 缓凝剂及缓凝减水剂

缓凝剂是指能延长混凝土凝结时间的外加剂。

缓凝剂通过在水泥及其水化物表面上的吸附作用，或与水泥反应生成不溶层而达到缓凝的效果。缓凝剂同时还具有减水、降低水化热等功能。

常用的缓凝剂及缓凝减水剂有糖类；羟基羧酸及其盐类，如柠檬酸、酒石酸钾钠等。

5. 速凝剂

掺入混凝土中能使混凝土迅速凝结硬化的外加剂。主要种类有无机盐类和有机物类，为粉状固体。其掺用量仅占混凝土中水泥用量 2%～3%，能使混凝土在 5 分钟内初凝，12 分钟内凝结。用于抢修或井巷中混凝土快速凝结，是喷射混凝土施工法中不可缺少的添加剂。速凝剂的作用是加速水泥的水化硬化，在很短的时间内形成足够的强度，以保证特殊施工的要求。

6. 防冻剂

防冻剂是指能降低水泥混凝土拌和物液相冰点，使混凝土在相应负温下免受冻害，并在规定养护条件下达到预期性能的外加剂。

常用的防冻剂有：氯盐类、氯盐与阻锈剂类（亚硝酸钠）、无氯盐类等。

7. 膨胀剂

膨胀剂是一种可以通过理化反应引起体积膨胀的材料。其体积膨胀可被应用于材料生产、无声爆破等多个领域。较为常见的有混凝土膨胀剂、耐火材料膨胀剂，主要用于补偿材料硬化过程中的收缩，防止开裂。近年根据材料特性，也开发出静态爆破剂，主要通过材料带来的体积膨胀对结构造成破坏。其技术核心为，可控周期、可控数量的体积膨胀。

四、特种混凝土

（一）轻集料混凝土

以轻粗集料、轻细集料（或普通细集料）、水泥和水配制而成的，表观密度不大于 $1950kg/m^3$ 的水泥混凝土为轻集料混凝土。

轻集料混凝土根据其抗压强度可分为：CL5.0、CL7.5、CL10、CL15、CL20、CL25、CL30、CL35、CL40、CL45 和 CL50 共 11 个强度等级。不同强度等级的轻集料混凝土应满足相应抗压强度要求。

影响轻集料混凝土强度的主要因素有集料性质、水泥浆强度及施工质量等，如轻集料颗粒本身的强度（或筒压强度）、集料的颗粒级配、水泥浆的用量等。

轻集料混凝土配合比设计应满足强度等级和密度等级的要求，满足施工和易性的要求，还应满足耐久性和经济性方面的要求，同时应考虑集料吸水率的影响。

（二）水泥粉煤灰混凝土

水泥粉煤灰混凝土是指在水泥混凝土中掺加粉煤灰组分的混凝土。

一般混凝土对粉煤灰的品质指标要求有烧失量、细度、SO_3 含量、需水量比等。按照相关规定，用于混凝土中的粉煤灰分为Ⅰ、Ⅱ、Ⅲ三个等级。

粉煤灰由于其本身的化学成分、结构和颗粒形状等特征，在混凝土中可产生下列三种效应：活性效应、颗粒形态效应、微骨料效应，总称为"粉煤灰效应"。

（三）防水混凝土

防水混凝土系指有较高抗渗能力的混凝土，通常其抗渗等级较高，又称抗渗混凝土。

防水混凝土的配制原理是：采取多种措施，使普通混凝土中原先存在的渗水毛细管通路尽量减少或被堵塞，从而大大降低混凝土的渗水。根据采取的防渗措施不同，防水混凝土可分为普通防水混凝土、外加剂防水混凝土和膨胀水泥防水混凝土。其中膨胀水泥防水混凝土采用膨胀水泥配制而成，由于这种水泥在水化过程中能形成大量的钙矾石，会产生一定的体积膨胀，在有约束的条件下，能改善混凝土的孔结构，使毛细孔径减小，总孔隙率降低，从而使混凝土密实度提高，抗渗性提高。

（四）耐热混凝土

耐热混凝土是指能长期在高温（200～900℃）作用下，保持所要求的物理和力学性能的一种特种混凝土。

耐热混凝土是由适当的胶凝材料，耐热粗、细骨料及水（或不加水），按一定比例配制而成。根据所用胶凝材料不同，通常可分为硅酸盐水泥耐热混凝土、铝酸盐水泥耐热混凝土、水玻璃耐热混凝土和磷酸盐耐热混凝土。

（五）耐酸混凝土

能抵抗多种酸及大部分腐蚀性气体侵蚀作用的混凝土称为耐酸混凝土。

耐酸混凝土由水玻璃作胶结料，氟硅酸钠作促硬剂，与耐酸粉料及耐酸粗、细骨料按一定比例配制而成，耐酸粉料由辉绿岩、耐酸陶瓷碎料、含石英膏的材料磨细而成。耐酸粗细骨料常用石英岩、辉绿岩、安山岩、玄武岩、铸石等。

（六）纤维混凝土

以普通混凝土为基材，外掺各种纤维材料而组成的复合材料，称为纤维混凝土。

纤维材料的品种很多，通常使用的有钢纤维、玻璃纤维、石棉纤维、合成纤维、碳纤维等。其中钢、玻璃、石棉、碳等纤维为高弹性模量纤维，掺入混凝土中后，可使混凝土获得较高的韧性，并提高抗拉强度、刚度和承担动荷载的能力。而尼龙、聚乙烯、聚丙烯等低弹性模量的纤维，掺入混凝土只能增加韧性，不能提高强度。纤维的直径很细，通常为几十至几百微米。纤维的掺量按占混凝土体积的比例计，其掺加体积率一般为 $0.3\% \sim 8\%$。常用钢纤维的直径为 $0.35 \sim 0.7$ 毫米，适宜掺加体积率为 $1\% \sim 2\%$。

（七）聚合物混凝土

聚合物混凝土由聚合物、无机胶凝材料和骨料配制而成。

聚合物是指由许多大分子所组成的物质，是有机高分子材料。一般聚合物有良好的塑性、黏结性、抗腐蚀性与耐水性，对水泥混凝土的性能具有很好的互补性，因此在混凝土中使用聚合物会取得良好的性能。

聚合物在混凝土中的应用主要有三种方式：第一种是以聚合物为胶结料，与集料拌合形成的聚合物混凝土；第二种是将已硬化的水泥混凝土置于液体聚合物中，使聚合物渗入混凝土内部后固化的聚合物浸渍混凝土；第三种是在配制水泥混凝土时掺入部分聚合物的聚合物水泥混凝土。由于聚合物能均匀分布于混凝土内，填充混凝土内部的孔隙，固化后的聚合物与水泥混凝土结合为一个整体，从而提高了混凝土结构的抗拉及抗折强度，改善了混凝土的抗渗性、抗冻性、耐腐蚀性、耐磨性及抗冲击性。

常用聚合物有聚氯乙烯、聚乙酸乙烯、聚酯树脂、环氧树脂、聚甲基丙烯酸甲酯等。聚合物水泥混凝土主要用于铺筑无缝地面、路面以及修补工程中。

（八）防辐射混凝土

能遮蔽 X、γ 射线及中子辐射等对人体存在危害的辐射的混凝土，称为防辐射混凝土。

防辐射混凝土由水泥、水及重骨料配制而成，其表观密度一般在 $3000 kg/m^3$ 以上。混凝土表观密度越大，防护 X、γ 射线的性能越好，且防护结构的厚度可减小。但对中子流的防护，混凝土中还需要含有足够多的氢元素。

配制防辐射混凝土时，宜采用胶结力强、水化热较低、水化结合水量高的水泥，如硅酸盐水泥，最好使用硅酸钡、硅酸锶等重水泥。常用重骨料主要有重晶石（$BaSO_4$）、褐铁矿（$2Fe_2O_3 \cdot 3H_2O$）、磁铁矿（Fe_3O_4）、赤铁矿（Fe_2O_3）等。另外，掺入硼化物及锂盐等，也可有效改善混凝土的防护性能。

防辐射混凝土用于原子能工业以及国民经济各部门应用放射性同位素的装置中，如反应堆、加速器、放射化学装置等的防护结构。

（九）道路混凝土

道路混凝土主要是指路面混凝土。由于道路路面常年受到行驶车辆的重力作用和车轮的冲击、磨损，同时还要经受日晒风吹、雨水冲刷和冰雪冻融的侵蚀，因此要求路面混凝土必须具有较高的抗弯拉强度、良好的耐磨性和耐久性。

道路混凝土主要是以混凝土抗弯拉强度为设计指标，其抗弯拉强度应不低于 4.5MPa。抗折弹性模量不低于 3.9×10^4 MPa。为保证道路混凝土的耐磨性、耐久性和抗冻性，其抗压强度不应低于 30MPa。道路混凝土的配合比设计一般是先以抗压强度作为初步设计的依据，然后再按抗弯拉强度检验试配结果。砂、石用料仍按普通混凝土设计方法进行，水灰比一般不应大于 0.5。

■■■■ 第五节　木材与塑料 ■■■■

一、木材分类与构造

木材是人类最早用于建造房屋的材料，在中国的传统建筑中，木材建筑技术和木材装饰艺术都达到了很高的水平并形成了独特的风格。中国传统的亭、台、楼、阁、塔、榭等建筑，都用木材作为主要的建筑材料。目前，由于木材资源的短缺，木材已经由结构用材转而作为装饰和装修材料。

木材作为结构和装饰材料具有许多优良性质：轻质高强，弹性韧性好，能承受冲击和振动作用，因导热性低而具有较好的隔热、保温性能，纹理美观，色调温和古朴，极富装饰性、易于加工，可制成各种形状的产品，绝缘性好、无毒性，在水中或干燥环境中均具有良好的耐久性。木材也有限制其使用的缺点，主要为：受材料尺寸的制约较大，构造不均匀，呈各向异性，湿胀干缩大，处理不当易翘曲和开裂，天然缺陷较多而降低了材质和利用率，耐火性差，易着火燃烧，使用保养不当时易腐朽、虫蛀等。

木材的生长期长，可利用的部分少。进入 21 世纪，人类更加关心的是环境的可持续发展问题，树木在调节自然气候、防止水土流失方面起着十分重要的作用。因此，对木材的节约使用成为建筑设计中一个重要的、引人关注的问题。

（一）木材分类

木材一般按照树叶的外观形状分为针叶树木和阔叶树木两类。针叶树树叶如针状（如松）或鳞片状（如侧柏），习惯上也包括宫扇形叶的银杏。针叶树树干通直高大，枝杈较小且分布较密，易得大材，其纹理顺直，材质均匀。大多数针叶树材的木质较轻软而易于加工，故针叶树材又称软材。针叶树材强度较高，胀缩变形较小，耐腐蚀性强，建筑上多用作承重构件和装修材料。我国常见针叶树树种有松、杉、柏等。

阔叶树树叶多数宽大，叶脉呈网状。阔叶树树干通直部分一般较短，枝杈较大，数量较少。相当数量阔叶树材的材质重硬而较难加工，故阔叶树材又称硬材。阔叶树材强度高，胀缩变形大，易翘曲开裂。阔叶树材板面通常较美观，具有很好的装饰作用，适于做家具、室内装修及胶合板等。我国建筑装修中常用的阔叶树树种有水曲柳、栎木、樟木、黄檗、榆木、核桃木、酸枣木等。

（二）木材构造

木材是非均质材料，其构造应从树干的三个主要切面来分析。横切面为垂直于树轴的切面；径切面是通过树轴的纵切面；弦切面指平行于树轴的切面。在显微镜下观察，可以看到木材是由无数管状细胞紧密结合而成，它们大部分为纵向排列，少数横向排列（如髓线）。每个细胞又由细胞壁和细胞腔两部分组成，细胞壁又是由细纤维组成，所以木材的细胞壁越厚，细胞腔越小，木材越密实，其表观密度和强度也越大，但胀缩变形也大。

1. 年轮、早材和晚材

树木在一个生长周期内所产生的一层木材环轮称为一个生长轮。树木在温带气候一年仅有一度的生长，所以生长轮又称为年轮。从横切面上看，年轮是围绕髓心、深浅相间的同心环。在同一生长年中，春天生成的木质较疏松，颜色较浅，称为早材或春材；夏秋两季生成的木质较致密，颜色较深，称为晚材或夏材。一年中形成的早、晚材合称为一个年轮。相同的树种，轮数越多，分布越均匀，则材质越好。同样，径向单位长度的年轮内晚材含量（称晚材率）越高，则木材的强度也越大。

2. 边材和心材

有些树种在横切面上，材色可分为内、外两大部分。颜色较浅靠近树皮部分的木材称为边材，颜色较深靠近髓心的木材称为心材。与边材相比，心材中有机物积累多，含水量少，不易翘曲变形，耐腐蚀性好。

3. 髓线

髓线（又称木射线）由横行薄壁细胞所组成。在横切面上，髓线以髓心为中心，呈放射状分布。

4. 树脂道和导管

树脂道是大部分针叶树种所特有的构造。它是由泌脂细胞围绕而成的孔道，富含树脂。导管是一串纵行细胞复合生成的管状构造，起输送养料的作用。导管仅存在于阔叶树中。所以，阔叶树材也叫有孔材；针叶树材没有导管，因而又称为无孔材。

（三）木材的缺陷

木材在生长、采伐、储运、加工和使用过程中会产生一些缺陷（疵病），这些缺陷不仅降低木材的力学性能，而且影响木材的外观质量。其中节子、裂纹和腐朽对材质的影响最大。

1. 节子

埋藏在树干中的枝条称为节子。木节对木材质量的影响随木节的种类、分布位置、大小、密集程度及木材的用途而不同。健全活节对木材力学性能无不利影响，死节、腐朽节对木材力学性能和外观质量影响最大。

2. 裂纹

木材纤维与纤维之间分离所形成的缝隙称为裂纹。在木材内部，从髓心沿半径方向开裂的裂纹称为径裂，沿年轮方向开裂的裂纹称为轮裂，纵裂是沿材身顺纹理方向、由表及里的径向裂纹。裂纹破坏了木材的完整性，影响木材的利用率和装饰价值，降低木材的强度，也是真菌侵入木材内部的通道。

二、木材的物理、力学性质

木材的物理、力学性质主要有含水率、湿胀干缩、强度等性能，其中含水率对木材的湿胀干缩性和强度影响很大。

（一）含水率

木材中的含水量以含水率表示，即木材中所含水的质量占干燥木材质量的比例。新伐倒的树木称为生材，其含水率一般在 70%～140%。木材气干含水量因地而异，南方约为 15%～20%，北方约为 10%～15%。窑干木材的含水率约在 4%～12%。

1. 木材中的水

木材中所含水分可分为自由水和吸附水两种。自由水是存在于木材细胞腔和细胞间隙中的水分。自由水影响木材的表观密度、保存性、抗腐蚀性和燃烧性。吸附水是指被吸附在细胞壁基体相中的水分。吸附水是影响木材强度和胀缩的主要因素。

2. 纤维饱和点

湿木材在空气中干燥时，当自由水蒸发完毕而吸附水尚处于饱和时的状态，称为纤维饱和点。此时的木材含水率称为纤维饱和点含水率，其大小随树种而异，通常介于 23%～33%。在纤维饱和点之下，含水量变化即吸附水含量的变化将对木材强度和体积等产生较大的影响。

3. 平衡含水率

潮湿的木材会向较干燥的空气中蒸发水分，干燥的木材也会从湿空气中吸收水分。木材长时间处于一定温度和湿度的空气中，当水分的蒸发和吸收达到动态平衡时，其含水率相对稳定，这时木材的含水率称为平衡含水率。

（二）湿胀与干缩变形

木材具有显著的湿胀干缩性。当木材从潮湿状态干燥至纤维饱和点时，会发生体积收缩。反之，干燥木材吸湿时将发生体积膨胀，直到含水量达到纤维饱和点时为止。细胞壁愈厚，则胀缩愈大。

由于木材构造不均匀，各方向、各部位胀缩也不同，其中弦向最大，径向次之，纵向最小，边材大于心材。

木材湿胀干缩性将影响其实际使用。干缩会使木材翘曲开裂、接榫松弛、拼缝不严，湿胀则造成凸起。为了避免这种情况，在木材加工制作前必须预先进行干燥处理，使木材的含水率比使用地区平衡含水率低 2%～3%。

（三）强度

1. 力学强度

在建筑结构中，木材常用的强度有抗拉、抗压、抗弯和抗剪强度。由于木材的构造各向不同，致使各向强度有差异，为此木材的强度有顺纹强度和横纹强度之分。木材的顺纹强度比其横纹强度要大得多，所以工程上均充分利用它们的顺纹强度。从理论上讲，木材强度中以顺纹抗拉强度为最大，其次是抗弯强度和顺纹抗压强度，但实际上是木材的顺纹抗压强度最高。

（1）抗压强度　木材的顺纹抗压强度较高，仅次于顺纹抗拉和抗弯强度，且木材的疵病对其影响较小。顺纹受压破坏是木材的细胞壁丧失稳定性的结果，而并非木纤维的断裂。工程中用木材作为承重构件，就是利用木材的顺纹抗压强度大的特性。在中国的工程界历来有"立木支千斤"之说。而木材的横纹抗压强度比顺纹抗压强度低得多，因为木材在横纹受压时，细胞壁被压扁，随之产生大量变形。通常，木材的横纹抗压强度只有顺纹均 10%～20%。

（2）抗拉强度　木材的顺纹抗拉强度是木材各种力学强度中最高的。顺纹抗拉强度是抗压强度的 2～3 倍，顺纹受拉破坏时，不是木纤维被拉断，而是纤维间的连接被撕裂，破坏往往发生在木材的疵病处。木材的横纹抗拉强度很小，仅为顺纹的 $1/40～1/10$。

（3）抗弯强度　木材受弯曲时，会因木纤维本身及纤维间连接的断裂而破坏。木材的抗弯强度很高，为顺纹抗压强度的 1.5～2 倍。在使用时，要避开木节、斜纹等部位对抗弯强度的影响。

（4）抗剪强度　木材的剪切有顺纹剪切、横纹剪切和横纹切断三种。其中，横纹切断强度最大，横纹剪切次之，顺纹剪切强度最小。

2. 影响木材强度的主要因素

（1）含水量　木材含水量对强度影响极大。在纤维饱和点以下时，水分减少，则木材多种强度增加，其中抗弯和顺纹抗压强度提高较明显，对顺纹抗拉强度影响最小。

（2）负荷时间　木材极限强度表示木材抵抗短时间外力破坏的能力，木材在长期荷载作用下所能承受的最大应力称为持久强度。木材受力后将产生塑性变形，使木材强度随荷载时间的增长而降低。

（3）环境温度　温度对木材强度有直接影响。随着温度升高，将因木纤维和木纤维间胶体的软化等原因，使木材抗压强度、抗拉和抗剪强度均下降。此外，木材长时间受干热作用可能出现脆性。

（4）疵病　木材在生长、采伐、加工和使用过程中会产生一些缺陷，如木节、裂纹和虫蛀等，这些缺陷影响了木材材质的均匀性，破坏了木材的构成，从而使木材的强度降低，其中对抗拉和抗弯强度影响最大。

三、木材的防护

针对木材在使用过程中的缺陷，为充分利用木材的特性，要对木材采取一定的防护措施。常用的防护措施有干燥、防腐、防火等几个方面。

（一）木材的干燥

木材在加工和使用之前必须进行干燥处理以提高强度、防止收缩、开裂和变形、减轻重量以及防腐防虫，从而改善木材的使用性能和寿命。大批量木材的干燥以气体介质对流干燥法（如大气干燥法、循环窑干法）为主。

（二）木材的防腐、防虫

1. 腐朽

木材的腐朽是由真菌引起的。侵蚀木材的真菌有三种，即霉菌、变色菌和木腐菌。

木腐菌侵入木材，腐朽初期，木材仅颜色改变；以后真菌逐渐深入内部，木材强度开始下降；至腐朽后期，木材呈海绵状、蜂窝状或龟裂状等，材质极松软，造成破坏。

2. 虫害

因各种昆虫危害而造成的木材缺陷称为木材虫害。虫害经常在木材的内部发生，有时木材内部已被蛀蚀一空，而外表依然完整，几乎看不出破坏的痕迹，因此危害极大。其中危害较大的是白蚁，白蚁喜温湿，在我国南方地区种类多、数量大，常对建筑物造成毁灭性的破坏。

3. 防腐防虫的措施

真菌在木材中生存必须同时具备以下三个条件：水分、氧气和温度。木材含水率为

35％～50％，温度为 24～30℃，并含有一定量空气时最适宜真菌的生长。当木材含水率在 20％以下时，真菌生命活动就受到抑制。浸没水中或深埋地下的木材因缺氧而不易腐朽，俗语有"水浸千年松"之说。所以，可从破坏菌虫生存条件和改变木材的养料属性着手，进行防腐防虫处理，延长木材的使用年限。常用的措施有：

① 干燥：采用气干法或窑干法将木材干燥至较低的含水率，并在设计和施工中采取各种防潮和通风措施，如在地面设防潮层，木地板下设通风洞，木屋顶采用山墙通风等，使木材经常处于通风干燥状态。

② 涂料覆盖：涂料种类很多，作为木材防腐应采用耐水性好的涂料。涂刷涂料可在木材表面形成完整而坚韧的保护膜，从而隔绝空气和水分，并阻止真菌和昆虫的侵入。

③ 化学处理：化学防腐是将对真菌和昆虫有毒害作用的化学防腐剂注入木材中，使真菌、昆虫无法寄生。防腐剂主要有水溶性、油溶性和油质防腐剂三大类。室外应采用耐水性好的防腐剂。防腐剂注入方法主要有表面涂刷、常温浸渍、冷热槽浸透和压力渗透法等。

（三）木材的防火

木材在使用中遇火易燃是最大的缺点，木材防火处理的方法有：

① 用防火浸剂对木材进行浸渍处理。

② 将防火涂料涂刷或喷洒于木材表面待固结后构成防火保护层。防火效果与涂层厚度或每平方米涂料用量有密切关系。

防火处理能推迟或消除木材的引燃过程，降低火焰在木材上蔓延的速度，延缓火焰破坏木材的速度，从而给灭火或逃生提供时间。在工程项目中，对木材的使用有严格的限制，如不能用木材做主要交通通道的楼梯等。

四、木材的应用

（一）木材初级产品

按加工程度和用途不同，木材分为圆条、原木、锯材三类。圆条是除去根、梢、枝的伐倒木；原木是除去根、梢、枝和树皮，并加工成一定长度和直径的木段；锯材指被切割过的木材，分为板材和方材两种，板材宽度为厚度的 3 倍或以上，方材的宽度小于厚度的 3 倍。

承重结构用的木材，其材质按缺陷（木节、腐朽、裂纹、夹皮、虫害、弯曲和斜纹等）状况分为三等。

（二）人造板材

1. 胶合板

胶合板是将原木沿年轮方向切成薄片，将单板按相邻层木纹方向互相垂直组坯经热压胶合而成的板材，常见的有三夹板、五夹板和七夹板等。胶合板多数为平板，也可经一次或几次弯曲处理制成曲形胶合板。

胶合板克服了木材的天然缺陷和局限，大幅提高了木材的利用率。其主要特点是：消除了天然疵点、变形、开裂等缺点，各向异性小，材质均匀，强度较高；用纹理美观的优质材作面板，普通材作芯板，增加了装饰木材的出产率；因其厚度小幅面宽大，胶合板常用作门面、隔断、吊顶、墙裙等室内高级装修。

按照胶合板的结构，可以分为胶合板、夹芯胶合板和复合胶合板；按用途可分为普通胶合板和特种胶合板等。

2. 纤维板

纤维板是将木材废料，经破碎、浸泡、磨浆、施胶、成型及干燥或热压等加工工序制成的板材。纤维板材质均匀，避免了节子、腐朽、虫眼等缺陷，且胀缩性小、不翘曲、不开裂，而且可以节约木材的使用。纤维板按密度大小分为硬质纤维板、中密度纤维板和软质纤维板。

硬质纤维板密度大、强度高，主要用作门板、家具和室内装修等。中密度纤维板是家具制造和室内装修的优良材料。软质纤维板表观密度小、吸声绝热性能好，可作为吸声或绝热材料使用。

3. 刨花板、木丝板和木屑板

刨花板、木丝板和木屑板是利用刨花碎片、短小废料刨制的木丝和木屑，经干燥、拌胶料辅料，加压成型而制得的板材。所用胶结材料有动物胶、合成树脂、水泥、石膏和菱苦土等。表观密度小、强度低的板材主要作为绝热和吸声材料，表面喷以彩色涂料后，可以用于天花板等；表观密度大、强度较高的板材可粘贴装饰单板或胶合板作饰面层，用作隔墙、吊顶等。

4. 细木工板

细木工板是一种夹芯板，芯板用木板条拼接而成，两个表面胶贴木质单板，经热压黏合制成。它集实木板与胶合板之优点于一身，可作为装饰构造材料，用于门板、壁板等。

在以环境保护和可持续发展为主题的 21 世纪，随着对森林保护力度的加大和木材砍伐量的减少，从多方面研究木材边角料的利用，增加木材的综合利用价值，减少木材的损失浪费，改善木材的性能，是土木建筑领域的一项重要任务。

五、建筑塑料

塑料是以聚合物（或树脂）为主要成分，在一定的温度、压力等条件下可塑制成一定形状，且在常温下能保持其形状不变的有机材料。塑料自 20 世纪 50 年代开始在建筑工程中应用。

（一）塑料的分类及成分

根据塑料的热行为可分为热塑性塑料和热固性塑料：热塑性塑料经加热成形、冷却硬化后，再经加热还具有可塑性；热固性塑料是经初次加热成型并冷却固化后，形成了热稳定的高聚物，此物质即使再经加热也不会软化和产生塑性。总之，热塑性塑料的塑化和硬化过程是可逆的，而热固性塑料的塑化是不可逆的。

组成塑料的主要成分有以下几种。

1. 树脂

树脂为塑料的主要成分，其质量占塑料的 40％ 以上，在塑料中起胶结作用，并决定塑料的硬化性质和工程性质。塑料常以所用的树脂命名。

常用的热塑性塑料有聚氯乙烯塑料（PVC）、聚乙烯塑料（PE）、聚丙烯塑料（PP）、聚苯乙烯塑料（PS）、ABS、聚甲基丙烯酸甲酯（PMMA，即有机玻璃）。

常用的热固性塑料有酚醛树脂（PF）、脲醛树脂（UF）、三聚氰胺树脂（MF）、环氧树脂（EP）、不饱和聚酯树脂（UP）和有机硅树脂（SI）等。

2. 添加剂

为改善塑料的性质，需加入多种作用不同的添加剂。常用的添加剂可分为四种类型：改进材料力学性能的填料、增强剂、增塑剂等；改善加工性能的润滑剂和热稳定剂；提高耐燃性能的阻燃剂；改进使用过程中耐老化性能的稳定剂。

（二）塑料的应用

① 塑料在工业与民用建筑中可生产塑料管材、板材、门窗、壁纸、地毯、器皿、绝缘材料、装饰材料、防水及保温材料等；

② 在基础工程中可制作塑料排水板或隔离层、塑料土工布或加筋网等；

③ 在其他工程中可制作管道、容器、黏结材料或防水材料等，有时也可制作结构材料。在选择和使用塑料时应注意其耐热性、抗老化能力、强度和硬度等性能指标。

（三）常用建筑塑料

1. 热塑性塑料

热塑性塑料的基本组成是线型或支链型的聚合物，热塑性塑料较热固性塑料具有质轻、耐磨、润滑性好、着色力强、加工方法多等特点，但耐热性差、尺寸稳定性差、易变形、易老化。

2. 热固性塑料

热固性塑料的基本组成是体型结构的聚合物，大都含有填料。热固性塑料比热塑性塑料耐热性好、刚性大、制品尺寸稳定性好。

3. 玻璃钢

玻璃钢的准确名称为玻璃纤维增强塑料，是以聚合物为基体，以玻璃纤维及其制品（玻璃布、带、毡等）为分散质制成的复合材料。玻璃钢是一种优良的纤维增强复合材料，因其强度很高而被越来越多地用于一些新型建筑结构。

玻璃钢的主要特点是密度小、强度高，其比强度接近甚至超过了高级合金钢，因此得名"玻璃钢"。玻璃钢的比强度为钢的4~5倍，对于高层建筑和空间结构有很好的价值。但玻璃钢最大缺点是刚度不如金属。

■■■ 第六节　建筑功能材料 ■■■

在建筑工程中，常把使建筑物具有防火、防水、光学、声学、保温隔热、加固修复等功能的材料，称为建筑功能材料。建筑功能材料种类繁多，而且新型材料较多，在此仅介绍常见的一些建筑功能材料。

一、绝热材料

在建筑上，将主要作为保温、隔热使用的材料通称为绝热材料。绝热材料通常导热系数（λ）值、热阻（R）值有相应规定。此外，绝热材料尚应满足表观密度不大于600kg/m³、抗压强度大于0.3MPa、构造简单、施工容易、造价低等要求。

影响材料保温性能的主要因素是导热系数的大小，导热系数愈小，保温性能愈好。材料的导热系数受以下因素影响：材料的性质、表观密度与孔隙特征、湿度、温度、热流方向。

隔热材料应能阻挡室外热量的传入，以及减小室外空气温度波动对内表面温度影响。材料隔热性能的优劣，不仅与材料的导热系数有关，而且与导温系数、蓄热系数有关。

在建筑工程中，围护结构隔热设计时，除了采用隔热材料外，还可以采取其他措施，起到隔热的效果。如：

① 外表面做浅色饰面，如浅色粉刷、浅色涂层和浅色面砖等，窗户采用绝热薄膜；

② 设置通风层，如通风屋顶、通风墙等；

③ 采用多排孔的混凝土或轻骨料混凝土空心砌块墙体；

④ 采用蓄水屋顶、有土或无土植被屋顶，以及墙面垂直绿化等。

二、常用保温材料

（一）纤维状保温隔热材料

1. 石棉及其制品

石棉是一种天然矿物纤维，主要化学成分是含水硅酸镁，具有耐火、耐热、耐酸碱、绝热、防腐、隔声及绝缘等特性。常制成石棉粉、石棉纸板、石棉毡等制品，用于建筑工程的高效能保温及防火覆盖等。

2. 矿棉及其制品

矿棉一般包括矿渣棉和岩石棉。矿渣棉所用原料有高炉硬矿渣、铜矿渣等，并加一些调节原料（钙质和硅质原料）。岩棉的主要原料为天然岩石（白云石、花岗石、玄武岩等）。上述原料经熔融后，用喷吹法或离心法制成细纤维。矿棉具有轻质、不燃、绝热和电绝缘等性能，且原料来源广，成本较低，可制成矿棉板、矿棉毡及管壳等，可用作建筑物的墙壁、屋顶、天花板等处的保温和吸声材料，以及热力管道的保温材料。

3. 玻璃棉及其制品

玻璃棉是用玻璃原料或碎玻璃经熔融后制成纤维状材料，包括短棉和超细棉两种。

4. 植物纤维复合板

系以植物纤维为主要材料加入胶结料和填料而制成。如木丝板是以木材下脚料制成木丝，加入硅酸钠溶液及普通硅酸盐水泥混合，经成型、冷压、养护、干燥而制成。甘蔗板是以甘蔗渣为原料，经过蒸制、加压、干燥等工序制成的一种轻质、吸声、保温材料。

（二）散粒状保温隔热材料

1. 膨胀蛭石及其制品

膨胀蛭石是一种天然矿物，经 850～1000℃燃烧，体积急剧膨胀（可膨胀 5～20 倍）而成为松散颗粒，用于填充墙壁、楼板及平屋顶，保温效果佳。可在 1000～1100℃下使用。

膨胀蛭石也可与水泥、水玻璃等胶凝材料配合，制成砖、板、管壳等用于围护结构及管道保温。

2. 膨胀珍珠岩及其制品

膨胀珍珠岩是由天然珍珠岩、黑耀岩或松脂岩为原料，经煅烧体积急剧膨胀（约 20 倍）而得蜂窝状白色或灰白色松散颗粒。耐热 800℃，为高效能保温保冷填充材料。

膨胀珍珠岩制品是以膨胀珍珠岩为骨料，配以适量胶凝材料，经拌和、成型、养护（或干燥或焙烧）后制成的板、砖、管等产品。

（三）多孔性保温隔热材料

1. 微孔硅酸钙制品

微孔硅酸钙制品是用粉状二氧化硅材料（硅藻土）、石灰、纤维增强材料及水等经搅拌、成型、蒸压处理和干燥等工序而制成，可用于围护结构及管道保温。

2. 泡沫玻璃

它是采用碎玻璃加入 1‰～2‰ 发泡剂（石灰石或碳化钙），经粉磨、混合、装模，在 800℃ 下烧成后形成含有大量封闭气泡（直径 0.1～5mm）的制品。它具有导热系数小、抗压强度和抗冻性高、耐久性好等特点，且易于进行锯切、钻孔等机械加工，为高级保温材料，也常用于冷藏库隔热。

3. 多孔混凝土和轻骨料混凝土

又称为加气混凝土块，在混凝土中加入发泡剂后成型生产，多用于屋顶的保温隔热层。

4. 泡沫塑料

泡沫塑料是以合成树脂为基料，加入一定剂量的发泡剂、催化剂、稳定剂等辅助材料经加热发泡而制成的轻质保温、防震材料。目前我国生产的有聚苯乙烯、聚氯乙烯、聚氨酯及脲醛树脂等泡沫塑料。

（四）其他保温隔热材料

1. 软木板

软木也叫栓木。软木板是用栓皮、栎树皮或黄檗树皮为原料，经破碎后与皮胶溶液拌和，再加压成型，在 80℃ 的干燥室中干燥一昼夜而制成。软木板具有表观密度小，导热性低，抗渗和防腐性能强等特点。

2. 蜂窝板

蜂窝板是由两块较薄的面板，牢固地黏结在一层较厚的蜂窝状芯材两面而制成的板材，亦称蜂窝夹层结构。蜂窝状芯材是用浸渍过合成树脂（酚醛、聚酯等）的牛皮纸、玻璃布和铝片等，经加工黏合成六角形空腹（蜂窝状）的整块芯材。常用的面板为浸渍过树脂的牛皮纸、玻璃布或不经树脂浸渍的胶合板、纤维板、石膏板等。面板必须采用合适的胶黏剂与芯材牢固地黏合在一起，才能显示出蜂窝板的优异特性，即具有强度大、导热性低和抗震性好等多种功能。

三、吸声材料

（一）材料吸声的原理

声音起源于物体的振动，它迫使邻近的空气跟着振动而成为声波，并在空气介质中向四周传播。当声波遇到材料表面时，一部分被反射，另一部分穿透材料，其余的部分则传递给材料，在材料的孔隙中引起空气分子与孔壁的摩擦和黏滞阻力，其中相当一部分声能转化为热能而被吸收掉。这些被吸收的能量（E）（包括部分穿透材料的声能在内）与传递给材料的全部声能（E_0）之比，是评定材料吸声性能好坏的主要指标，称为吸声系数（α）。

吸声系数与声音的频率及声音的入射方向有关。吸声材料大多为疏松多孔的材料，如矿渣棉、毯子等，其吸声机理是声波深入材料的孔隙，且孔隙多为内部互相贯通的开口孔，受到空气分子摩擦和黏滞阻力，以及使细小纤维做机械振动，从而使声能转变为热能。这类多孔性吸声材料的吸声系数，一般从低频到高频逐渐增大，故对高频和中频的声音吸收效果较好。

（二）影响多孔性材料吸声性能的因素

1. 材料的表观密度

对同一种多孔材料（例如超细玻璃纤维）而言，当其表观密度增大时（即孔隙率减小时），对低频的吸声效果有所提高，而对高频的吸声效果则有所降低。

2. 材料的厚度

增加多孔材料的厚度，可提高对低频的吸声效果，而对高频则没有多大的影响。

3. 材料的孔隙特征

孔隙愈多愈细小，吸声效果愈好。如果孔隙太大，则效果就差。如果材料中的孔隙大部分为单独的封闭的气泡（如聚氯乙烯泡沫塑料），则因声波不能进入，从吸声机理上来讲，就不属多孔性吸声材料。当多孔材料表面涂刷油漆或材料吸湿时，则因材料的孔隙被水分或涂料所堵塞，其吸声效果亦将大大降低。

（三）建筑上常用吸声材料及安装方法

建筑工程中常用吸声材料有：石膏砂浆（掺有水泥、玻璃纤维）、石膏砂浆（掺有水泥、石棉纤维）、水泥膨胀珍珠岩板、矿渣棉、沥青矿渣棉毡、玻璃棉、超细玻璃棉、泡沫玻璃、泡沫塑料、软木板、木丝板、穿孔纤维板、工业毛毡、地毯、帷幕等。

除了采用多孔吸声材料吸声外，还可将材料组成不同的吸声结构，达到更好的吸声效果。常用的吸声结构形式有薄板共振吸声结构和穿孔板吸声结构。

薄板共振吸声结构系采用薄板钉牢在靠墙的木龙骨上，薄板与板后的空气层构成了薄板共振吸声结构。穿孔板吸声结构是用穿孔的胶合板、纤维板、金属板或石膏板等为结构主体，与板后的墙面之间的空气层（空气层中有时可填充多孔材料）构成吸声结构。该结构吸声的频带较宽，对中频的吸声能力最强。

（四）隔声材料

必须指出：吸声性能好的材料，不能简单地就把它们作为隔声材料来使用。人们要隔绝的声音按照传播的途径可分为空气声（由于空气的振动）和固体声（由于固体的撞击或振动）两种。对隔空气声，根据声学中的"质量定律"，墙或板传声的大小，主要取决于其单位面积质量，质量越大，越不易振动，则隔声效果越好，故对此必须选用密实、沉重的材料（如黏土砖、钢板、钢筋混凝土）作为隔声材料。对隔固体声最有效的措施是采用不连续的结构处理，即在墙壁和承重梁之间、房屋的框架和隔墙及楼板之间加弹性衬垫，如毛毡、软木、橡皮等材料，或在楼板上加弹性地毯。

第七节　建筑装饰材料

一、陶瓷装饰材料

（一）陶瓷的基本概念

传统的陶瓷产品是由黏土类及其他天然矿物原料经过粉碎加工、成型、焙烧等过程制成的。陶瓷是陶器和瓷器的总称。陶器以陶土为原料，所含杂质较多，烧成温度较低，断面粗糙无光，不透明，吸水率较高。瓷器以纯的高岭土为原料，焙烧温度较高，坯体致密，几乎不吸水，有一定的半透明性。介于陶器和瓷器二者之间的产品为炻器，也称为石胎瓷、半瓷。炻器坯体比陶器致密，吸水率较低，但与瓷器相比，断面多数带有颜色而无半透明性，吸水率也高于瓷器。

陶器又可分为粗陶和精陶。粗陶坯体一般由含杂质较多的黏土制成，工艺较粗糙，建筑上用的砖瓦以及陶管等均属此类。精陶系指坯体焙烧后呈白色、象牙色的多孔性陶制品，所用原料为可塑黏土或硅灰石。通常两次烧成，素烧温度多为1250～1280℃，釉烧温度为1050～1150℃。建筑内饰面用的釉面内墙砖即属此类。

炻器按其坯体的致密性、均匀性以及粗糙程度分为粗炻器和细炻器两大类。外墙面砖、铺地砖多为粗炻器，按吸水率大小又可将其分为炻瓷砖、细炻砖和炻质砖，一些日用炻器为细炻器。

釉是附着于陶瓷坯体表面的连续玻璃质层。施釉的目的在于改善坯体的表面性能并提高力学强度，使坯体表面变得平滑、光亮，由于封闭了坯体孔隙而减小了吸水率，使耐久性提高。釉不仅具有各种鲜艳的色调，而且可以通过控制其成分、黏度和表面张力等参数，制成装饰效果各异的流纹釉、珠光釉、乳浊釉等艺术釉料，使建筑陶瓷大放异彩。

（二）建筑陶瓷制品

1. 外墙面砖

外墙面砖俗称无光面砖，是用难熔黏土压制成型后焙烧而成，通常做成矩形。尺寸有100mm×100mm×10mm和150mm×150mm×10mm等。它具有质地坚实、强度高、吸水率低（小于4%）等特点。一般为浅色，用作外墙饰面。

2. 釉面砖

釉面砖（内墙面砖）是用瓷土压制成坯，干燥后上釉焙烧而成，釉面砖过去习称"瓷砖"，由于其正面挂釉，近来才正名为"釉面砖"。通常做成152mm×152mm×5mm和108mm×108mm×5mm等正方形体。

釉面砖由于釉料颜色多样，故有白瓷砖、彩釉面砖、印花砖、图案砖等品种，各种釉面砖色泽鲜艳，美观耐用，热稳定性好，吸水率小于18%，表面光滑，易于清洗，多用于浴室、厨房和厕所的台度，以及实验室桌面等处。

3. 地砖

地砖又名缸砖，由难熔黏土烧成，一般做成100mm×100mm×10mm和150mm×150mm×10mm等正方形，也有做成矩形、六角形等，色棕红或黄，质坚耐磨，抗折强度高（15MPa以上），有防潮作用。适于铺筑室外平台、阳台、平屋顶等的地坪，以及公共建筑的地面。

4. 陶瓷锦砖（马赛克）

陶瓷锦砖又名马赛克，它是用优质瓷土烧成，一般做成18.5mm×18.5mm×5mm、39mm×39mm×5mm的小方块，或边长为25mm的六角形等。这种制品出厂前已按各种图案反贴在牛皮纸上，每张大小约30cm见方，称作一联。

陶瓷锦砖色泽多样，质地坚实，经久耐用，能耐酸、耐碱、耐火、耐磨，抗压力强，吸水率小，不渗水，易清洗，可用于工业与民用建筑的洁净车间、门厅、走廊、餐厅、厕所、浴室、工作间、化验室等处的地面和内墙面，并可作高级建筑物的外墙饰面材料。

5. 陶瓷壁画

为贴于内外墙壁上的艺术陶瓷。用于外墙的由半瓷质或瓷质材料制成，用于内墙的可由精陶材料制成。特点是经久耐用，永不褪色。一般以数十甚至数千块白釉内墙砖拼成，用无机陶瓷颜料手工绘画烧制成画面。还有运用磁州窑特殊装饰工艺，制成特殊风格的花釉画面。20 世纪 80 年代正在发展 1m×1m 的大型陶瓷板，以单块或以多块拼镶制成大小不同的壁画。

二、建筑玻璃

玻璃是以石英砂、纯碱、石灰石和长石等为原料，于 1550～1600℃ 高温下烧至熔融。成型、急冷而形成的一种无定形非晶态硅酸盐物质。其主要化学成分为 SiO_2、Na_2O、CaO 及 MgO，有时还有 K_2O。

（一）玻璃的制造工艺

建筑玻璃一般为平板玻璃，制造工艺一种是引上法，另一种是浮法。引上法是将高温液体玻璃冷至较稠时，由耐火材料制成的槽子中挤出，然后将玻璃液体垂直向上拉起，经石棉辊成型，并截成规则的薄板。这种传统方法制成的平板玻璃容易出现波筋和波纹。

浮法工艺制造的平板玻璃表面平整，光学性能优越，不经过辊子成型，而是将高温液体玻璃经锡槽浮抛，玻璃液回流到锡液表面上，在重力及表面张力的作用下，摊成玻璃带，向锡槽尾部拉引，经抛光、拉薄、硬化和冷却后退火而成。

（二）玻璃的性质

① 玻璃的密度为 $2.45～2.55g/cm^3$，其孔隙率接近于零。

② 玻璃没有固定熔点，液态时有极大的黏性，冷却后形成非结晶体，其质点排列的特点是短程有序而长程无序，即宏观均匀，体现各向同性性质。

③ 普通玻璃的抗压强度一般为 $600～1200MPa$，抗拉强度为 $40～80MPa$。玻璃是脆性较大的材料。

④ 玻璃的透光性良好。2～6 毫米的普通窗玻璃光透射比为 80%～82%，玻璃光透射比随厚度增加而降低，随入射角增大而减小。

⑤ 玻璃的折射率为 1.50～1.52。玻璃对光波吸收有选择性，因此，内掺入少量着色剂，可使某些波长的光波被吸收而使玻璃着色。

⑥ 玻璃的比热与化学成分有关，玻璃热稳定性差，原因是玻璃的热膨胀系数虽然不大，但玻璃的导热系数小，弹性模量高，所以，当产生热变形时，在玻璃中产生很大的应力，而导致炸裂。

⑦ 玻璃的化学稳定性很强，除氢氟酸外，能抵抗各种介质腐蚀作用。

（三）常用建筑玻璃

1. 普通平板玻璃

按照国家标准，引拉法玻璃按厚度 2mm、3mm、4mm、5mm 分为四类；浮法玻璃按厚度 3mm、4mm、5mm、6mm、8mm、10mm、12mm 分为七类。并要求单片玻璃的厚度差不大于 0.3mm。我国生产的浮法玻璃原板宽度达 2.4～4.6m，可以满足特殊使用要求。

由引拉法生产的平板玻璃分为特等品、一等品和二等品三个等级；浮法玻璃分为优等品、一级品与合格品三个等级。普通平板玻璃产量以重量箱计量，即以 50kg 为一重量箱，即相当于 2 毫米厚的平板玻璃 $10m^2$ 的重量，其他规格厚度的玻璃应换算成重量箱。

2. 磨光玻璃

磨光玻璃是把平板玻璃经表面磨平抛光而成，分单面磨光和双面磨光两种，厚度一般为 5～6 毫米。其特点是表面非常平整，物象透过后不变形，且透光率高（大于 84%），用于高级建筑物的门窗或橱窗。

3. 钢化玻璃

钢化玻璃是将平板玻璃加热到一定温度后迅速冷却（即淬火）而制成。其特点是机械强度比平板玻璃高4～6倍，6毫米厚的钢化玻璃抗弯强度达125MPa，且耐冲击、安全，破碎时碎片小且无锐角，不易伤人，故又名安全玻璃，能耐急热急冷，耐一般酸碱，透光率大于82％。主要用于高层建筑门窗、车间天窗及高温车间等处。

4. 压花玻璃

压花玻璃是将熔融的玻璃液在快冷中通过带图案花纹的辊轴滚压而成的制品，又称花纹玻璃，一般规格为800mm×700mm×3mm。

压花玻璃具有透光不透视的特点，这是由于其表面凹凸不平，当光线通过时即产生漫射，因此从玻璃的一面看另一面的物体时，物象显得模糊不清。另外，压花玻璃因其表面有各种图案花纹，所以又具有一定的艺术装饰效果。

5. 磨砂玻璃

磨砂玻璃又称毛玻璃，它是将平板玻璃的表面经机械喷砂或手工研磨或氢氟酸溶蚀等方法处理成均匀毛面而成。其特点是透光不透视，光线不刺目且呈漫反射，常用于不需透视的门窗，如卫生间、浴厕、走廊等，也可用作黑板的板面。

6. 有色玻璃

有色玻璃是在原料中加入各种金属氧化物作为着色剂而制得带有红、绿、黄、蓝、紫等颜色的透明玻璃。将各色玻璃按设计的图案划分后，用铅条或黄铜条拼装成瑰丽的橱窗，装饰效果很好，宾馆、剧院、厅堂等经常采用。

有时在玻璃原料中加入乳浊剂（萤石等）可制得乳浊有色玻璃，白色的则称为乳白玻璃，这类玻璃透光而不透视具有独特的装饰效果。

7. 热反射玻璃

热反射玻璃又叫镀膜玻璃，分复合和普通透明两种，具有良好的遮光性和隔热性能。由于这种玻璃表面涂敷金属或金属氧化物薄膜，有的透光率是45％～65％（对于可见光），有的甚至可在20％～80％之间变动，透光率低，可以达到遮光及降低室内温度的目的。但这种玻璃和普通玻璃一样是透明的。

8. 防火玻璃

防火玻璃是由两层或两层以上的平板玻璃间含有透明不燃胶黏层而制成的一种夹层玻璃，在火灾发生初期，防火玻璃仍是透明的，人们可以通过玻璃看到火焰，判断起火部位和火灾危险程度。随着火势的蔓延扩大，室内温度增高，夹层受热膨胀发泡，逐渐由透明物质转变为不透明的多孔物质，形成很厚的防火隔热层，起到防火隔热保护作用。这种玻璃具有优良防火隔热性能，有一定的抗冲击强度。

9. 釉面玻璃

釉面玻璃是在玻璃表面涂敷一层易熔性色釉，然后加热到彩釉的熔融温度，使釉层与玻璃牢固地结合在一起，经过热处理制成的装饰材料。所采用的玻璃基体可以是普通平板玻璃，也可以是磨光玻璃或玻璃砖等。如果用上述方法制成的釉面玻璃再经过退火处理，则可进行加工，如同普通玻璃一样，具有可切裁的可加工性。

10. 水晶玻璃

水晶玻璃也称石英玻璃。这种玻璃制品是高级立面装饰材料。水晶玻璃是采用玻璃珠在耐火模具中制成的。其主要增强剂是二氧化硅，具有很高强度，而且表面光滑，耐腐蚀，化学稳定性好。水晶玻璃饰面板具有许多花色品种，其装饰性和耐久性均能令人满意。水晶玻璃的一个表面可以是粗糙的，这样更便于与水泥等黏结材料结合，其镶贴工艺性较好。

11. 玻璃空心砖

玻璃空心砖一般是由两块压铸成的凹形玻璃，经熔接或胶结成整块的空心砖。砖面可为光平，也可在内、外面压铸各种花纹。砖的腔内可为空气，也可填充玻璃棉等。砖形有方形、长方形、圆形等。玻璃砖具有一系列优良性能，绝热、隔声，透光率达80%。光线柔和优美。砌筑方法基本上与普通砖相同。

12. 玻璃锦砖

玻璃锦砖也叫玻璃马赛克。它与陶瓷锦砖在外形和使用方法上有相似之处，但它是乳浊状半透明玻璃质材料，大小一般为20mm×20mm×4mm，背面略凹，四周侧边呈斜面，有利于与基面黏结牢固。玻璃锦砖颜色绚丽，色泽众多，历久弥新，是一种很好的外墙装饰材料。

三、建筑石材

（一）天然石材

岩石是在地质作用下产生的、由一种或多种矿物按一定的规律组成的自然集合体。天然石材是指从天然岩石中采得的毛石，或经加工制成的石块、石板及其定型制品等。天然石材具有抗压强度高、耐久性好、生产成本低等优点，是古今建筑工程的主要建筑材料之一。

天然石材分为砌筑石材和装饰石材两类，砌筑石材对其尺寸规格、抗压强度、耐水性、抗冻性等都有相应要求。对于有特殊要求的工程，还要求石材具有良好的耐磨性、吸水性或抗冲击性。决定石材上述技术性质的因素有：矿物组成、结构特征、构造特点、受风化作用的程度等。常用砌筑石材有花岗岩、石灰岩、砂岩、片麻岩等。

常见天然装饰石材有以下几种。

1. 天然大理石

天然大理石是石灰岩或白云岩在地壳内经过高温高压作用形成的变质岩，多为层状结构，有明显的结晶，纹理有斑纹、条纹之分，是一种富有装饰性的天然石材。天然大理石化学成分为碳酸盐（如碳酸钙或碳酸镁），矿物成分为方解石或白云石，纯大理石为白色，当含有部分其他深色矿物时，便产生多种色彩与优美花纹。从色彩上来说，有纯黑、纯白、纯灰、墨绿等数种。从纹理上说，有晚霞、云雾、山水、海浪等山水图案、自然景观。

大理石抗压强度较高，但硬度并不太高，易于加工雕刻与抛光。由于这些优点，使其在工程装饰中得以广泛应用。当大理石长期受雨水冲刷，特别是受酸性雨水冲刷时，可能使大理石表面的某些物质被侵蚀，从而失去原貌和光泽，影响装饰效果，因此大理石多用于室内装饰。

2. 天然花岗石

建筑用天然花岗石是由天然花岗石加工成板材、块材用于建筑装饰工程中。花岗岩是典型的火成岩，是全晶质岩石，其主要成分是石英、长石和少量的暗色矿物和云母。按结晶颗粒大小，分为细粒、中粒和斑状等。颜色呈灰色、黄色、蔷薇色、红花等。优质花岗岩石英含量多（20%～40%），云母含量少，晶粒细而匀，结构紧密，不含其他杂质，抛光后光泽明亮，不易风化，色调鲜明，花色丰富，庄重大方。

花岗岩比大理石密度大，密度为 $2300\sim2800kg/m^3$，抗压强度高达 $120\sim250MPa$。孔隙率吸水率极低，材质硬度高，其耐磨、耐久、耐腐蚀性能均优于其他石材。经抛光后，是室内外地面、墙面、踏步、柱石、勒脚等处首选装饰材料。

（二）人造石材

1. 仿大理石饰面石膏板

仿大理石饰面石膏板是以石膏为主要原料经压制、磨光而成的人造大理石。它具有美丽的花纹，光亮的色泽，可与天然大理石媲美，且重量轻安装方便，用途与天然大理石装饰板相同。

2. 石膏花饰

石膏花饰是以建筑石膏浇制成的各种花饰，可安装在室内墙面、柱面和平顶上，立体感强，有着古朴典雅的装饰效果。

3. 水泥花砖

水泥花砖是以水泥砂浆作底层，以普通水泥或白水泥掺适量颜料拌和后作面层，按图案分别入模、压制、养护而成。它色泽明快，经久耐用，因不结露，不退潮，在南方地区更为适用。

4. 装饰混凝土

装饰混凝土是混凝土在预制或现浇的同时，完成自身的饰面处理的产物。与在混凝土表面加做饰面材料（面砖、锦砖等）相比不仅成本低，而且耐久性高。利用新拌混凝土的塑性可在立面上形成各种线型，利用组成材料中的粗细骨料，表面加工成露骨料，可获得不同的质感，如采用白水泥或掺加颜料则可具有各种色彩。预制构件（大型墙板）的饰面常依靠模具、压印、挠刮等方法制得。

四、建筑涂料

涂料是指涂敷于物体表面，能与物体黏结在一起，并能形成连续性涂膜，从而对物体起到装饰、保护或使物体具有某种特殊功能的材料。

涂料的用途非常广泛，我们把用于建筑领域的涂料，称为建筑涂料。建筑涂料在国外是涂料中使用最多、产量最大的品种。

（一）建筑涂料的发展趋势

① 低 VOC（有机挥发物）；

② 功能化、复合化；

③ 高性能、高档次；

④ 水性化；

⑤ 通过在内墙涂料中加入某种特殊材料，从而达到吸收室内有毒有害气体、消除室内异味、净化空气的目的。

（二）涂料的组成

建筑涂料由主要成膜物质、次要成膜物质、溶剂和辅助材料组成。

主要成膜物质又称基料、胶黏剂或固化剂，它的作用是将涂料中的其他组分黏结在一起，并能牢固地附着在基层表面，形成连续均匀、坚韧的保护膜。具有较高的化学稳定性和一定的机械强度。目前我国建筑涂料所用的成膜物质主要以合成树脂为主。

次要成膜物质是指涂料中所用的颜料和填料，它们是构成涂膜的组成部分，并以微细粉状均匀地分散于涂料介质中，赋予涂膜以色彩、质感，使涂膜具有一定的遮盖力，减少收缩，还能增加膜层的机械强度，防止紫外线的穿透作用，提高涂膜的抗老化性、耐候性。

颜料的品种很多，可分为人造颜料与天然颜料；按其作用又可分为着色颜料、防锈颜料与体质颜料（即填料）。

着色颜料是建筑涂料中品种最多的一种。着色颜料的颜色有红、黄、蓝、白、黑、金属光泽及中间色等。

防锈颜料主要功能是防止金属锈蚀。常用的有红丹、锌铬黄、氧化铁红、银粉等。

填料主要是一些碱土金属盐、硅酸盐和镁、铝的金属盐和重晶石粉、轻质碳酸钙、重碳酸钙、滑石粉、云母粉、硅灰石粉、膨润土、瓷土、石英石粉或砂等。其主要作用在于改善涂料的涂膜性能，降低成本。

溶剂又称稀释剂，是涂料的挥发性组分，它的主要作用是使涂料具有一定的黏度，以符合施工工艺的要求。常用的溶剂有松香水、酒精、200号溶剂汽油、苯、二甲苯、丙酮等。

辅助材料又称助剂，是为进一步改善或增加涂料的某些性能，在配制涂料时加入的物质，其掺量较少，一般只占涂料总量的百分之几到万分之几，但效果显著。常用的助剂有如下几类：①硬化剂、干燥剂、催化剂等；②增塑剂、增白剂、紫外线吸收剂、抗氧化剂等；③防污剂、防霉剂、阻燃剂、杀虫剂等。此外还有分散剂、增稠剂、防冻剂、防锈剂、芳香剂等。

（三）涂料的分类

1. 按主要成膜物质的化学成分分类

按构成涂膜主要成膜物质的化学成分，可将建筑涂料分为有机涂料、无机涂料、无机-有机复合涂料三类。

（1）有机涂料　有机涂料常用的有三种类型：

① 溶剂型涂料　溶剂型涂料是以高分子合成树脂为主要成膜物质，有机溶剂为稀释剂，加入适量的颜料、填料（体质颜料）及辅助材料，经研磨而成的涂料。

常用品种有过氯乙烯、聚乙烯醇缩丁醛、氯化橡胶、丙烯酸酯等。

② 水溶性涂料　水溶性涂料是以水溶性合成树脂为主要成膜物质，以水为稀释剂，加入适量的颜料及辅助材料，经研磨而成的涂料。

一般只用于内墙涂料。常用品种有聚乙烯醇水玻璃内墙涂料、聚乙烯醇甲醛类涂料等。

③ 乳胶涂料　乳胶涂料又称乳胶漆。它是由合成树脂借助乳化剂的作用，以 $0.1 \sim 0.5$ 微米的极细微粒子分散于水中构成乳液，并以乳液为主要成膜物质，加入适量的颜料、填料及辅助材料经研磨而成的涂料。

（2）无机涂料　目前所使用的无机涂料是以水玻璃、硅溶胶、水泥等为基料，加入颜料、填料、助剂等经研磨、分散等而成的涂料。

无机涂料的价格低，资源丰富，无毒、不燃，具有良好的遮盖力，对基层材料的处理要求不高，可在较低温度下施工，涂膜具有良好的耐热性、保色性、耐久性等。

（3）无机-有机复合涂料　不论是有机涂料还是无机涂料，在单独使用时，都存在一定的局限性。为克服其缺点，发挥各自的长处，出现了无机和有机复合的涂料。如聚乙烯醇水玻璃内墙涂料就比聚乙烯醇有机涂料的耐水性好。此外，以硅溶胶、丙烯酸系列复合的外墙涂料在涂膜的柔韧性及耐候性方面更能适应气候的变化。

2. 按构成涂膜的主要成膜物质分类

按构成涂膜的主要成膜物质，可将涂料分为聚乙烯醇系列建筑涂料、丙烯酸系列建筑涂料、氯化橡胶外墙涂料、聚氨酯建筑涂料和水玻璃及硅溶胶建筑涂料。

3. 按建筑使用部位分类

按建筑物使用部位，可将涂料分为外墙建筑涂料、内墙建筑涂料、地面建筑涂料、顶棚涂料和屋面防水涂料等。

4. 按使用功能分类

按使用功能，可将涂料分为装饰性涂料、防火涂料、保温涂料、防腐涂料、防水涂料、抗静电涂料、防结露涂料、闪光涂料、幻彩涂料等。

（四）常用内墙涂料

内墙涂料亦可用作顶棚涂料，它的主要功能是装饰及保护内墙墙面及顶棚，建立一个美观舒适的生活环境。

内墙涂料应具有以下性能：

① 色彩丰富、细腻、协调；

② 耐碱、耐水性好，不易粉化；

③ 好的透气性、吸湿排湿性；

④ 涂刷方便、重涂性好；

⑤ 无毒、无污染。

1. 合成树脂乳液内墙涂料

合成树脂乳液内墙涂料（又称乳胶漆）是以合成树脂乳液为基料（成膜材料）的薄型内墙涂料。一般用于室内墙面装饰，但不宜用于厨房、卫生间、浴室等潮湿墙面。

常用的品种有苯丙乳胶漆、乙丙乳胶漆、聚乙酸乙烯乳胶内墙涂料、氯-偏共聚乳胶内墙涂料等。

2. 溶剂型内墙涂料

溶剂型内墙涂料与溶剂型外墙涂料基本相同。主要用于大型厅堂、室内走廊、门厅等部位。

可用作内墙装饰的溶剂型涂料主要有过氯乙烯墙面涂料、聚乙烯醇缩丁醛墙面涂料、氯化橡胶墙面涂料、丙烯酸酯墙面涂料、聚氨酯系墙面涂料及聚氨酯-丙烯酸酯系墙面涂料等。

3. 水溶性内墙涂料

水溶性内墙涂料是以水溶性化合物为基料，加入适量的填料、颜料和助剂，经过研磨、分散后制成的，属低档涂料，可分为Ⅰ类和Ⅱ类。

常用的水溶性内墙涂料有聚乙烯醇水玻璃内墙涂料、聚乙烯醇缩甲醛内墙涂料和改性聚乙烯醇系内墙涂料。

4. 多彩内墙涂料

多彩内墙涂料简称多彩涂料，是一种国内外较为流行的高档内墙涂料，它是经一次喷涂即可获得具有多种色彩的立体涂膜的涂料。

多彩内墙涂料按其介质可分为水包油型、油包水型、油包油型和水包水型四种。多彩内墙涂料的涂层由底层、中层、面层涂料复合而成。适用于建筑物内墙和顶棚水泥、混凝土、砂浆、石膏板、木材、钢、铝等多种基面的装饰。

5. 幻彩内墙涂料

幻彩内墙涂料，又称梦幻涂料、云彩涂料、多彩立体涂料，是目前较为流行的一种装饰性内墙高档涂料。

幻彩涂料是用特种树脂乳液和专门的有机、无机颜料制成的高档水性内墙涂料。按组成的不同主要有：用特殊树脂与专门的有机、无机颜料复合而成的；用特殊树脂与专门制得的多彩金属化树脂颗粒复合而成的；用特殊树脂与专门制得的多彩纤维复合而成的等。

幻彩涂料的成膜物质是经特殊聚合工艺加工而成的合成树脂乳液，具有良好的触变性及适当的光泽，涂膜具有优异的抗回黏性。幻彩涂料具有无毒、无味、无接缝、不起皮等优点，并具有优良的耐水性、耐碱性和耐洗刷性，主要用于办公、住宅、宾馆、商店、会议室等的内墙、顶棚等的装饰。幻彩涂料适用于混凝土、砂浆、石膏、木材、玻璃、金属等多种基层材料。

（五）常用外墙涂料

外墙涂料的主要功能是装饰和保护建筑物的外墙，使建筑物外观整洁美观，达到美化环境的作用，延长其使用时间。

为了获得良好的装饰与保护效果，外墙涂料一般应具有以下特点：

① 装饰性好；

② 耐水性良好；

③ 防污性能良好；

④ 良好的耐候性。

1. 溶剂型外墙涂料

溶剂型外墙涂料是以合成树脂溶液为主要成膜物质，有机溶剂为稀释剂，加入适量的颜料、填料及助剂，经混合溶解、研磨后配制而成的一种挥发性涂料。

溶剂型外墙涂料具有较好的硬度、光泽、耐水性、耐酸碱性及良好的耐候性、耐污染性等特点。国内外使用较多的溶剂型外墙涂料主要有丙烯酸酯外墙涂料、聚氨酯系外墙涂料。

2. 乳液型外墙涂料

以高分子合成树脂乳液为主要成膜物质的外墙涂料，称为乳液型外墙涂料。按照涂料的质感可分为薄质乳液涂料（乳胶漆）、厚质涂料、彩色砂壁状涂料等。

乳液型外墙涂料主要特点为：

① 以水为分散介质，涂料中无有机溶剂，因而不会对环境造成污染，不易燃，毒性小；

② 施工方便，可刷涂、滚涂、喷涂，施工工具可以用水清洗；

③ 涂料透气性好，可以在稍湿的基层上施工；

④ 耐候性好。

3. 彩色砂壁状外墙涂料

彩色砂壁状外墙涂料又称彩砂涂料，是以合成树脂乳液和着色骨料为主体，外加增稠剂及各种助剂配制而成。彩砂涂料的主要成膜物质有乙酸乙烯-丙烯酸酯共聚乳液、苯乙烯-丙烯酸酯共聚乳液、纯丙烯酸酯共聚乳液等。彩砂涂料中的骨料分为着色骨料和普通骨料两种。

4. 复层外墙涂料

复层外墙涂料也称凹凸花纹涂料或浮雕涂料、喷塑涂料，它是由两种以上涂层组成的复合涂料。复层外墙涂料由底层涂料、主层涂料和罩面涂料三部分组成。

5. 无机外墙涂料

无机外墙涂料是以碱金属硅酸盐或硅溶胶为主要成膜物质，加入填料、颜料、助剂等配制而成的建筑外墙涂料。按其主要成膜物质的不同可分为两类：一类是以碱金属硅酸盐为主要成膜物质；另一类是以硅溶胶为主要成膜物质。无机外墙涂料广泛用于住宅、办公楼、商店、宾馆等的外墙装饰，也可用于内墙和顶棚等的装饰。

第五章

建筑设备与建筑施工

■■■■ 第一节　建筑给排水 ■■■■

建筑设备主要包括给排水、中水、采暖、通风、空调、电气及智能化建筑设备等。建筑设备是建筑物的重要组成部分。

一、建筑给水系统

（一）给水系统设置及其分类

给水系统也称上水系统或供水系统，是给不同类型建筑物供应符合卫生标准的生产、生活用水系统。给水必须满足人们对水量、水质、水压和水温的要求。按供水用途，给水系统基本上可以分为生活、生产、消防等三种用水系统。给水系统的选用需要视建筑性质以及对水量、水质、水压等要求，经过经济技术比较之后进行设计施工。通常可以设置生活、生产、消防等独立的给水系统，也可设置两种或三种联合的给水系统，一般高层建筑生活用水与消防用水系统分开设置。

（二）给水系统的供水方式

给水系统的供水方式，根据建筑物的性质、高度、用水设备、配水管网的水压以及消防要求等因素来决定。基本供水方式分为四种。

1. 直接供水

城市供水压力是有限度的，一般城市的供水压力为 $0.2\sim0.3\mathrm{MPa}$，可以满足六层住宅生活用水的水压要求。当室外配水管网的压力、水量能终日满足室内供水的需要时，可采用这种简单、经济而又安全的给水方式。

2. 设置水箱供水

当配水管网的压力在一天之内有定期的高低变化时，可设置屋顶水箱。水压高时，箱内蓄水；水压低时，箱中放出存水，补充供水不足。这样可以利用城市配水管网中的压力波动，使水箱存水或放水来满足建筑供水需求。

3. 水泵水箱供水

当室外配水管网中的水压经常或周期性低于室内所需要的水压，且用水量较大时，可采用水泵提高供水压力。水箱的容积可以减少，水泵与水箱连锁自动控制水泵的停与开，以节省能源。

4. 分区分压供水

在多层和高层建筑中，室外配水管网的水压仅能给下面几层供水，不能供应上面楼层的用水。为了充分利用外网的压力，宜将给水系统分成上下两个供水区，下区由外网压力直接供水，上区由水泵加压后与水箱联合供水。若消防水给水系统与生产或生活供水系统合并使用时，消防水泵需要能满足上下两区消防用水量的要求。

（三）给水管道布置及材料

1. 给水管道的布置

给水管道的布置，要根据房屋的性质、建筑与结构的要求以及用水设备设置情况而定。总的原则是力求管线简短、经济、便于安装维修。各种给水系统按横向配水干管的敷设位置，可以设置为下行上给式、上行下给式、环状式。

（1）下行上给式　横向配水干管敷设在底层、埋设在地沟或地下室顶板下。居住、公共建筑和工业建筑，利用外网水压直接供水多采用这种方式。

（2）上行下给式　横向配水干管敷设在顶层天花板下或吊顶内，也可敷设在屋顶上或高层建筑设备层内，设有高位水箱的居住、公共建筑或地下管线较多的工业厂房，多采用这种方式。

（3）环状式　横向配水干管或配水立管互相连接，组成水平及竖向环状网管。高层建筑、大型公共建筑以及要求不间断供水的建筑多采用这种方式，消防管网均采用环状式。

在大型建筑物中，给水干管上可设置多条立管。要求供水安全性较高者，干管布置成环状管网，并根据要求采用下行上给式或上行下给式干管。支管的布置应注意与其他设备之间的关系，如管线过长，通过房间多，则可设置立管，缩短支管，减少与其他工种之间的矛盾。

2. 给水管道的敷设

给水管道的敷设，在一般民用与工业建筑中多为明装，管线沿墙、墙角、梁或地板上及天花板下等处敷设。其优点是安装、检修方便。对于美观及卫生条件要求较高的建筑物，如宾馆、别墅或医院等，宜采用暗装。暗装即是将供水管道设置于墙槽内、吊顶内、公用的管井或管沟内。为了维修方便，管道穿过基础墙和地板处时应该预留孔洞，尽量避免穿越梁柱。

（四）给水系统的升压设备

城市给水系统通常采用低压制，一般只能供六层以下用水，建筑楼层较多时，为满足用水要求，须设置升压设备，主要有水泵与水箱、气压给水装置、变频调速供水设备。

1. 水泵与水箱

离心式水泵一般设于底层或地下室的泵房内，建筑物用水量大时，为保证配水管网正常工作，水泵不能直接从配水管网抽水，必须设置贮水池，水泵由池中抽水并采用自动控制，将水提升至屋顶水箱内。屋顶水箱一般为圆形或方形，常用钢板、钢筋混凝土、玻璃钢等材料制成，内衬及防腐涂料应无毒无害，不影响水质。

2. 气压给水装置

在大型建筑物中，为保证顶层供水水压要求，减少结构荷载，可在底层设置气压给水装置，利用密闭罐内空气的可压缩性贮存、调节、压送水量到给水系统中。其作用相当于高位水箱或水塔。但这种装置的缺点是水压变化大、效率低、能耗较多，供水安全性不如屋顶水箱可靠。

3. 变频调速供水设备

变频调速供水设备由电机、水泵、传感器、控制器及变频调速器等组成。该设备通过变频方式改变水泵转速，进而改变水泵的工作特性，以实现变量恒压供水。它可节省动力电消耗，不需设屋顶水箱，又能保证供水要求。

（五）消防给水系统

在一般建筑物中，根据要求可设置消防、生活及生产相结合的联合给水系统。对于消防要求高的建筑或高层建筑，根据消防规范应设置独立的消防给水系统。

1. 消火栓管网系统

消火栓管网系统是最基本的消防给水系统，在多层或高层建筑物中广泛使用。它一般由供水管网、消火栓（箱）、水龙带、水枪等组成。消火栓（箱）一般安装在建筑物中经常有人通过、醒目和使用方便之处。

2. 自动喷水灭火系统

在火灾危险性较大、燃烧较快、无人看管或防火要求较高的建筑物中，需装设自动喷水灭火系统。该系统的作用是当火灾发生时，能自动喷水扑灭火灾，同时又能自动报警。一般由供水管网、喷头、控制阀及报警器等部分组成。

（六）热水供应系统

热水供应系统按竖向分区，为保证供水效果，建筑物内多设置机械循环集中热水供应系统，热水的加热器和水泵均集中于地下的设备间。若建筑高度较高，分区数量较多，为防止加热器负担过大的压力，可将各分区的加热器和循环水泵设在该区的设备层中，分别供应本区热水。

在电力供应充足或有煤气供应时，可设置电热水器或煤气热水器的局部供应热水系统。此时只需要由冷水管道供水，省去一套集中热水系统，且使用也比较灵活方便。还可以利用太阳能热水器供水，或采取冷水源供应方式的小区热水集中供应。

（七）分质供水系统

在人们日常生活用水中，饮用水仅占很少部分。为了提高饮水品质，有些宾馆或居住小区设有分质供水系统。即用两套系统供水，其中一套是提供高质量和净化后的直接饮用水。

二、建筑排水系统

（一）排水系统分类及组成

建筑排水系统按照水的排放性质，分为生活污水、生产废水、雨水三类。也可以根据污水性质和城市排水状况，将性质相近的生活污水与生产废水合流。当水的性质相差较大时，不能采用合流制。

排水系统通常由卫生器具和排水管道两部分组成。排水管道包括横支管、立管、排出管、通气管及其连接部件。通气管的作用是向排水系统补给空气，使管道内水流畅通，减少排水管道内气压变化幅度，防止卫生器具水封破坏，同时使室内排气管道中散发的有害气体排往室外。

（二）污水的抽升与处理设备
1. 污水的抽升设备

当排水不能以重力流排入室外排水管时，必须设置局部污水抽升设备来排除内部污、废水。抽升设备的选用应根据污、废水的性质、污水量、排水情况（经常性或间断性）、抽升高度以及建筑物的要求等决定。

常用的抽升设备有污水泵、潜水泵、喷射泵、手摇泵及气压输水器等。

2. 污水的局部处理方式

在有污水处理厂的城市中，生活或有害的工业污废水须先经过局部处理才能排放，污水的局部处理方式有以下几种。

① 化粪池：是用钢筋混凝土或砖石砌筑成的矩形或圆形地下构筑物，其主要功能是去除污水中含有的油脂，以免堵塞排水管道。

② 隔油池：公共食堂和饮食业排放的污水中含有植物和动物油脂，在其污水排入城市排水管网前，应去除污水中的可浮油，目前一般做法是设置隔油池。

③ 小型沉淀池：汽车库冲洗废水中含有大量的泥沙，为防止堵塞和淤积管道，在污废水排入城市排水管网之前应进行沉淀处理，一般宜设小型沉淀池。

④ 降温池：温度高于40℃的废水，在排入城镇排水管道之前应采取降温处理，一般采用设于室外的降温池处理。降温池降温的方法主要有二次蒸发、水面散热和加冷水降温。

⑤ 医院污水处理：医院污水处理包括医院污水消毒处理、放射性污水处理、重金属污水处理、废弃药物污水处理和污泥处理。

⑥ 中水道：废水净化处理后回用的水不能饮用，只能供冲洗厕所、汽车或作为消防用水等杂用水，称为中水。设置中水道系统，要按规定配套建设中水设施，如净化池、消毒池、水处理设备等。

三、建筑中水系统

（一）建筑中水系统的重要性

建筑中水系统是将建筑或建筑小区内使用后的生活污、废水经适当处理后，达到规定的水质标准，回用于建筑或建筑小区作为杂用水的收集、处理和供水系统。

随着人口增加和工业发展，淡水用水量日益增长，由于水资源有限，再加上较为普遍的水体污染，世界性的缺水现象日益严重。我国淡水资源总量名列世界第6位，但人均拥有水量仅列世界的第109位。全国660多个城市中有400多个城市长期缺水，100多个城市严重缺水。为解决日益尖锐的用水短缺矛盾，国家颁布了《中华人民共和国环境保护法》《中华人民共和国水法》等法规，以合理利用和保护水源，并大力推广和开发节水技术——海水淡化、循环用水、废水回用等。建筑中水就是节水技术中的一种。

建筑中水系统主要针对宾馆、饭店、商场、写字楼、体育场馆、学校、商业设施等公共建筑。以北京为例，北京市要求建筑面积2万平方米以上的宾馆、饭店、公寓等，建筑面积3万平方米以上的机关，科研单位，大专院校和大型文化、体育等建筑，建筑面积5万平方米以上或可回收水量大于150立方米每日的居住区和集中建筑区等，必须建设中水设施。新建、扩建、改建建设项目的节水设施应当与主体工程同时设计、同时施工、同时投入使用。

建筑中水系统设计时，中水水源主要以收集洗浴、盥洗废水等优质杂排水为主，同时考虑收集雨水、泳池排水、空调冷凝水、洗衣房废水和其他设施排水等进行处理，回用于冲厕、绿化、洗车、景观等方面。

建筑中水技术发展很快，它能够缓解严重缺水城市缺水及地区水资源不足的矛盾，带来明显的社会效益和经济效益。

① 节约用水量，能有效地利用淡水资源。据有关资料显示，实施中水系统后，事业单位可节水40%左右，一般住宅可节水30%，对于市政给水，节水率也在20%以上。

② 减少污水的排放量，减轻对水体的污染。据有关数据，我国污水排放量以年增长率7.7%的速度增加，其中90%的污水未经处理就直接排放，使众多河流受到了不同程度的污染。如果建有完善的中水系统，市政排水管网的输送负荷、城市污水的处理负荷均会有所缓解，对自然水体的污染程度也将有所降低。

③ 分质供水，节约成本。从前，我国供水系统只是一种水质，给水管道中的水在理论上都达到了生活饮用水卫生标准，但有些方面的用水完全不需要这么高的标准。如厕所的冲洗用水，道路、绿地、树木的浇洒用水，冲洗车辆用水，单独系统的消防用水，空调系统的冷却用水，水景系统（水池、喷泉）的用水等。如果将中水用于这些场合，其供水水质方面的成本将大为降低。

④ 变废为利，开辟了新水源。为了解决某些城市缺水严重的问题，利用中水作为某些用水的水源，与远程输水或海水淡化的技术方案比较，设置中水系统最为经济。

20世纪60年代开始，日本、美国、德国、苏联、英国、南非、以色列等国相继实施了中水工程。我国从20世纪80年代起，节水的意识普遍增强，节水技术日益被人们重视，随之制定了《建筑中水设计标准》（GB 50336—2018），并在一些城市陆续开展了中水利用的试验研究工作，开发了中水技术，实施了中水工程。

（二）中水系统分类

中水系统是一个系统工程，是给水工程技术、排水工程技术、水处理工程技术和建筑环境工程技术的有机综合。中水系统按照服务的范围，一般分为三类：建筑中水系统、小区中水系统和城镇中水系统。

（三）中水的水源、水质与水量

1. 中水的水源

中水系统的水源主要来自建筑内部的生活污水、生活废水和冷却水，中水原水系统宜采用污、废水分流制。一般以洗浴废水为原水的比较多。由于水源短缺问题越来越严重，雨水利用，目前看来很有前景，因为雨水作为中水水源，处理工艺比较简单，水质较好，一般只是采用物理方法处理即可。

根据水质情况，中水水源的取舍顺序为：冷却水—淋浴水—盥洗排水—洗衣排水—厨房排水—厕所排水。具体水质情况与建筑物类别有关。

2. 原水水质特点与中水对水质要求

常用为中水原水的水源有6类，水质特点各不相同。中水的水质要求和标准为：卫生上安全可靠，无有害物质；外观上没有使人不快的感觉；不腐蚀设备，不结垢。

3. 中水回用水量

一般住宅中水可用于冲洗厕所、清扫、浇花等；办公楼中水可用于冲洗厕所、洗车、冷却、绿化等；中水还可用于消防、水景、道路喷洒、绿化浇水等。因此确定中水用水量，必须进行分类，区别不同用途，分别加以计算。

4. 水量平衡

水量平衡是指中水原水量、处理量、中水用量、给水的补水量等，通过计算、调整，从而达到总量的平衡。时序上的稳定、水量平衡是设计中水处理构筑物或处理设备、进行管道系统设计的依据。

（四）中水集水系统

1. 污水集流方式

根据建筑物所排放污水的水质、水量和中水用途、所需水量、水质，可用不同的集流方式。可供选择的有三种：全集流、全回用方式；部分集流、部分回用方式；全集流、部分回用方式。

2. 集流排水管网的布置和敷设

这种管网的布置、敷设，原则上与一般室内外排水管网布置、敷设相同。室外建筑小区集流污水管的设计流量，和建筑小区排水管一样，目前尚没有精确的理论方法。

（五）中水配水系统

1. 中水管网系统任务及类型

中水配水管网的任务，是把处理合格的中水从水处理站输送到各个用水点。中水管网系统按其类型可分为以下几类：生活杂用管网系统；消防管网系统；上述两种中水管网系统可组成共用系统，即生活杂用-消防共用中水系统。

2. 室内中水配水管网组成、布置与敷设

室内中水配水管网系统由引入管（进户管）、水表节点、管道及附件、水泵或气压供水的增压设备、中水贮存池及高位水箱等贮水设备组成。对于生活杂用-消防共用系统或消防系统还应有消防设备。

室内中水管道敷设，根据建筑物对卫生、美观要求的高低，中水管可以明装或暗装。暗装可以使房间整洁，但维修不便，而且施工费用也高。明装时的施工与维修均较简单，但当室内的卫生器具较多时，明装管使房间显得不整洁。

不论明装或暗装管道，除镀锌钢管外，都应作防腐处理。一般采用涂刷油漆法防腐，即先将管道表面除锈，刷防锈漆两道，再刷一道浅绿色调和漆作为中水管道标志。镀锌管也可刷一道浅绿色的调和漆作为非饮用水管标志。埋地铸铁管一律外刷沥青防腐。

第二节　建筑采暖、通风与空调

一、建筑采暖

在冬季比较寒冷的地区，人们为了进行正常的工作和生活，需维持室内一定的环境温度，而房间的围护结构不断向室外散失热量，在风压作用下通过门窗缝隙渗入室内的冷空气也会消耗室内的热量，使房间的温度降低。采暖的任务是用采暖设备不断向房间供给相应的热量，以补偿房间内的热耗失量，维持室内一定的环境温度。

（一）常用的采暖方式

1. 集中采暖

由热源（锅炉产生的热水或蒸汽为热媒）经过输热管道送到采暖房间的散热器，散发出热量后，再经回水管道流回热源重新加热，如此循环使用保持房间采暖。

集中采暖系统由三部分组成，即产热部分（如锅炉房）、输热部分（热力管网）和散热部分（各类散热器）。

采暖系统是循环系统，其流程为：热源地—室外供热管道—室内供热干管—室内供热立管—室内供热支管—散热设备—室内回水管—室外回水管道—热源地。

散热器有许多种，也有不同的分类方法。按照形状主要分为翼形、柱形、板形、盘管形、排管形等；按照材料分为铸铁、钢、铝、塑料及复合材料。

2. 局部采暖

将热源和散热设备合并为一个整体，分散设置在各个采暖房间。如火炉、火炕、空气电加热器等。

3. 区域供热

区域供热是指大规模的集中供热。由一个或多个大型热源产生热水或蒸汽，通过区域供热管网，供应地区以至整个城市建筑物的生活、生产用热。如大型区域锅炉房或热电厂供热系统。

(二) 采暖系统的类型

采暖系统按热媒种类分为热水采暖系统和蒸汽采暖系统。

1. 热水采暖系统

热水采暖系统一般由锅炉、输热管道、散热器、循环水泵及膨胀水箱等组成。根据方式不同又分为两种：①循环热水采暖供应系统，靠供水与回水的容量差所形成的压力使水循环；②机械循环热水采暖系统，水循环靠水泵运转产生的压力。

常用的低温热水采暖系统中的供水温度为95℃，回水温度一般为70℃。

2. 蒸汽采暖系统

蒸汽采暖系统以蒸汽锅炉产生的饱和水蒸气作为热媒，经管道进入散热器内，将饱和水蒸气的汽化潜热散发到房间周围的空气中，水蒸气冷凝成同温度的饱和水，凝结水再经管道及凝结水泵返回锅炉重新加热。

蒸汽采暖系统按蒸汽压力的不同分为：①低压蒸汽系统，供汽压力低于或等于70kPa；②高压蒸汽系统，供汽压力大于70kPa。

对于间歇性的采暖建筑（如影剧院、俱乐部），蒸汽采暖有较高的实用价值。

3. 采暖的散热方式

采暖系统按采暖的散热方式可分为散热器采暖系统（散热器散热，以对流为主）、辐射采暖系统（如地板辐射采暖、金属辐射板采暖等，以辐射为主）和热风采暖系统（如热送风、热风幕等，以强制对流为主）。

4. 供、回水方式

采暖系统按不同供水、回水方式，分为双管系统和单管系统。

① 双管系统。采用并联连接，热水经供热管道平行地分配给多组散热器，冷却后的回水从每个散热器直接沿回水管道流回热源。这种系统称为双管式或双管系统，在一般建筑物中使用较为普遍。

② 单管系统。采用串联连接，热水经供热管道顺序流过多组散热器，并顺序地在各散热器中冷却。这种系统称为单管式或单管系统。

供水、回水管位置有上供下回和下供下回两种方式。传统的室内采暖多采用上供下回方式，一般没有计量装置。许多城市已经开始在新建住宅和公建工程的室内采暖系统中推广一户一表系统，该系统具有分户控制、分户计量的功能。

（三）高层建筑热水采暖系统

在高层建筑的热水采暖系统中，由于下层散热器只能承受一定的静水压力，从而限制了采暖系统的高度，使得系统须沿垂直方向分区，因此工程中常用分层式采暖系统和单双管混合式系统。具体分区高度需按建筑物总高度和所选用的散热器的工作压力，以及系统的形式综合考虑确定。此外，还应结合给水系统与空调系统的分区情况，一并考虑楼层中间设备层的问题。

二、建筑通风与空调

通风又叫换气，其任务是将室内的污浊空气排出，并将经过处理的新鲜空气送入室内。使室内的空气温度、相对湿度、气流速度、洁净度等参数保持在一定范围内，这种技术称为空气调节（空调），它是建筑通风的发展和继续。

（一）通风系统及其分类

为了维持室内合适的空气湿度与温度，排出其中的余热、有害气体、水蒸气和灰尘，同时送入一定质量的新鲜空气，以满足人体卫生或生产车间工艺的要求，需要设置一套送、排风系统或除、排毒通风系统。通风系统一般按如下方式分类。

1. 按空气流动所依据的动力分类

通风系统按空气流动所依据的动力分为自然通风和机械通风。

① 自然通风：通风的动力是室内外空气温度差所产生的"热压"，和室外风的作用所产生的"风压"。这两种因素有时单独作用，有时同时存在。风的大小和方向是不断变化的，因而自然通风的通风效果不稳定。但自然通风不消耗能源，是一种经济的通风方式。

② 机械通风：是以风机为动力造成空气流动。一般只有自然通风不能保证卫生标准和特殊要求时才使用。机械通风系统，除了作为动力的风机以外，一般还需要空气过滤器、通风管网以及其他一些配套设施。

2. 按通风范围分类

按通风范围分为全面通风和局部通风。全面通风也称稀释通风，它是对整个空间进行换气；局部通风是在污染物的产生地点直接把污染的空气收集起来排至室外，或者直接向局部空间供给新鲜空气。局部通风具有通风效果好、风量节省等优点。

3. 按通风特征分类

按照通风特征分为进气式通风和排气式通风。进气式通风也称送风，是将新鲜空气由室外吹入室内；排气式通风也称排风，是将污浊空气由室内吸出，排放到室外。

在实际工程中，各种通风方式常常联合使用，具体方式需根据卫生和技术要求、建筑物和生产工艺特点，以及经济、适用等情况而定。

（二）空调系统及其分类

1. 空调系统的组成

空调系统一般由空气处理设备（如制冷机、冷却塔、水泵、风机、空气冷却器、加热器、加湿器、过滤器、空调器、消声器）、空气输送管道、空气分配装置的各种风口和散流器，以及调节阀门、防火阀等附件组成，它可根据需要组成不同形式的系统。

空气调节系统的功能包括为室内供暖、通风、降温和调节湿度等。

2. 空调系统的分类

空调系统可以按多种方式进行分类。

（1）按空气处理的设置情况分类　按空气处理的设置情况分类，空调系统可分为集中式系统、分散式系统、半集中式系统。

① 集中式系统：空气处理设备大都设置在集中的空调机房内，空气经处理后，由风道送入各房间。

② 分散式系统：将冷、热源和空气处理与输送设备等整个空调机组，直接放置在空调房内或附近的房间内，每台机组只供一个或几个小房间，或者一个大房间内放置几台机组。

③ 半集中式系统：集中处理部分或全部风量，然后送往各个房间或各区进行再处理。

（2）按负担室内负荷所用的介质分类　按负担室内负荷所用的介质分类，空调系统可分为全空气系统、全水系统、空气-水系统和冷剂系统。

① 全空气系统：房间全部冷热负荷均由集中处理后的空气来负担。

② 全水系统：房间冷热负荷全部由集中供应的冷热水负担。

③ 空气-水系统：房间冷热负荷由集中处理的空气负担一部分，其余由水作为介质，在送入房间时，对空气进行再处理。

④ 冷剂系统：房间冷热负荷由制冷系统的直接蒸发器和空调器组合在一起的小型机组负担。直接蒸发机组按冷凝器的冷却方式不同，可以分为风冷式或水冷式；按安装组合情况可以分为窗式、柜式和分体式。

（3）按集中式空调系统处理的空气来源划分　按集中式空调系统处理的空气来源划分，分为封闭式系统、直流式系统和混合式系统。

① 封闭式系统：需要处理的空气全部来自空调房间本身，无室外新风补充，适用于战时人防工程或少有人进出的仓库。

② 直流式系统：需要处理的空气全部来自室外新风，适用于不允许采用室内回风的系统，如放射性实验室等。

③ 混合式系统：封闭式和直流式系统的组合使用，多用于工业与民用建筑。

第三节　建筑电气与智能化建筑

建筑电气系统包括强电系统和弱电系统。强电系统一般包括：供电电源（变配电室）、室外线路、室内线路、防雷接地设施等部分。弱电系统一般包括：火灾自动报警系统、有线电视系统、通信电话系统、计算机网络系统等。

一、供配电系统

（一）电力系统

发电厂、电力网和电能用户组合成的一个整体，称为电力系统。在电力系统中，一切消耗电能的用电设备均称为电能用户。用电设备一般分为如下几类：

动力用电设备：把电能转换为机械能，例如水泵、电梯等。

照明用电设备：把电能转换为光能，例如各种电光源。

电热用电设备：把电能转换为热能，例如电烤箱、电加热器。

工艺用电设备：把电能转换为化学能，例如电解、电镀。

一个电路的组成，包括四个基本要素：电源、导线、开关控制设备和用电设备。任何电路都必须构成闭合回路。

（二）电源

建筑项目一般从电网或临近的高压配电所直接取得电源，也有设自备电源的（如发电机）。从电网或临近的高压配电所取得的电源一般需经变配电室再次变、配电才可供用户的用电设备使用。

建筑物室内的供电方式，采用 220V 单相二线制或 380/220V 三相四线制。

（三）室内外电气配电线路

室外一般采用电缆线路，采取直接埋地敷设、电缆沟内敷设或电缆隧道敷设等。也可采取电杆架空敷设。

室内配电线路的导线一般采用绝缘导线及电缆。敷设方式有明敷和暗敷，明敷是导线直接穿入管子、线槽、桥架等保护体内，敷设于建筑的墙壁、顶棚的表面或桁架、支架之上，一般直接采用线卡敷设；暗敷是导线在管子、线槽等保护体内，敷设于墙壁、顶棚、地层、楼板、梁柱的内部或混凝土板孔内。

电线电缆穿的保护管主要有钢制电线管、焊接钢管、水煤气钢管、聚氯乙烯硬质电线管、聚氯乙烯半硬质电线管、聚氯乙烯塑料波纹电线管以及钢制线槽或聚氯乙烯线槽。

电气竖井内布线，是正在积极推广的一种综合布线方式。

二、室内低压配电与电气照明

（一）室内低压配电

室内配电用的电压通常为 380/220V 三相四线制的交流电压。220V 单相负载用于电灯照明或其他家用电器设备，380V 三相负载多用于有电动机的设备。

低压电源直接进户的供电网路，由配电柜、配电箱、干线和支线等部分组成。一般将电能从配电柜（盘）送到各个配电箱（盘）的线路称为干线，将配电箱接至各种灯具（或其他负载）的线路称为支线。

（二）照明方式

照明方式按照照明器的布置特点分为一般照明、局部照明和混合照明。

一般照明是指在工作场所内不考虑局部的特殊要求，为照亮整个场所而设置的照明。如教室、阅览室、会议室等场所。局部照明是局限于工作部位的固定或移动照明，如设计室的工作台、检修台等。混合照明是指由一般照明和局部照明共同组成的照明方式。

（三）照明种类

照明种类按照照明的功能分为正常照明、事故照明（应急照明）、障碍照明、景观照明等。

三、导线、配电箱、开关、电表及光源的选择

（一）导线选择的一般原则

导线选择是供、配电系统设计中的一项重要内容。它包括导线型号和导线截面的选择。导线型号的选择根据使用环境、敷设方式和供货情况而定。导线截面的选择则根据机械强度、通过导线电流的大小、电压损失等确定。

（二）配电箱

配电箱是接受和分配电能的装置。配电箱内装有电表、总开关和总熔断器、分支开关和分熔断器等。

配电箱按用途可分为照明和动力配电箱；按安装形式可分为明装（挂在墙上或柱上）、暗装和落地柜式；按制造方式可分为定型产品、由施工单位或工厂根据使用要求另行设计加工的非定型配电箱。

用电量小的建筑物可以只设置一个配电箱；用电量较大的建筑物可以在每层设分配电箱，并在首层设置总配电箱；对于用电量大的建筑物，可根据不同用途设置数量较多的各种类型的配电箱。

（三）开关

总开关（分支开关）包括刀式开关和自动空气开关。前者适用于小电流配电系统中，可作为电灯、电器等回路的开关。后者主要用来接通或切断负荷电流，因此又称为电压断路器。开关系统中一般还有熔断器，主要用来保护电气设备免受超负荷电流和短路电流的损害。

灯具的开关分明装式和暗装式两类。按构造分有单联、双联和三联开关（指一块面板上的开关个数）。按使用方式有拉线开关、扳把开关、按钮开关、感应（声控、光控、触摸）开关等。从控制方式看，有单控开关和双控开关。单控开关可以一只开关控制一盏灯，也可以一只开关控制多盏灯；双控开关可以两只开关在两处控制同一盏灯。

（四）电表

电表又称电度表，用来计算用户的用电量，并根据用电量计算应缴电费数额。交流电度表分为单相和三相两种。

（五）常用照明灯具

照明灯具又称光源，是指将电能转换为光能的灯泡、灯管等。照明灯具按光源类型分为热辐射光源（如白炽灯和碘钨灯）和气体放电光源（如日光灯）。按照安装方式分为吊灯、吸顶灯和壁灯等。目前应用广泛的光源是白炽灯和荧光灯具。

（六）插座

插座分双极插座和三极插座，双极插座又分双极双孔和双极三孔（其中一孔用来接地极）两种，三极插座有三极三孔和三极四孔（其中一孔接地用）两种。插座也有明装和暗装两类。

四、建筑防雷、接地、接零保护

雷电是大气中的自然放电现象。雷电的危害可以分为三类，第一类是直雷击，即雷电直

接击在建筑物或设备上发生的机械效应和热效应；第二类是感应雷，即雷电流产生的电磁效应和静电效应；第三类是高位引入，即雷电击中电气线路和管道，雷电流沿这些电气线路和管道引入建筑物内部。它可能引起建筑物或设备的严重破坏并危及人的生命。因此，应采取适当的措施保持建筑物不受雷击，保护设备和人员安全。建筑物的防雷装置一般由接闪器（避雷针、避雷带或避雷网）、引下线及接地线三部分组成。

在电气设备运行中，绝缘损坏会使设备的外壳带电。当人员接触到带电的设备外壳时，电流将通过人体流入大地对人身产生危害。因此，应采取保护措施。对于变压器中性点不接地的运行方式，应将设备的外壳接地，称为接地保护；对于变压器中性点直接接地的运行方式，应将设备的金属外壳与中性点引来的零线相连接，称为接零保护。

五、智能化建筑

智能建筑是建筑技术与信息技术相结合的产物，它从建筑平面、通信、电气、给排水等设计方面，以及楼宇管理和服务等诸多方面进行最优组合，不仅节能降耗，还能创造出信息资讯通达、环保和安全的居住环境。自从1984年美国康涅狄格州建成世界公认的第一座智能化办公大楼"城市广场"以来，引起了世界各国的广泛注意，随后在美国、日本、欧洲及世界其他地区相继掀起了建设智能化建筑的热潮。

智能化建筑的出现标志着现代建筑新趋势和信息化社会的全面到来。

（一）智能化建筑的概念

现代信息技术的迅速发展和广泛应用，使人们对各类建筑的使用功能和科学化管理提出了全新的要求，智能建筑就是在这一背景下出现的。

智能化建筑具有多门学科融合集成的综合特点，其发展历史较短，但发展速度很快，国内外对它的定义有各种描述和不同理解，尚无统一的确切概念和标准。可以说，智能化建筑是将建筑、通信、计算机网络和监控等各方面的先进技术相互融合、集成为最优化的整体，具有工程投资合理、设备高度自控、信息管理科学、服务优质高效、使用灵活方便和环境安全舒适等特点，能够适应信息化社会发展需要的现代化新型建筑。

智能化建筑的基本功能主要由三大部分构成。即大楼自动化（BA，又称建筑自动化或楼宇自动化）、通信自动化（CA）和办公自动化（OA），这三个自动化通常被称为"3A"，它们是智能化建筑中最基本的，而且必须具备的基本功能。有些地方的房地产开发公司为了突出某项功能，以提高建筑等级和工程造价，又提出防火自动化（FA）和信息管理自动化（MA），形成"5A"智能化建筑。还有文件提出含有保安自动化（SA）的"6A"智能化建筑，甚至还有"8A""9A"的说法。但从国际惯例来看，FA和SA等均放在BA中，MA已包含在CA内，通常只采用"3A"的提法。

国内有时把智能化建筑统称为"智能大厦"。从实际工程分析，业内认为高楼大厦不一定需要高度智能化。相反，许多非高层建筑却需要高度智能化，例如航空港、火车站、江海客货运港区和智能化居住小区等。目前所述的智能化建筑只是在某些领域具备一定智能化，其"智能化"程度深浅不一，没有统一标准。智能化本身的内容是随着人们的要求和科学技术不断发展而延伸拓宽的。我国有关部门在《智能建筑设计标准》（GB/T 50314—2015）中，对智能建筑做出的定义是：以建筑物为平台，基于对各类智能化信息的综合应用，集架构、系统、应用、管理及优化组合为一体，具有感知、传播、记忆、推理、判断和决策的综合智慧能力，形成以人、建筑、环境互为协调的整合体，为人们提供安全、高效、便利及可持续发展功能环境的建筑。这是人们在对国内外很多公认的智能建筑分析和研究后，建立起来的共同概念。

我国上海 $6000m^2$ 的智能化"议政大厅"已于 1996 年 1 月正式启用。左右两面各有 120 英寸（3000mm）的大型投影屏，无论照片、实物等都可清晰显示在投影屏上。委员发言时按下申请键即反映到主席台的监视器，主席用手触摸一下委员的名字，其席上话筒立即发声。大厅四角的探头自动对准发言者，同时其发言画面立即反映在屏幕上。如拟提供材料，只需将自己的笔记本电脑接入插座边插头即可。此外还可以通过计算机数字编辑系统，将会场情况进行音像存档。

美国麻省理工学院的未来居室模型，率先用中央家居智能电脑指挥各家用设备的多种功能。如触及门把即可识别来人；步入房间时，宽屏幕彩电会自动打开并调整到主人喜欢的频道；室内控温系统可以根据身体需要调整温度等。

（二）建筑环境

建筑环境是智能化建筑赖以存在的环境基础。它必须满足智能化建筑特殊功能的要求。根据国外智能化办公大楼租户使用经验，智能化建筑开间及隔墙布置，由于以下原因需要经常变动。

① 每年工作人员流动概率很高；

② 公司更换地址，迁入迁出，调整位置时有发生；

③ 公司组织机构、业务范围及规模每年均有较大变化；

④ 办公自动化设备品种、等级、性能变化更新极快；

⑤ 房间面积、装饰、功能、装备等，随着业务性质的变化而有不同要求；

⑥ 经济原因引起的变化等。

由于以上这些原因，智能化建筑必须适应这些变化，尽可能以经济实用、舒适、高效，并具有适应变化的高度灵活性的建筑环境来满足各类租户的要求。譬如房间设计为活动开间（隔断），活动地板，大开间可分成有不同工位的小格间。每个工位地板由小块地板拼装而成，活动地板下部空间可敷设全部电力、通信和数据输送线路，需要引到每个工位的各种线路都通过可拆卸小块拼装地板引到工位点。由于是活动开间和活动可拼装地板，因而建筑开间和隔墙布置可随需要灵活变化。

建筑环境除了对开间、隔墙布置要求灵活性以外，还要考虑机电设备及其各种线路的可保养性。在建筑物耐用年限中，考虑有关建筑部位及机电设备的修缮、更换空间和方法，使总寿命期的费用控制为最低。智能化建筑环境还要特别注意确保工作人员活动空间及视听环境达到舒适高效标准。

（三）建筑设备自动化系统

建筑设备自动化系统（BAS），也称楼宇自动化系统。它将建筑中的给排水、空调、电气照明、冷热源、通信、广播、火灾自动报警、保安监视和巡更系统，以及能源管理、计费、设备维修管理等都综合到一个系统。对建筑物各项设施进行科学管理，给人们提供一个节能、高效、安全、舒适的办公和居住环境。

（四）通信网络系统

信息交往是智能化建筑的一项重要内容，而通信系统则是实现信息交往的先进手段。在智能化建筑中，通信网络系统（CNS）把分散在楼宇各处的许多终端设备（如火灾报警终端等）和计算机连接起来。用通信线路将数据信号传送到计算机主机进行处理，处理完毕后再经通信网络系统，将结果送回到原来的终端或其他被指定的计算机。

高速处理智能化建筑范围内外各种语音、数据、图形图像信息的通信系统，是智能化建筑的重要功能。包括通信卫星网络系统在内的各种高速通信系统，突破了传统的地域观念，实现了相距万里近在眼前的国际信息交往联系。如今的现代化建筑已不再局限在几个有限的大城市范围内。它提供了强有力的缩短空间和时间的手段，其中智能化建筑通信系统起到了零距离零时差交换信息的重要作用。

（五）办公自动化系统

智能化建筑内的各类办公自动化设备，如具有高速处理能力的多功能工作站的末端设备，可通过建筑物内局域网及通信总机和建筑物外部通信网络连接，实现建筑物内外信息网络化。这与过去单台办公设备自动化相比，可实现大范围内高度统一调度协调功能，大大提高工作效率。办公自动化系统可提供从基本文书档案工作到决策制定、时间程序管理等多种信息处理，还可根据用户要求提供物业管理、各种业务管理（如购物、图书、档案等）等方面的综合服务。

智能建筑的办公自动化系统也包括物业管理办公自动化系统，它由综合服务网络（网络面向楼宇的娱乐、餐饮、公用信息等综合服务）的服务器构成，负责向管理中心提供物业管理的汇总信息。

智能化住宅及住宅小区也是智能化建筑的发展领域。

■■■■ 第四节　施工组织设计 ■■■■

建筑施工是指通过有效的组织方法和技术途径，按照施工设计图纸和说明书的要求，建成整个建筑物的全过程。建筑施工是建筑基础工程、结构工程、装修工程及设备安装工程的施工建设过程。

一、建筑施工的内容

建筑施工包括建筑施工管理和建筑施工技术两个部分。建筑施工管理工作以施工组织设计为核心，将全部施工活动在时间和空间上科学地组织起来，合理使用人力、物力、财力，使建筑工程获得最佳使用效果及经济效果；建筑施工技术着重研究确定分部分项工程的最佳施工方案，使建筑工程质量好、工期短、工效高、成本低，满足使用功能要求。

将设计的施工图纸转变为实际的建筑物，必须经过建筑施工。建筑施工一般由施工准备、施工组织设计、施工实施和工程验收等四个主要环节组成。

（一）施工准备

施工准备是为工程施工建立必要的技术和物质条件，它不仅存在于开工之前，而且贯穿在施工过程之中。内容有：①技术准备：包括熟悉、审查施工图纸，掌握工程地质、水文和地区的自然环境（气候、地形、地貌）情况，编制施工预算和施工组织设计；②现场准备：包括"四通一平"（用水、用电、道路、通信畅通，平整场地）、测量放线和搭建施工临时用房等；③物资准备：包括建筑材料、机具设备、模板、脚手架和冬雨季施工物资以及供应商的落实等；④人员准备：包括组建项目班子、技术人员和劳动力配备以及工程分包商的落实等。

（二）施工组织设计

施工组织设计是从施工准备到竣工验收的组织、技术、经济的综合性技术文件，由施工单位（承包商）编制，用来指导整个施工活动。施工组织设计是编制建设计划、组织施工力量、规划物资资源、制定施工技术方案的依据，它分施工组织总设计、单位工程施工组织设计和分部分项工程施工组织设计三类。

（三）施工项目的划分

为了方便施工管理和质量验收，建设工程一般划分为建设项目、单项工程、单位工程、分部工程和分项工程。

建设项目是指按照一个总体设计进行建设的各工程的总和，如兴建一个工厂、一个住宅小区等。

所谓单项工程，也称工程项目，是指有独立设计文件，建成后可以独立发挥设计文件所确定效益的工程。一个建设项目可以有几个单项工程，也可以只有一个单项工程。如住宅小区可以包括多个住宅单体和配套设施，其中的某一幢住宅，即是一个单项工程。

所谓单位工程，是指建筑物具有独立施工条件，并能形成独立使用功能的部分。一个单项工程可以有几个单位工程，也可以只有一个单位工程。如一幢住宅楼，可以分成建筑工程、室外安装工程等单位工程。

分部工程是按建筑物的主要部位或专业性质对单位工程的细分，如建筑工程可以分为地基基础、主体结构、装饰、屋面、给排水及采暖、建筑电气等分部工程。当分部工程较大或较复杂时还可以再细分为子分部工程，如地基基础分部，可以细分为地基及基础处理、地下防水、桩基等。

分项工程则是按主要工种、施工工艺、设备类别等对分部工程的再划分，如地基基础或主体结构分部工程可以再分为钢筋、混凝土、模板等分项工程。

（四）施工过程

完成建筑物的建造，除科学严密的组织管理外，主要进行的是各项具体的施工实施。它包括的内容极为丰富。如土石方工程、基础工程、砌筑工程、钢筋混凝土工程、装饰工程等。施工实施过程的重点是做好工程质量控制和安全生产工作。

（五）工程验收

工程验收就是对工程施工质量进行鉴定。它不仅存在于完工之后的竣工验收，而且贯穿在施工过程之中。

建筑工程施工质量验收标准中，验收的概念是指建筑工程在施工单位自行质量评定的基础上，参与建设活动的有关单位，共同对分项、分部、单位工程的质量进行抽查复验，根据相关标准以书面形式对工程质量达到合格与否做出确认。一般分项工程由监理工程师或建设单位技术人员组织施工单位相关人员进行验收；分部工程由总监理工程师或建设单位项目负责人组织施工单位相关人员进行验收，其中地基与基础、主体结构分部工程的勘察、设计单位的相关人员也参加相关分部工程验收；单位工程完工后，由建设单位（项目）负责人组织施工、设计、监理等单位进行单位（子单位）工程验收。单位工程质量验收合格后，建设单位还要按规定向建设行政管理部门备案。

二、施工组织设计的基本内容

施工组织设计是以施工单位拟建工程为对象编制的综合性文件。施工组织设计的内容要结合工程对象的实际特点、施工条件和技术水平进行综合考虑，一般包括如下基本内容。

（一）工程概况及其特点分析

① 本项目的性质、规模、建设地点、结构特点、建设期限、分批交付使用的条件、合同条件；

② 本地区地形、地质、水文和气象情况；

③ 施工力量，劳动力、机具、材料、构件等资源供应情况；

④ 施工环境及施工条件等。

（二）施工部署及施工方案

施工部署即各单项工程分期分批建设的程序。施工方案包括施工程序和流程、选择施工技术方案和施工机械，制定技术组织措施等。

① 根据工程情况，结合人力、材料、机械设备、资金、施工方法等条件，全面部署施工任务，合理安排施工顺序，确定主要工程的施工方案；

② 对拟建工程可能采用的几个施工方案进行定性、定量的分析，通过技术经济评价，选择最佳方案。

（三）施工进度计划

施工进度计划指根据实际现场条件安排施工的进度，以及劳动力和资源的需求。通常采用横道进度表或网络图来表达施工进度。

① 施工进度计划反映了最佳施工方案在时间上的安排，采用计划的形式，使工期、成本、资源等方面，通过计算和调整达到优化配置，符合项目目标的要求；

② 使工序有序地进行，使工期、成本、资源等通过优化调整达到既定目标，在此基础上编制相应的人力和时间安排计划、资源需求计划和施工准备计划。

（四）施工总平面图

施工总平面图是施工方案及施工进度计划在空间上的全面安排。它把投入的各种资源、材料、构件、机械、道路、水电供应网络、生产、生活活动场地及各种临时工程设施合理地布置在施工现场，使整个现场能有组织地进行文明施工。

（五）主要技术经济指标

技术经济指标用以衡量组织施工的水平，对施工组织设计文件的技术经济效益进行全面评价。

三、施工组织设计的分类及其内容

根据施工组织设计编制的广度、深度和作用的不同，可分为：

① 施工组织总设计；

② 单位工程施工组织设计；

③ 分部（分项）工程施工组织设计［或称分部（分项）工程作业设计］。

（一）施工组织总设计的内容

施工组织总设计是以整个建设工程项目为对象［如一个工厂、一个机场、一个道路工程（包括桥梁）、一个居住小区等］而编制的。它是对整个建设工程项目施工的战略部署，是指导全局性施工的技术和经济纲要。施工组织总设计的主要内容如下：

① 建设项目的工程概况；

② 施工部署及其核心工程的施工方案；

③ 全场性施工准备工作计划；

④ 施工总进度计划；

⑤ 各项资源需求量计划；

⑥ 全场性施工总平面图设计；

⑦ 主要技术经济指标（项目施工工期、劳动生产率、项目施工质量、项目施工成本、项目施工安全、机械化程度、预制化程度、暂设工程等）。

（二）单位工程施工组织设计的内容

单位工程施工组织设计是以单位工程（如一栋楼房、一个烟囱、一段道路、一座桥等）为对象编制的，在施工组织总设计的指导下，由直接组织施工的单位根据施工图设计进行编制，用以直接指导单位工程的施工活动，是施工单位编制分部（分项）工程施工组织设计和季、月、旬施工计划的依据。单位工程施工组织设计根据工程规模和技术复杂程度不同，其编制内容的深度和广度也有所不同。对于简单的工程，一般只编制施工方案，并附以施工进度计划和施工平面图。单位工程施工组织设计的主要内容如下：

① 工程概况及施工特点分析；

② 施工方案的选择；

③ 单位工程施工准备工作计划；

④ 单位工程施工进度计划；

⑤ 各项资源需求量计划；

⑥ 单位工程施工总平面图设计；

⑦ 技术组织措施、质量保证措施和安全施工措施；

⑧ 主要技术经济指标（工期、资源消耗的均衡性、机械设备的利用程度等）。

（三）分部（分项）工程施工组织设计的内容

分部（分项）工程施工组织设计［也称为分部（分项）工程作业设计，或称分部（分项）工程施工设计］是针对某些特别重要的、技术复杂的，或采用新工艺、新技术施工的分部（分项）工程，如深基础、无黏结预应力混凝土、特大构件的吊装、大量土石方工程、定向爆破工程等为对象编制的，其内容具体、详细、可操作性强，是直接指导分部（分项）工程施工的依据。分部（分项）工程施工组织设计的主要内容如下：

① 工程概况及施工特点分析；

② 施工方法和施工机械的选择；

③ 分部（分项）工程的施工准备工作计划；

④ 分部（分项）工程的施工进度计划；

⑤ 各项资源需求量计划；

⑥ 技术组织措施、质量保证措施和安全施工措施；

⑦ 作业区施工平面布置图设计。

■■■ 第五节　混合结构施工 ■■■

在建筑施工中，脚手架和垂直运输设施占有特别重要的地位。选择与使用得合适与否，不但直接影响施工作业的顺利、安全进行，而且也关系到工程质量、施工进度和企业经济效益的提高。它是建筑施工技术措施中最重要的环节之一，满足施工需要和确保使用安全是对建筑施工脚手架和垂直运输设施的基本要求。建筑工地是安全事故的多发地区之一，而发生在建筑脚手架与垂直运输设施之中或与其有关的安全事故又占了较大（大约三成）的比例。

一、脚手架

"脚手架"的原意是为施工作业需要所搭设的架子。随着脚手架多功能用途的发展，现在已扩展为使用脚手架材料（杆件、构件和配件）所搭设的、用于施工要求的各种临时性构架。

（一）脚手架的分类

脚手架使用的材料有竹、木、钢管等。按不同方式和原则，脚手架可以分为多种类型。

1. 按用途分类

① 操作脚手架：为施工操作提供高处作业条件的脚手架。包括结构作业脚手架（俗称"砌筑脚手架"）和装修作业脚手架，或分别简称"结构脚手架""装修脚手架"。

② 防护脚手架：只用作安全防（围）护的脚手架，包括各种栏护架和棚架。

还有承重、支撑用脚手架，用于材料的转运、存放、支撑以及其他承载用途的脚手架，如受料架（台）（用于存放材料的台架）、模板支撑架和安装支撑架等。

2. 按脚手架的设置形式分类

① 单排脚手架：只有一排立杆的脚手架，其横向平杆的另一端搁置在墙体结构上。

② 双排脚手架：具有两排立杆的脚手架。

③ 多排脚手架：具有三排以上立杆的脚手架。

④ 满堂脚手架：按施工作业范围满设的、两个方向各有三排以上立杆的脚手架。

⑤ 满高脚手架：按墙体或施工作业最大高度、由墙面起满高度设置的脚手架。

⑥ 交圈（周边）脚手架：沿建筑物或作业范围周边设置并相互交圈连接的脚手架。

⑦ 特型脚手架：具有特殊平面和空间造型的脚手架。如用于烟囱、水塔、冷却塔以及其他复杂造型，平面为圆形、环形、"外方内圆"形、多边形和上扩、上缩等特殊形式的建筑施工脚手架。

3. 按脚手架的支固方式分类

① 落地式脚手架：搭设（支座）在地面、楼面、屋面或其他平台结构之上的脚手架。

② 悬挑脚手架：简称"挑脚手架"，采用悬挑方式支固的脚手架。

③ 附墙悬挂脚手架：简称"挂脚手架"，在上部或（和）中部挂设于墙体挑挂件上的定型脚手架。它与挑脚手架的支固作用方式同属悬挑结构一类，不同之处在于，前者的支固点设于底部或下部并辅以上拉措施，后者的支固点设于顶部或上部并辅以下支（顶）措施；前者脚手架多采用杆件搭设，后者多为定型架，采用整体吊升降。

④ 悬吊脚手架：简称"吊脚手架"，悬吊于悬挑梁或工程结构之下的脚手架。当采用篮

式作业架时，称为"吊篮"。

4. 按脚手架的搭拆和移动方式分类

① 人工装拆脚手架：采用人工搭设和拆除的脚手架。

② 整体提升脚手架：采用机械提升机构整体升降的脚手架。

③ 水平移动脚手架：带行走装置的脚手架或操作平台架。

另有升降桥架等。

5. 按脚手架平、立杆的连接方式分类

① 承插式脚手架：在平杆与立杆之间采用承插连接的脚手架。

② 扣接式脚手架：使用扣件箍紧连接的脚手架。即靠拧紧扣件螺栓所产生的摩擦作用，构架和承载的脚手架。

③ 销栓式脚手架：采用对穿螺栓或销杆连接的脚手架，此种形式已很少使用。

6. 按使用位置分类

① 外脚手架：设于建筑物外部的脚手架。

② 里脚手架：也称内脚手架，设于建筑物内部的脚手架。

（二）脚手架的搭设高度

脚手架的搭设高度是个比较复杂的问题，不同地区、不同类型的脚手架，规定的安全搭设高度及极限高度都不同。脚手架种类繁多，因此搭设高度也划分很细，我国各地有专门的技术规范对此做出了详细的规定。

二、垂直运输设施

垂直运输设施是指在建筑施工中，担负垂直运（输）送材料设备和人员上下的机械设备和设施。无论何种工程，都毫无例外地存在垂直运输的需要，它是施工技术措施中不可缺少的重要环节。

（一）垂直运输设施的分类

凡具有垂直（竖向）提升（或降落）物料、设备和人员功能的设备（施），均可用于垂直运输作业。所以垂直运输设施种类较多，可大致分以下五大类：塔式起重机、施工电梯、物料提升架、混凝土泵和其他小型起重机具的物料提升设施。

1. 塔式起重机

塔式起重机具有提升、回转、水平输送（通过滑轮车移动和臂杆仰俯）等功能，因此它不仅是重要的吊装设备，也是重要的垂直运输设备。用塔式起重机垂直和水平吊运长、大、重的物料仍为其他垂直运输设备（施）所不及。

2. 施工电梯

施工电梯也称施工升降机，较为多用，多数施工电梯为人货两用，少数仅供货用。

3. 物料提升架

物料提升架包括井式提升架（简称"井架"）、龙门式提升架（简称"龙门架"）、塔式提升架（简称"塔架"）和独杆升降台等。

塔架是一种可自升的物料提升架，采用类似塔式起重机的塔身和附墙构造，两侧悬挂吊笼或混凝土斗。

4. 混凝土泵

它是水平和垂直输送混凝土的专用设备，用于超高层建筑工程时更具有优越性。混凝土泵按工作方式分为固定式和移动式两种；按泵的工作原理分为挤压式和柱塞式两种。我国已使用混凝土泵施工，施工高度超过 300m。

5. 葫芦式起重机及其他小型起重机具的物料提升设施

这类物料提升设施由小型（一般起重量在 1.0t 以内）起重机具构成，如电动葫芦、手扳葫芦、倒链、滑轮、小型卷扬机等与相应的提升架、悬挂架等，形成墙头吊、悬臂吊、摇头把杆吊等。常用于多层建筑施工或作为辅助垂直运输设施。

（二）垂直运输设施的设置要求

垂直运输设施的设置一般应满足覆盖面、供应能力和提升高度等要求。

1. 覆盖面和供应面

塔吊的覆盖面是指以塔吊的起重幅度为半径的圆形吊运覆盖面积；垂直运输设施的供应面是指借助于水平运输手段（手推车等）所能达到的供应范围。

2. 供应能力

塔吊的供应能力等于吊次乘以吊量（每次吊运材料的体积、重量或件数）；其他垂直运输设施的供应能力等于运次乘以运量，运次应取垂直运输设施和与其配合的水平运输机具中的低值。

3. 提升高度

设备的提升高度能力，应比实际需要的升运高度至少高出 3m，以确保安全。

4. 水平运输手段

在考虑垂直运输设施时，必须同时考虑与其配合的水平运输手段。当使用塔式起重机作垂直和水平运输时，要解决好料笼和料斗等材料容器的问题。当使用其他垂直运输设施时，一般使用手推车作水平运输。其运载量取决于可同时装入几部车子，以及单位时间内的提升次数。

三、混合结构基础工程

一般所称的混合结构，是指用砖、砌块、石块砌筑墙体，用钢筋混凝土现浇或预制楼板的结构。混合结构的建筑施工可以分为基础、主体和装饰三个施工阶段，基础和主体施工阶段以砌体结构施工为主。

基础工程的施工工艺顺序如下：

拟建建筑物平面的定位与基槽放线（包括验线）—挖土及清底—降排水—钎探—验槽及地基处理（必要时进行）—做垫层—基础放线（验线）及立皮数杆—砌筑砖基础—铺设墙身防潮层—安设室内各种管线—基础及房心回填土—首层地面垫层施工。

（一）基槽放线及开挖

在基础施工之前，首先要按总平面图和建筑首层平面图的要求，将拟建房屋在工地上定出平面位置（定位）和零点标高。定位时，先将房屋外墙轴线的交点用木桩测设于地上，并在桩顶钉上小钉作为标志。房屋的外墙轴线测设完以后，再根据建筑平面图，将内部所有轴线测设于地上。房屋定位后，按基础宽度用白灰放出边线作为挖土时的标准。房屋的定位测量一般使用钢尺和经纬仪。

施工开槽时，轴线桩要被挖掉，为了方便施工，常在基槽外一定距离处设置建筑主要轴线标志板（龙门板），标记轴线位置、基础宽度、墙厚和标高，外形或构造简单的建筑，可以用控制轴线的外引桩代替标志板。标志板（外引桩）的作用是以备需要时用拉线的办法将轴线重现。

挖土前要决定挖出土方的弃留，若土质适宜于回填土或作灰土时，要算出留土及弃土的数量。若基槽较深，土方量大时，有条件的应尽量利用机械挖土，但应注意挖深必须比基底标高浅，然后组织人工加以清底，以免机械挖土时扰动基底。

基础开挖时应注意防止边坡塌方。当周围较空旷、基础埋深不大时，可采用放坡开挖，当建筑物基础埋置较深时，基坑四周要设支护墙挡土。支护墙可以用钢板桩、钢筋混凝土板桩或其他形式的挡墙，必要时还要增设支撑系统。

基坑开挖时，要考虑基坑排水。如开挖面低于地下水面，地下水会不断渗入基坑内，为保持基坑干燥便于施工操作，防止边坡塌方和坑底承载力下降，要采用明沟排水（如在坑底设集水井，用水泵抽水）或人工降低地下水位（如在基坑开挖前在坑周围埋设滤水管，利用抽水设备从中抽水）。

基槽挖好后应迅速组织下道工序施工，以免基槽曝露时间过长，突然遭雨后基底受雨水浸泡，降低其承载能力。遭水浸泡的基底必须重新清底，夯探和加深基础。此外在开挖前应查看是否有电缆和管道通过，如有应及时改线，以免挖土时由于管线破坏造成严重事故。

（二）钎探

基槽挖成之后，为了防止基础的不均匀沉降，需要检查地基下有无地质资料上未曾提供的硬（或软）下卧层，以及土洞、暗墓等变化。其方法是进行钎探，即用锤将钢钎打入土中一定深度，从锤击数量和入土难易程度判断土的软硬程度。钢钎用直径 22～25mm 的光圆钢筋制成，长度 1.8～2.5m，一般每 30cm 作一刻痕。大锤用重 3.6～4.5kg 铁锤。打锤时，举高离钎顶 50～70cm，将钢钎垂直打入土中，并记录打入土层 30cm 的锤击数。钎孔间距与平面布置方式有关，一般 1～2m，钎探深度 1.2～2.0m。

（三）验槽及地基处理

钎探后应组织有关人员进行验槽。检查内容为：基底土是否与地质报告相符，有无破坏原状土结构或发生较大的扰动现象，基槽标高及平面尺寸以及打钎记录，对软（或硬）下卧层、坟、井、坑要确定处理方案。

发现问题的地基，处理通常采用挖、填、换三种方法处理。

挖：对于局部软弱土层，可将软土挖掉，基槽底部沿墙身方向挖成台阶形，其高宽比为 1:2，然后做垫层（同样为台阶式）。

填：如遇废井、土洞等，可先将淤泥清掉，水面下部分填中、粗砂或混以碎石，水面上部分用灰土分层填平夯实。应注意回填材料的密实程度要同相邻土层相近，以免软硬不一造成基础不均匀沉降。

换：槽底若遇有含水量较高的黏性土或黑土，质软而有弹性，称为"橡皮土"，可用换土处理。方法是先将槽底适当加深，用碎石铺底，上面做灰土，灰土应随铺随打，以免表面翻浆。

（四）垫层及基础施工

常用垫层有灰土及混凝土两种。混凝土要在浇筑后养护到一定强度时，方可砌筑基础，而灰土夯实即可砌筑基础。灰土垫层一般采用 3:7 或 2:8（石灰：土，体积比）灰土，施工时，一般每层虚铺 250mm 压（夯）实到 150mm。灰土需当日铺填夯压，且在 30 天内不得受水浸泡。

垫层完成后，用水准仪抄平，便可进行基础墙放线。一般放出各墙的轴线及大放脚宽度线，然后立皮数杆砌筑基础。基础皮数杆上除应表明皮数外，还应表明底层室内地面、防潮层、大放脚、洞口、管道、沟槽和预埋件等位置。

（五）室内管线施工及回填土

基础砌筑一旦完毕，应立即组织验收，验收合格后要及时回填。这样既可以改善工作条件，又可使基槽免遭雨水浸泡。但回填土必须和室内地下部分管线施工统一安排。室内地下管道一般是抢在回填土前埋入，管道须由室内做到室外散水之外。

回填土质量主要是注意夯压的密实性，应分层回填、分层夯压，以防止做好的地面或室外散水等由于填土下沉而开裂。由于砌筑基础的时间不长，墙体砂浆强度较低，夯实回填土时由于土的侧向挤压力，往往会把墙挤鼓而产生裂缝，所以施工时必须使墙基两侧回填土高度相差不要太大。

四、砌体施工

砌体施工一般称为砌筑工程，指砖石块体和各种类型砌块的砌筑，它是一个综合的施工过程，包括材料运输、脚手架搭设、砌筑工艺等。砌体结构的砌筑工程施工一般过程为：材料运输—砌筑—搭设脚手架—材料运输—第二步架砌筑—楼板施工—进入下一层砌筑作业。

（一）搭设脚手架

砌筑用脚手架，是墙体砌筑过程中堆放材料和工人进行操作的临时设施。工人在地面或楼面上砌筑砖墙时，劳动生产率受到砌体的砌筑高度影响，在距地面 0.6m 左右时，生产率最高，砌筑高度低于或高于 0.6m 时生产率下降。考虑砌体工作效率及施工组织等因素，每次搭设脚手架的高度为 1.2m 左右，称为"一步架高度"，又叫砌墙的可砌高度。

砌筑用脚手架按搭设位置分为外脚手架和里脚手架两类。

（二）砌筑工程施工组织

砌筑过程中的每一施工过程，都要在一定的空间和时间范围内进行，为了避免出现人工窝工或工作面闲置的现象，就必须从空间上、时间上对它们进行合理安排，做到有组织、有秩序地施工。例如在某个工作面上正在搭设脚手架，此时瓦工就不可能在这个作业面上砌筑，若安排不妥，瓦工就要窝工。再如，瓦工在脚手架上进行砌筑，当砌体达到一定高度后（如 1.5m 左右），工人将无法操作，此时需架子工将脚手架升高至适当位置，才能继续工作。

为使各施工过程能连续施工，各工作面内又不间断地有工人进入工作，充分利用时间和空间，提高劳动生产率，其有效的办法是组织流水作业。流水作业的组织方法，是将建筑物沿垂直方向按可砌高度划分为若干施工层，沿水平方向按劳动量大致相等的原则划分为若干个施工段。而完成各施工过程的工作队，则按施工顺序的先后，依次不断地进入各施工段和施工层进行工作。

（三）砌筑工艺

砌筑墙体通常包括抄平、放线、摆砖、立皮数杆挂准线、铺灰砌筑、勾缝等工序。

① 抄平：砌墙前，先在基础防潮层或楼面上，按标准的水准点或指定的水准点定出各层标高，并用水泥砂浆或细石混凝土找平。同时，应将砌筑部位清理干净，浇水湿润。

② 放线：底层墙身可以标志板（即龙门板）上轴线定位钉为准，将墙身中心轴线放到基础面上，以此墙身中心轴线为准弹出纵横墙边线，定出门洞口位置。同样，按楼层墙身中

心线，弹出各墙边线，定出门窗洞口位置。

③立皮数杆挂准线：皮数杆用方木或角钢制作，其上按设计规定的层高、施工规定的灰缝大小和施工现场砌筑块体的规格，计算出灰缝厚度，并标明块体的皮数，及楼面、门窗洞口、过梁、圈梁、楼板、梁等的标高，以保证铺灰厚度和各皮水平。皮数杆立于墙的转角处及交接处，其标高用水准仪校正。挂准线的方法是在皮数杆之间拉麻线，每砌一皮块体，准线向上移动一次，沿着挂线砌筑，以保证墙面垂直平整。

④铺灰砌筑：铺灰砌筑的操作方法很多，与各地区的操作习惯、使用工具有关。实心砖砌体大都采用一顺一丁、三顺一丁、梅花丁的砌筑形式；也可采用"三一"砌砖法（即使用大铲，一铲灰、一块砖、一挤揉的操作方法）砌筑。

⑤勾缝：墙面勾缝，具有保护作用并增加墙面美观。外墙面勾缝应采用加浆勾缝，并采用1:1.5水泥砂浆进行勾缝。内墙面可以采用原浆勾缝，但必须随砌随勾，并使灰缝光滑密实。

（四）砌筑要求及保证质量措施

砌筑质量的具体要求应符合《砌体结构工程施工质量验收规范》（GB 50203—2011）要求。下面以砖砌体为例简要说明砌筑要求及保证质量措施。

砖砌体应横平竖直、砂浆饱满、上下错缝、内外搭砌、接槎牢固。砖砌体的水平灰缝厚度和竖向灰缝厚度一般规定为10mm，不应小于8mm，也不应大于12mm。过厚的水平灰缝，容易使砖块浮滑，墙身侧倾；过薄的水平灰缝会影响砌体之间的黏结能力。实心砖砌体水平灰缝的砂浆饱满度不得低于80%，竖向灰缝采用挤浆或加浆方法，不得出现透明缝，严禁用水冲浆灌缝。

第六节　钢筋混凝土结构施工

一、现浇钢筋混凝土结构

比较常见的现浇钢筋混凝土结构是框架结构。现浇钢筋混凝土框架结构，是指将基础、柱、梁、板等构件在现场设计位置灌筑成为整体的结构。这种结构施工时主要由钢筋、模板、混凝土等多个工种相互配合进行。

（一）模板工程

1. 模板的组成与要求

模板系统是混凝土成型的模具，包括模板和支架两部分。模板系统中与混凝土直接接触的部分称为模板，它决定了混凝土结构的几何尺寸。支承模板的部分称为支架，它保持模板位置及形状的正确并承受模板、混凝土等的重量及压力。

施工时，要求模板能保证准确的结构构件形状和尺寸，在浇筑流态混凝土时有足够的强度、刚度抵御流态混凝土的侧压力，而且拆装方便，能多次周转使用，接缝严密不漏浆。模板可用木材、钢材、塑料模壳、玻璃钢模壳制成。一般工程常用木模板和组合钢模板。

2. 模板安装要点

模板使用时可以采取散装散拆方式，也可以事先按设计要求组拼成梁、板、柱等的分片膜板或整体模板，吊装就位。多层结构的模板应采取分层、分段方法支模。其他要求如下：

① 安装前先复核标高、轴线；

② 墙柱模板安装底面应找平，并弹出模板边线，注意留清扫口；

③ 梁的跨度≥4m 时，底模的跨中应起拱；

④ 当层间高度大于 5m 时，宜选用桁架支模或多层支架支模；

⑤ 模板拼缝要封堵严密。

3. 模板的拆除

模板的拆除应遵循"先支设的后拆、后支设的先拆，先拆非承重部位、后拆承重部位"的原则进行。模板拆除时的混凝土强度，应符合设计要求。

（二）钢筋工程

1. 钢筋检验

钢筋出厂应有出厂的证明书和试验报告单。钢筋运到工地后，应进行复验，检验内容包括查对标志、外观检查和机械性能检验。

2. 钢筋保管

钢筋进场后，必须分批、分等级、牌号、直径、长度挂牌堆放，应尽量放入仓库或料棚内保管。堆放应离地面不小于 20cm 以防锈蚀，并防止与酸、盐、油类物品存放在一起。

3. 钢筋加工

钢筋加工包括调直、除锈、切断、接长、弯曲成型。施工使用的钢筋级别、种类和直径应该符合设计要求，需要代换时应征得设计单位同意。钢筋加工的形状、尺寸应符合设计要求。

（1）钢筋调直　钢筋调直方法主要根据设备条件决定，对于直径小于 12 毫米的盘圆钢筋，一般用绞磨、卷扬机或调直机调直；大直径钢筋可用卷扬机、弯曲机、平直机板直。

（2）钢筋除锈　钢筋除锈一般通过以下两个途径：一是在钢筋冷拉或钢丝调直过程中除锈，此法对大量钢筋的除锈较为经济省力；二是用机械方法除锈，如用电动除锈机除锈，此法对钢筋的局部除锈较为方便。此外还可以用手工除锈（钢丝刷、砂盘、砂堆上往复拉擦）、喷砂和酸洗除锈等。

（3）钢筋切断　切断钢筋方法有：手动剪断器，用于切断直径小于 12mm 的钢筋；钢筋切断机，用于切断直径 6～40mm 的钢筋；氧乙炔焰切断，直径大于 40mm 的钢筋可用这种方法。

（4）钢筋接长　接长钢筋可以用焊接方法或机械连接方法。

（5）钢筋弯曲成型　钢筋弯曲成型有两种方法，一般在工作平台上手工弯曲成型；对大量钢筋加工，可用弯曲机加工。

4. 钢筋的绑扎与安装

按照施工要求，钢筋的交叉点应用铁丝扎牢。钢筋绑扎用的铁丝多为 20～22 号铁丝。钢筋的搭接处，应在中心和两端用铁丝扎牢，受拉钢筋绑扎接头不宜位于构件最大弯矩处。钢筋安装位置必须准确。受力筋的混凝土保护层厚度，应符合设计要求。使用预制水泥砂浆垫块或塑料卡垫在钢筋与模板之间，以控制保护层的厚度。钢筋接头位置应相互错开。

5. 验收

钢筋工程属于隐蔽工程，在浇筑混凝土前应对钢筋及预埋件进行验收，并做好隐蔽工程记录。

钢筋的验收主要应检查以下内容：

① 钢筋型号、直径、根数，间距是否符合设计要求，特别要注意检查负筋位置。

② 钢筋绑扎是否牢固，有无松动变形现象；接头位置及搭接长度是否符合规定。

③ 混凝土保护层是否符合要求。

④ 钢筋位置的偏差，是否在允许范围之内。

（三）混凝土工程

混凝土工程包括混凝土制备、运输、浇筑振捣成型、养护等过程。随着施工技术的发展，混凝土的制备、运输和浇筑已有许多新机械和新工艺。城市中建筑工地常常很狭小，要求混凝土在工厂集中制备，然后运到现场，出现了工厂化生产的预拌混凝土，即通常所说的商品混凝土。许多城市为了控制施工噪声，已经开始限制在人口集中的城区使用现场搅拌混凝土。大部分工程已经使用混凝土搅拌运输车和汽车式混凝土泵进行混凝土工程作业，后者带有可伸缩或曲折的布料杆，可将混凝土直接送到浇筑地点，十分方便。

1. 混凝土制备

混凝土制备之前应确定混凝土施工配合比。以保证其硬化后能达到设计强度要求，满足施工上对和易性要求；有时还应使混凝土满足耐腐蚀、防水、抗冻、快硬和缓凝等要求。

（1）施工配料　影响施工配料的因素有两个方面：一是称量不准；二是未按砂、石集料实际含水率的变化进行施工配合比的换算。所以，为确保混凝土的质量，在施工中必须及时进行施工配合比的换算和严格控制称量。

（2）搅拌机　混凝土搅拌机按其工作原理，可分为自落式和强制式两大类。

① 自落式搅拌机：随着搅拌鼓筒的转动，混凝土拌和料在鼓筒内作自由落体式翻转搅拌，从而达到搅拌的目的。

② 强制式搅拌机：此类搅拌机的鼓筒筒内有若干组叶片，搅拌时叶片绕竖轴或卧轴旋转，将拌和料强行搅拌，直至搅拌均匀。

（3）搅拌时间与投料顺序　搅拌时间是指从原材料全部投入搅拌筒时起，到开始卸料时为止所经历的时间。搅拌时间与搅拌机的类型、鼓筒尺寸、集料品种、粒径以及混凝土的坍落度等有关。混凝土最短的搅拌时间要求是 $1\sim5min$。

制备混凝土时的投料顺序为：石子—水泥—砂。每盘装料数量不得超过搅拌筒标准容量的 10%。

2. 混凝土运输

混凝土的水平运输设备有手推车、机动翻斗车和混凝土搅拌运输车。垂直运输设备有井架、混凝土提升机、施工电梯、塔式起重机。另外还有既可作水平输送又可作垂直输送的混凝土泵及输送管道、混凝土布料设备等。

无论采用何种运输方案，均应满足以下要求：

① 必须保证混凝土浇筑能够连续进行；

② 应使混凝土在初凝之前浇筑完毕；

③ 在运输过程中应保持混凝土的均匀性；

④ 容器不吸水不漏浆，保证坍落度。

3. 混凝土浇筑

（1）施工准备　浇筑混凝土之前应检查模板的标高、位置、尺寸、强度、刚度是否符合要求，接缝是否严密；钢筋及预埋件应对照图纸核对其数量、直径、排放位置及保护层厚度；模板中的垃圾等杂物应加以清除；木模板应浇水润湿，但不容许留有积水。

振捣器具要提前准备充足，混凝土运到现场开始浇筑时，要随浇随捣，才能保证混凝土的浇筑质量。

（2）浇筑混凝土注意点

① 混凝土应在初凝前浇筑，在浇筑工序中，应控制混凝土的均匀性和密实性。

② 浇筑过程中应注意防止混凝土的分层离析。混凝土由料斗、漏斗内卸出进行浇筑时，其自由倾落高度一般不超过 2m，在竖向结构中浇筑混凝土的高度不得超过 3m。

③ 在浇筑竖向结构混凝土前，应先在底部浇筑一层厚 50～100mm 与混凝土成分相同的水泥砂浆，避免产生"烂根"现象。

④ 混凝土运到现场开始浇筑时，应分层进行，随浇随捣，每层浇筑厚度不大于规定的数值。

⑤ 浇筑混凝土应连续进行，如必须间歇时，其间歇时间应尽量缩短，并应在前层混凝土凝结前，将次层混凝土浇筑完毕。混凝土运输、浇筑及间歇时间控制在 180min 内为好，必要时可留设施工缝。

⑥ 混凝土初凝之后，终凝之前应防止振动。

（3）混凝土振捣成型注意点

① 振捣棒要快插慢拔，快插是为了防止先将表面混凝土振实而与下面混凝土发生分层、离析现象；慢拔是为了使混凝土能填满振动棒抽出时所造成的空洞。

② 每层厚度不超过棒长 1.25 倍，应插入下层 50mm 左右，并应在下层初凝前振捣完；插点要均匀排列，可采用"行列式"或"交错式"，防止漏振。

③ 振捣时间适宜，一般每点时间为 20～30s。

④ 避免碰撞钢筋、芯管、吊环、预埋件等。

4. 混凝土养护

为保证已浇筑好的混凝土在规定的时间内达到设计要求的强度，并防止产生收缩裂缝，必须认真做好养护工作。最常见的养护方法是自然养护。

自然养护是指在平均气温高于 5℃ 的条件下，于一定时间内使混凝土保持湿润状态。常用的方法有覆盖浇水养护、薄膜布养护和薄膜养生液养护。

5. 混凝土质量检查

混凝土质量检查包括拌制和浇筑过程中的质量检查和混凝土质量评定。

（1）施工过程中的质量检查　在拌制和浇筑过程中，对组成材料的质量抽查每一工作班至少两次；拌制和浇筑地点坍落度的检查每一工作班至少两次；在每一工作班内，如混凝土配合比由于外界影响而有变动时，应及时检查；混凝土搅拌时间应随时检查。对于预拌（商品）混凝土，应在商定的交货地点进行坍落度检查。

（2）混凝土的质量评定　评定混凝土的质量应做抗压强度试验。如设计上有特殊要求时，还需做抗冻性、抗渗性等试验。混凝土的抗压强度是根据 15cm 边长的标准立方体试块在标准条件下（20℃±3℃的温度和相对湿度 90％以上）养护 28 天后试验确定的。试验结果作为评定结构是否达到设计混凝土强度等级的依据。

评定混凝土质量的试块，在浇筑处或制备处随机抽样制成。

二、装配式结构

随着建筑工业化步伐的加快，装配式结构越来越多。它可以大大改善工人的劳动条件，减轻劳动强度，提高劳动生产率，并有利于科学管理和文明施工，又可加快建设速度。在许多场合，结构可以在工厂生产或地面上拼装成局部或一个整体后进行安装。如美国 110 层高、41.38 万 m² 的西尔斯大厦，就是用在工厂生产的 3 万多个两层高的柱梁预制钢件在现场拼接起来的。世界上已有三十多个国家采用了由工厂生产的盒子结构建筑。这种结构是把一个房屋或一个单元的全部房间作为一个整体，带有采暖、上下水道和照明等所有管线，其在现场的装配化程度很高，较为先进。美国 21 层的圣安东尼奥饭店，中间 16 层由 496 个盒子组成，平均每天安装 16～22 个盒子，总工期仅 9 个月。

装配式结构施工主要包括构件生产和现场装配等内容。

（一）预应力混凝土装配式构件的生产

钢筋混凝土构件生产有现场预制和工厂预制两种，按构件特征又有预应力钢筋混凝土构件和非预应力钢筋混凝土构件两种。在此只介绍预应力钢筋混凝土构件的生产情况。

1. 预应力混凝土

预应力混凝土是在外荷载作用前，预先施加预压应力的混凝土。给混凝土构件施加预应力的方法有三种：先张法、后张法和电热法。

先张法是在混凝土构件浇筑前张拉钢筋，预应力靠钢筋与混凝土之间的黏结力传递给混凝土。

后张法是在混凝土达到一定强度张拉钢筋，预应力靠锚固在构件端部的锚具传递给混凝土。后张法施工需要在浇筑成型的混凝土构件上预留孔道，孔道内穿入预应力筋。在后张法中，按预应力筋黏结状态可分为：有黏结预应力混凝土和无黏结预应力混凝土。前者在张拉后通过孔道灌浆使预应力筋与混凝土相互黏结，后者由于预应力筋涂有油脂，预应力只能永久地靠锚具传递给混凝土。

电热法一般用于异型构件，异型构件中的钢筋往往不宜拉伸，因此通过给钢筋通电的方法使钢筋热胀，然后浇筑混凝土。混凝土达到一定强度后，去除电热，钢筋冷却回缩，对混凝土产生预压应力。

2. 先张法预应力混凝土构件生产工艺

先张法预应力混凝土构件生产工艺流程如下：清理台座—制作预应力筋—支底模或涂隔离剂—安放钢筋骨架及预应力筋—张拉预应力筋—支模安设预埋件—浇捣混凝土—养护—拆模—放张及切断预应力筋—出槽—堆放。

3. 预应力筋的张拉

预应力钢筋由于张拉工作量大，一般采用一次张拉程序，即一次性达到预应力钢筋的张拉控制应力值，考虑各种因素影响，控制应力值应增加 3%～5%，而后锚固预应力钢筋。为了减少松弛损失，一般采用超张程序，即先张拉到预应力钢筋张拉控制应力值的 1.05 倍，持续 2min，而后降到预应力钢筋的张拉控制应力值锚固。

4. 预应力筋放张

预应力筋放张时，混凝土强度要符合设计要求。如设计无规定，不应低于混凝土设计强度的 75%。预应力筋放张工作应缓慢进行，防止冲击，常用的放张方法有千斤顶、砂箱放张或钢丝钳、氧乙炔火焰切割等。

（二）吊装工程

当建筑结构采用预制构件时，吊装施工技术就显得尤为重要。在单层工业厂房中，通常采用预制标准构件，柱、吊车梁、屋架、屋面板等均要吊装就位，经拼装后才能形成建筑结构的整体。

1. 装配式结构施工特点

① 受预制构件的类型和质量影响大；

② 正确选择起重运输机械是完成施工任务的主导因素；

③ 构件受力情况变化多；

④ 高空作业多，容易发生工伤事故，因此应加强安全技术措施。

2. 构件吊装前的准备工作

构件吊装前的准备工作包括：场地清理与道路铺设、构件的复查与清理、构件的弹线与编号、构件运输、构件的堆放、构件的临时加固等。

3. 构件吊装工艺

预制构件吊装过程一般包括：绑扎—起吊—对位—临时固定—校正—最后固定等工序。

4. 结构吊装方案

结构吊装方案的内容主要有：起重机的选择、单位工程吊装方法和主要构件吊装方法的选择、吊装工程顺序安排、构件吊装的平面图绘制等。

5. 单位工程结构吊装方法

① 分件吊装法：起重机每开行一次，仅吊装一种或几种构件。

② 节间吊装法：起重机在一次开行中，分节间吊装完各种类型构件的全部或大部分。

③ 综合吊装法：分件吊装法和节间吊装法的综合运用。

6. 混凝土结构吊装工程质量

（1）复查验收　在进行构件运输和吊装前，必须认真对构件制作质量进行复查验收。其内容主要包括构件的混凝土强度和构件外观质量。检查混凝土强度的工作主要是查阅混凝土试块的试验报告单，看其强度是否符合设计要求和运输、吊装要求。检查构件的外观，主要看构件有无裂缝或裂缝宽度、混凝土密实度（蜂窝、孔洞及露筋情况）和外形尺寸偏差是否符合设计要求和规范要求。

（2）混凝土安装质量要求　混凝土安装质量必须符合下列要求：

① 保证构件在吊装中不断裂；

② 保证构件的型号、位置和支点锚固质量符合设计要求，且无变形损坏现象；

③ 保证连接质量，混凝土构件之间的连接，一般有焊接和浇筑混凝土接头两种，要根据具体情况，采取保证质量的措施。

■■■ 第七节　屋面防水及装饰工程施工 ■■■

一、屋面防水工程

屋面防水的目的是防止雨、雪等从屋面渗入室内，一般有柔性防水和刚性防水两种做法。即采用防水层（如卷材防水层）或特别密实的防水混凝土、防水砂浆来防止水的渗入。

（一）卷材屋面防水

卷材指油毡，卷材屋面防水构造和施工方法如下。

1. 找平层

找平层应表面平整、清洁干燥，设置出 1‰～3‰ 的排水坡度。采用水泥砂浆或混凝土做找平层，其下层应予以湿润，铺设时先刷水灰比为 0.4～0.5 的水泥浆一遍，并随刷随铺找平层，若下层表面光滑还应凿毛。

2. 涂刷冷底子油

冷底子油品种根据卷材品种而定，应与卷材同类，不可错用。

3. 卷材铺贴

冷底子油涂刷一昼夜后方可铺设防水层，一般需要定位、弹线、试铺后才开始铺贴卷材。

屋面坡度为 3‰ 以内时，卷材平行于屋脊方向铺贴。坡度 3‰～15‰ 时，卷材平行或垂直屋脊均可。坡度大于 15‰ 时必须垂直于屋脊铺贴。上下层卷材不得相互垂直铺贴。

铺贴卷材采用搭接法，上下层及相邻两幅卷材的搭接应错开。平行于屋脊的搭接缝应顺水流方向搭接；垂直于屋脊的搭接缝应顺主导风向搭接。铺贴时搭接宽度应符合相关规定，一般不小于 70mm。

卷材与基层的粘贴方法，分为满粘法、条粘法、点粘法和空粘法（四周粘）。大面积铺贴前，应先对阴阳角、落水口、天沟等节点进行处理，最后要对收头和节点进行处理和密封。

4. 卷材保护层

卷材保护层可以采用涂料、抹灰或撒铺绿豆砂等。用绿豆砂作保护层时，应在卷材表面涂刷最后一道沥青胶时，趁热撒铺一层粒径为 3～5mm 的圆形小豆石，绿豆砂要铺撒均匀，全部嵌入沥青胶中。绿豆砂使用时要在铁板上预先加热至 130℃ 左右，以便与沥青胶牢固地结合在一起。

（二）刚性屋面防水

刚性屋面防水指使用细石混凝土做屋面防水。一般做法是，在屋面板上做一层隔离层（低强度等级砂浆、卷材、塑料薄膜等材料），浇一层厚 40mm C20 细石混凝土，混凝土中配置φ4@200mm 的双向钢筋，纵横 6m 设分仓缝，油膏填缝。施工方法是：

① C20 细石混凝土灌板缝，洒水养护 2～3 天。清扫屋面板，适当润湿，做隔离层（如 1：4 石灰砂浆 10～20mm 厚）。

② 铺钢筋网片，设分格缝隔板。

③ 浇混凝土，一个分格缝内的混凝土必须一次浇完。一般使用机械振捣，泛浆后用铁抹子抹平。混凝土收水初凝后，应及时取出分格缝隔板。用铁抹子第二次压实抹光。混凝土终凝前，进行第三次压实抹光。

④ 养护，待混凝土终凝后，立即进行养护。养护时间不少于 14 天。

（三）高聚物改性沥青卷材热熔法施工

热熔法施工是指高聚物改性沥青热熔卷材的铺贴方法。热熔卷材是一种在工厂生产过程中底面即涂有一层软化点较高的改性沥青热熔胶的卷材。其铺贴时不需涂刷胶黏剂，而用火焰烘烤后直接与基层粘贴。热熔卷材可用满粘法、条粘法铺贴。可以滚铺（边加热边滚），也可以展铺（先铺开再沿边掀起加热粘贴），一般过程为：基层处理—清扫基层—涂基层处理剂—喷灯加热粘贴—收口密封—保护层。

（四）高聚物改性沥青及高分子卷材防水冷粘施工

胶黏剂一般由厂家配套供应，有些卷材要求底面与基层表面均涂胶黏剂。各种胶黏剂的性能和施工环境不同，有的可以在涂刷后立即粘卷材，有的要待溶剂挥发一部分后才能粘卷材，尤其以后者居多。在搭接缝部位不得涂胶黏剂，此部位留作涂刷接缝胶黏剂。可以采用抬铺法（多人抬起对准位置铺贴）和滚铺法（成卷滚动铺贴）。

一般施工过程为：基层处理—清扫基层—涂基层处理剂—涂胶贴剂铺卷材—处理接头—收口密封—保护层。

二、装饰工程

装饰工程是在结构的表面抹灰、喷涂、镶贴饰面块材、油漆、刷浆等，它不仅能增加建筑物的美观和艺术形象，而且能改善清洁卫生条件，有隔热、隔声、防潮的作用，还可保护墙面免受外界条件的侵蚀，提高结构的耐久性。现代建筑对装饰的要求越来越高，装饰费用的比例较过去有较大幅度的增加，装饰工程的重要性也随之加大。装饰材料的更新和装饰新工艺的发展十分迅速。

（一）抹灰工程

抹灰工程分为一般抹灰和装饰抹灰两类。

1. 一般抹灰

（1）一般抹灰等级及做法要求

① 普通抹灰：一层底层、一层面层（或不分层，一遍成活）。赶平、修整、压光。

② 中级抹灰：一层底层、一层中层和一层面层（或一底层、一面层）。阳角找方，设置标筋，分层赶平、修整，表面压光。

③ 高级抹灰：一层底层、数层中层和一层面层。阴阳角找方，设置标筋，分层赶平、修整，表面压光。

砖墙基层内墙面一般采用石灰砂浆打底，外墙面一般采用水泥砂浆或水泥混合砂浆打底；混凝土基层一般先刷一道素水泥浆，采用水泥砂浆或水泥混合砂浆打底；加气混凝土基层一般用水泥混合砂浆或聚合物水泥砂浆打底；木板条（金属网）基层，一般用麻刀灰或纸筋灰打底。

（2）基层处理　基层表面凹凸太多的部位，要剔平或用相应材料补齐；表面太光的要凿毛；表面的灰尘、污垢要清除干净；在不同基层材料（如砖石与木、混凝土结构）相接处，应铺钉一层金属网，以免产生裂缝。室内抹灰工程，应待上下水、煤气等管道安装后进行，抹灰前必须将管道穿越的墙洞和楼板洞填嵌密实。外墙抹灰工程施工前，应安装好钢木门窗框、阳台栏杆和预埋铁件等，并将墙上的施工孔洞堵塞密实。

（3）抹灰层的厚度与作用

① 底层厚度 5～9mm，作用是使抹灰层能与基层牢固结合，找平。

② 中层厚度 5～12mm，主要作用是找平，底层干燥后抹中层，应做标筋，中层抹完凝结前应划出斜痕，以便与面层结合。

③ 面层厚度 2～5mm，主要作用为装饰，要求做到表面平整、光滑无裂痕。

除了大面抹灰外，室内墙面、柱面和门洞口的阳角，宜用 1：2 水泥砂浆做护角，其高度不应低于 2m，每侧宽度不应小于 50mm。

2．装饰抹灰

（1）水刷石　水刷石底层和中层抹灰的操作与一般抹灰相同，抹好的中层表面要划毛。水刷石粒径一般在 8～12mm。面层必须分遍拍平压实，石子应分布均匀、紧密。凝结前应用清水自上而下洗刷，并采取措施防止沾污墙面。

施工工艺：中层砂浆六、七成干时湿润中层—薄刮水泥浆一层—抹水泥八厘石子浆—用棕刷刷露石子—用喷雾器由上往下喷水将表面水泥冲掉。

（2）干粘石　干粘石装饰抹灰的基体处理方法与一般外墙抹灰相同。打底后，按设计要求贴分格条。中层砂浆表面应先用水润湿，并刷水泥浆（水灰比为 0.4～0.5）一遍，随即涂抹混合砂浆或聚合物水泥砂浆黏结层，其厚度一般为 4～6mm。石粒粒径为 4～6mm，将石粒甩粘在黏结层上，随即用辊子或抹子压平压实。石粒嵌入砂浆的深度不得小于粒径的 1/2。其施工工艺如下：

底层洒水—抹 6mm 厚 1：3 水泥砂浆中层—抹一层 1mm 水泥浆结合层—抹 6mm 厚混合砂浆黏结层—甩粘小八厘石—拍平压实。

（二）饰面板（砖）工程

1．小规格大理石和水磨石板施工

小规格板块指边长小于 400mm 的板材，其施工方法一般采用粘贴法。

施工工艺：12mm 厚 1：3 水泥砂浆底层—划毛—找规矩—板材浸水 2～3h 并阴干—板材上铺砂浆粘贴到底层上—冲洗表面。

2．大规格大理石和水磨石板施工

对于板块边长大于 400mm 的板材，可以采取传统方法或改进新工艺的湿做法，也可以采用干挂工艺施工。

传统方法施工工艺：基层表面绑扎钢筋网—板块钻孔、穿抗锈金属丝—石板就位绑扎一层—找平后石膏固定—在石板与基层间灌水泥砂浆—剔掉石膏、净缝—开始安第二层。

3．瓷砖的施工

瓷砖施工方法一般采用粘贴法。

施工工艺：12mm 厚 1：3 水泥砂浆底层—划出纵横皮数杆—瓷砖水中浸泡 2～3h 阴干—用水泥石灰砂浆逐块粘贴—自下而上逐层进行。

4．陶瓷锦砖的施工

施工工艺：厚 20～25mm 1：3 水泥砂浆底层—找规矩—在湿润的底层上刷素水泥浆一道—用 1：0.3 的水泥纸筋灰贴锦砖—自下而上逐层镶贴—用毛刷将纸板湿润 30min 揭去纸板—48h 起米厘条—1：1 水泥砂浆勾缝。

（三）涂料工程

建筑涂料系指涂敷于建筑物表面，并能与建筑物表面材料很好黏结，形成完整涂膜的材料。早期使用的涂料，主要原料的天然油脂和天然树脂，故称为油漆。涂料工程常见的有油漆工程和刷浆工程。

1．油漆工程

建筑中常用的油漆有清漆、厚漆（铅油）、调和漆（分油性和磁性两类）、聚醋酸乙烯乳胶漆等。

（1）基层准备　基层必须干燥，清除表面灰尘、污垢、杂质。

（2）打底子　用清油刷一道底油，以保证整个油漆面光泽均匀一致。

（3）抹腻子　腻子是由涂料加填料（石膏粉、大白粉）、水或松香水拌制成的膏状物。在刷油漆之前，应先用腻子将基体或基层表面的缺陷和坑洼不平处嵌实填平，并用砂纸打磨平整光滑。

（4）涂刷油漆　可分为普通油漆、中级油漆、高级油漆。涂刷方法有刷涂、喷涂、擦涂、滚涂等几种。

（5）施工注意事项

① 对不同的基层应采取不同的处理方法；

② 等待涂料干后再进行下一遍涂刷；

③ 施工时温度不宜低于 10℃，相对湿度不宜大于 60％，遇有大风、雨雾情况时，不可施工。

2. 刷浆工程

刷浆是用水质涂料（以水作为溶剂）喷刷在抹灰层或物体表面上，适用于普通建筑物室内墙面装饰粉刷的有：石灰浆、大白浆、可赛银浆、色粉浆等。

（1）大白浆　大白浆是用大白粉加水调制而成，加入颜料后可得到各种色粉浆。为防止掉粉和增加与抹灰面的黏结力，调制时必须加入胶结料。大白浆主要用于内墙面、顶棚刷白。

（2）可赛银浆　可赛银浆是用可赛银粉加水调制而成。其浆膜的附着力、耐水性、耐磨性均比大白浆强，还能耐一定程度的酸碱侵蚀。可赛银粉有各种颜色，可根据需要选用。可赛银浆适用于内墙面粉刷。

（3）聚合物水泥浆　聚合物水泥浆是以水泥为主要胶结料，掺入 20％的 107 胶或二元乳液，再加水制成。107 胶能改善水泥涂层的强度、韧性和黏附性，可防止开裂和脱落。二元乳液则可提高水泥的弹性、塑性和耐久性，一般刷后再罩一遍有机硅防水剂，可增加浆面防水、防污染、防风化等效果。聚合物水泥浆适用于外墙刷浆。

参考文献

[1] 中华人民共和国教育部高等教育司. 普通高等学校本科专业目录和专业介绍：2012 年［M］. 北京：高等教育出版社，2012.

[2] 高等学校土建学科教学指导委员会，工程管理专业指导委员会. 全国高等学校土建类专业本科教育培养目标和培养方案及主干课程教学基本要求：工程管理专业［M］. 北京：中国建筑工业出版社，2003.

[3] 邱洪兴. 土木工程概论［M］. 3 版. 南京：东南大学出版社，2022.

[4] 阿尔多·罗西. 城市建筑学［M］. 黄士钧，译. 北京：中国建筑工业出版社，2006.

[5] 汤姆·特纳. 景观规划与环境影响设计［M］. 王珏，译. 北京：中国建筑工业出版社，2006.

[6] 刘丹. 世界建筑艺术之旅［M］. 北京：中国建筑工业出版社，2004.

[7] 吕俊华. 中国现代城市住宅：1840～2000［M］. 北京：清华大学出版社，2003.

[8] 同济大学，西安建筑科技大学，东南大学，等. 房屋建筑学［M］. 5 版. 北京：中国建筑工业出版社，2016.

[9] 李必瑜，魏宏杨，覃琳. 建筑构造：上册［M］. 6 版. 北京：中国建筑工业出版社，2019.

[10] 刘建荣，翁季，孙雁. 建筑构造：下册［M］. 6 版. 北京：中国建筑工业出版社，2019.

[11] 陈志华. 外国建筑史：19 世纪末以前［M］. 4 版. 北京：中国建筑工业出版社，2010.

[12] 罗小未. 外国近现代建筑史［M］. 2 版. 北京：中国建筑工业出版社，2004.

[13] 潘谷西. 中国建筑史［M］. 7 版. 北京：中国建筑工业出版社，2015.

[14] 冯钟平. 中国园林建筑［M］. 2 版. 北京：清华大学出版社，2000.

[15] 纪士斌. 建筑材料［M］. 5 版. 北京：清华大学出版社，2008.

[16] 夏海山. 城市建筑的生态转型与整体设计［M］. 南京：东南大学出版社，2006.

[17] 中华人民共和国教育部. 教育部关于公布 2019 年度普通高等学校本科专业备案和审批结果的通知：教高函〔2020〕2 号［A/OL］.（2020-02-25）［2023-01-18］. http：//www. moe. gov. cn/srcsite/A08/moe＿1034/s4930/202003/t20200303＿426853. html.